高等职业院校土建专业创新系列教材

建筑识图与构造

王丽红　主　编

陈　蔚　副主编

清华大学出版社

北　京

内 容 简 介

本书介绍了建筑领域制图和识图的相关知识，内容共分 4 篇共 21 章，包括投影的基本知识、房屋建筑构造、建筑施工图和结构施工图及混凝土平法标注。本书按照最新的国家制图标准、设计规范编写。在编写过程中考虑到高职高专的教学要求和特点，力求内容充实、精练并突出应用，文字通俗易懂，便于教学。

本书可作为高职高专院校建筑工程技术、工程造价、工程监理以及成人教育学院等建筑类专业的教材和教学参考书，也可作为从事建筑施工技术人员、管理人员、装饰等人员的学习用书和参考书。

图书在版编目(CIP)数据

建筑识图与构造/王丽红主编. —北京：清华大学出版社，2023.7
高等职业院校土建专业创新系列教材
ISBN 978-7-302-64214-5

Ⅰ.①建…　Ⅱ.①王…　Ⅲ.①建筑制图—识图—高等职业教育—教材 ②建筑构造—高等职业教育—教材　Ⅳ.①TU2

中国国家版本馆 CIP 数据核字(2023)第 135457 号

责任编辑：石　伟
封面设计：刘孝琼
责任校对：周剑云
责任印制：沈　露
出版发行：清华大学出版社
　　　　　网　　　址：http://www.tup.com.cn, http://www.wqbook.com
　　　　　地　　　址：北京清华大学学研大厦 A 座　　　邮　　编：100084
　　　　　社 总 机：010-83470000　　　　　　　　　　邮　　购：010-62786544
　　　　　投稿与读者服务：010-62776969, c-service@tup.tsinghua.edu.cn
　　　　　质量反馈：010-62772015, zhiliang@tup.tsinghua.edu.cn
　　　　　课件下载：http://www.tup.com.cn, 010-62791865
印 装 者：三河市龙大印装有限公司
经　　销：全国新华书店
开　　本：185mm×260mm　　　印　张：21　　　字　数：511 千字
版　　次：2023 年 8 月第 1 版　　　　　　印　次：2023 年 8 月第 1 次印刷
定　　价：59.00 元

产品编号：089312-01

前　言

"建筑识图与构造"是高等职业教育建筑类专业的主干课程之一，是根据全国高职高专教育土建类专业教学指导委员会制定的工程造价专业的教育标准、培养方案及教学基本要求而编写，课程为96学时。

本书在总体结构和内容安排上，在保证投影作图与识图、常见建筑构造及其新发展的学习与训练的前提下，按照教学基本要求和少而精的原则，对理论性强且与专业识图、制图及将来工作关系不大的内容进行删减，增加平法标注、新规范新构造的识读等内容，旨在扩大学生的知识面、专业技能和应用能力，注重教材的实用性和时代性。

本书在编写中，注意总结教学和实际应用能力，遵循教学规律。在图样选用、文字处理上注重简明形象、直观通俗，有很强的专业针对性。内容循序渐进、由浅入深、图文并茂、易于自学。

本书由呼和浩特职业学院建筑工程学院副教授王丽红主编，陈蔚任副主编。呼和浩特市建设工程质量安全中心高级工程师王晨飞及内蒙古万和工程项目管理有限责任公司一级注册监理师及一级注册造价师高瑞军分别审核了第1、2、4篇和第3篇，并在实际工程上提供了宝贵的经验。

参与本书编写的有：内蒙古建筑职业技术学院建筑工程管理教研室教师牛萍编写第2篇的5、6章；呼和浩特职业学院建筑工程学院副教授王丽红编写第1篇及第2篇的7、8、9、10、11、12章；呼和浩特职业学院建筑工程学院副教授谢凤华编写第3篇；呼和浩特职业学院建筑工程学院讲师陈蔚编写第4篇。

本书介绍了建筑领域制图和识图的相关知识，分为四篇共21章，主要内容说明如下：第1篇(含第1~4章)讲述工程制图的基本知识，包括投影的基本知识、基本几何体的投影、组合体的投影、剖面图和断面图等内容；第2篇(含第5~12章)讲述房屋的基本构造，包括民用建筑概述、基础与地下室构造、墙体、楼板与楼地面、楼梯与电梯的构造、屋顶、门与窗、变形缝等内容；第3篇(含第13~15章)讲述建筑施工图的识读，包括建筑制图的基本知识、房屋建筑工程图的基本知识、建筑施工图等内容；第4篇(含第16~21章)讲述结构施工图的识读，包括结构施工图的基本知识、基础施工图的识读、柱平法施工图的识读、梁平法施工图的识读、板平法施工图的识读、剪力墙平法施工图的识读等内容。

本书在编写过程中参阅了大量文献资料，谨向相关作者深表谢意！

由于业务水平及教学经验有限，书中难免存在不足和疏漏，恳请各位读者和同行提出批评和改进意见。

编　者

目　　录

第1篇　工程制图的基本知识

第2篇 房屋的基本构造

第 3 篇 建筑施工图的识读

第4篇 结构施工图的识读

第1篇 工程制图的基本知识

　　本篇主要介绍工程制图的基本知识，从投影的基础、基本几何体的投影、组合体的投影到剖面图与断面图，系统地介绍了制图的基础知识。课后还相应增加了实训内容。以锻炼学生的实际应用能力。

第 1 章　投影的基本知识

【知识目标】

(1) 对投影知识的理解、投影的形成、三面正投影及其投影规律、工程中常用的投影图。

(2) 点、直线和平面的投影规律及其读图与作图。

(3) 简单形体三面正投影图的画法和步骤。

【能力目标】

(1) 理解并能说出投影的形成原理和三面正投影的展开及其相互之间的投影关系。

(2) 建立形体在三面投影体系中形成正投影和展开后的空间对应图，建立起正确的空间感(即由三面正投影图能构想出形体的立体图或由立体图联想出三面正投影图，逐步获得识图能力)。

(3) 能正确画出简单形体的三面正投影图。

(4) 理解点、直线、平面和各种空间状态及其投影规律。此项能力是学习专业施工图的基础，也是初学者学习的难点。

1.1　投影的基本概念及分类

影子是生活中常见的自然现象，无论在阳光下还是在灯光下，都可以看到与物体相似的影子。人们将这种通过光照射物体得到的影子，称为物体的投影。

1.1.1　投影、投影法及投影图

自然界的物体投影与工程图上反映的投影是有区别的：前者一般是外部轮廓线较清晰而内部混沌一片；而后者不仅要求外部轮廓线清晰，同时还能反映内部轮廓及形状，这样才能符合清晰表达工程物体形状及大小的要求。所以，要形成工程制图所要求的投影，应有 3 个假设：一是光线能够穿透物体，二是光线在穿透物体的同时能够反映其内部、外部的轮廓(看不见的轮廓用虚线表示)；三是对形体投影光线的射向作相应的选择，以得到不同的投影。

在制图上，将发出光线的光源称为投影中心，光线称为投影线。光线的射向称为投影方向，将落影的平面称为投影面。构成影子的内外轮廓称为投影。用投影表达物体的形状

和大小的方法称为投影法，用投影法画出物体的图形称为投影图。习惯上也将投影物体称
为形体。制图上，投影图的形成如图 1-1 所示。

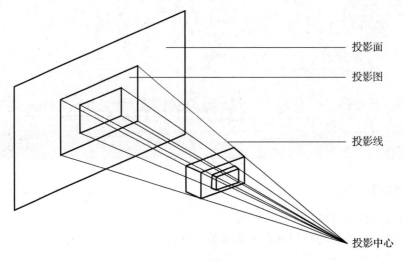

投影面

投影图

投影线

投影中心

图 1-1　投影的形成

1.1.2　投影的分类及概念

投影分中心投影和平行投影两大类。

1. 中心投影

中心投影是指由一点发出投影线所形成的投影，如图 1-2 所示。

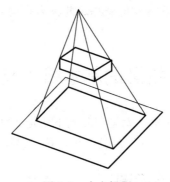

图 1-2　中心投影

2. 平行投影

平行投影是指投影线相互平行所形成的投影。根据投影线与投影面的夹角不同，平行
投影又分为以下两种，如图 1-3 所示。

1) 斜投影

斜投影是指投影线倾斜于投影面所形成的投影，如图 1-3(a)所示。

2) 正投影

正投影是指投影线相互平行且垂直于投影面的投影，如图 1-3(b)所示。

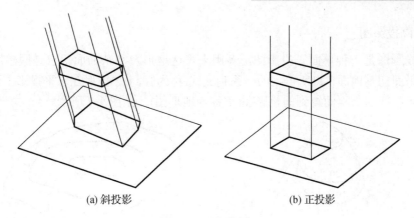

(a) 斜投影　　　　　　　　　　　　(b) 正投影

图 1-3　平行投影

1.1.3　工程中常用的投影图

为了清楚地表示不同的工程图样，满足工程建设的需要，在工程中人们利用上述投影方法，总结出 4 种常用投影图。

1. 透视投影图

透视投影是运用中心投影法绘制的单向投影图。它的优点是：形象逼真，有空间感，符合人的视觉习惯；其缺点是：作图费时，形体的尺寸不易度量。不能作为施工的依据，仅适用于画大型建筑物的直观图及室内设计方案等。透视投影图如图 1-4 所示。

2. 轴测投影图

轴测投影是平行投影的一种，将物体放在 3 个坐标面和投影线都不平行的位置，使它的 3 个坐标面在一个投影上都能看到，从而具有立体感，称为轴测投影。这样绘制出的图形称为轴测图。它的特点是：作图较透视图简便，但立体感稍差，通常作为辅助图样。轴测投影图如图 1-5 所示。

3. 正投影图

运用正投影法使形体在相互垂直的多个投影面上得到的投影，然后按规则展开在一个平面上所得的正投影图，如图 1-6 所示。正投影图的特点是作图较以上各图简单，便于度量和标注尺寸，形体的平面平行于投影面时能够反映其实形，所以在工程上应用最多。但缺点是无立体感，需多个正投影图结合起来分析才能得出立体形象。

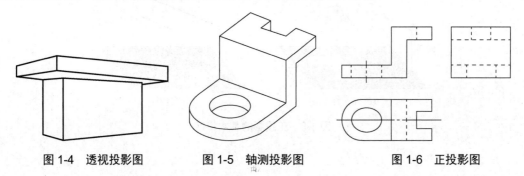

图 1-4　透视投影图　　　　　图 1-5　轴测投影图　　　　　图 1-6　正投影图

4．标高投影图

标高投影图是一种单面正投影图，多用来表达地形及复杂曲面，它是假想用一组高差相等的水平面切割地面，将所得到的一系列交线(称为等高线)投射在水平投影上，并用数字标出这些等高线的高程而得到的投影图(常称为地形图)，如图1-7所示。

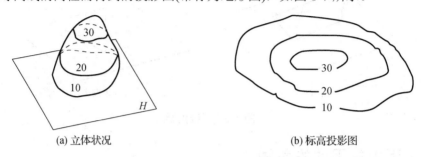

(a) 立体状况　　　　　　　　　　(b) 标高投影图

图 1-7　标高投影图

1.2　正投影的基本特性

正投影具有作图简便、度量性好、能反映实形等优点，所以在工程中得到广泛的应用。在如图1-8(a)所示的正投影状况下，空间点的投影仍然是点。空间的直线和平面的投影仍然是直线和平面。正投影的基本特性有以下3个要点。

1.2.1　积聚性

当直线和平面垂直于投影面时，直线的投影将变为一点，平面的投影将变为一直线，如图1-8(b)所示。这种具有收缩和积聚的投影特性简称为积聚性。

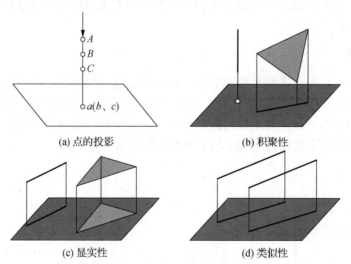

(a) 点的投影　　　　　　　　　　(b) 积聚性

(c) 显实性　　　　　　　　　　(d) 类似性

图 1-8　正投影的基本特性

1.2.2　显实性

当直线和平面平行于投影面时，它们的投影分别反映实长和实形，如图 1-8(c)所示。在正投影中具有反映实长和实形的投影特性称为显实性。

1.2.3　类似性

当直线和平面既不垂直也不平行于投影面时，直线的投影要比实长短，平面投影要比实形的面积要小，但仍反映出直线和平面的类似形状。图 1-8(d)所示投影中几何元素所具有的此类投影特性，称为类似性。

1.3　三面正投影图

为了反映形体的形状、大小和空间的位置情况，通常需要 3 个互相垂直的图来反映其投影。

1.3.1　三面投影体系和形体的投影

1. 三面投影体系及投影面

图 1-9(a)所示为由 H、V、W 平面所组成的三面投影体系。图中，代号为 H 的水平位置平面，称为水平投影面(简称 H 面)；代号为 V 且垂直于 H 的正立平面，称为正立投影面(简称 V 面)；代号为 W 同时垂直于 H、V 面的侧立平面，称为侧立投影面(简称 W 面)。

2. 三面正投影的形成

应用正投影法，形体在该体系中就会得到 3 个不同方向的正投影图，即从上到下得到反映顶面状况的 H 面投影、从前向后得到反映前面状况的 V 面投影、从左到右得到反映左侧面状况的 W 面投影，如图 1-9(b)所示。

3. 投影轴

三面投影体系中，两个投影面之间的轴称为投影轴。如图 1-9(a)所示，投影面两两相交分别得到 X、Y、Z 轴，三轴相交于 O 点称为投影原点。此时，若将投影轴当作数学上的空间坐标轴，就可确定形体的位置和大小了。

4. 投影体系中形体长、宽、高的确定

空间的形体都有长、宽、高 3 个方向的维度。为使绘制和识读方便，有必要对形体的长、宽、高作统一的约定：首先确定形体的正面(通常选择形体有特征的一面作为正面)，此时形体沿 X 轴方向左、右两侧面之间的距离称为长度，沿 Y 轴方向前、后两面之间的距离称为宽度，沿 Z 轴方向上、下两面之间的距离称为高度。

1.3.2 三面投影体系的展开

要得到需要的投影图，还应将图 1-9 中的形体移去并将三面投影体系按图 1-9(c)所示的方法展开，即：V 面不动，H、W 面沿 Y 轴分开，各向下和向后旋转 $90°$，与 V 面共面，此时就得到所要求的平面投影图了。

💡 **注意：** 由于展开的关系，属于 H 面的 Y 轴记为 Y_H 轴，属于 W 的 Y 轴记为 Y_W 轴(Y 轴是 H、W 面的共有交线)。为了简化，投影面的边框可以不画，用投影轴划分投影，如图 1-9(c)所示。

从图 1-9(d)所示的投影图可知，H、V 面投影在 X 轴方向均反映形体的长度且互相对正；V、W 面投影在 Z 轴方向均反映形体的高度且互相平齐；H、W 面投影在 Y 轴方向均反映形体的宽度且彼此相等。这些关系称为三面正投影图的投影关系。为简明起见，可称为"长对正、高平齐、宽相等"。这 9 个字是绘制和识读投影图的重要规律。

为了准确表达形体水平投影和侧立投影之间的投影关系，在作图时可以用过原点 O 作 $45°$ 斜线的方法求得，该线称为投影传递线，用细线画出，两图之间的细线称为投影联系线。

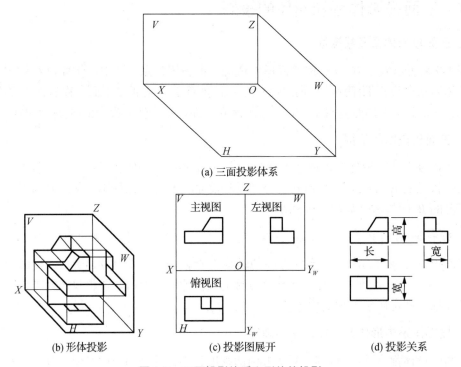

(a) 三面投影体系

(b) 形体投影　　(c) 投影图展开　　(d) 投影关系

图 1-9　三面投影体系和形体的投影

1.3.3 三面投影图上反映的方位

从图 1-9 中可知形体的前、后、左、右、上、下 6 个方位。在三面投影图中都相应反映出其中的 4 个方位，如 H 面投影反映形体左、右、前、后的方位关系。要注意，此时的前

方位位于 H 投影的下侧，这是由于 H 面向下旋转并展开的缘故，请对照图 1-9 及其展开过程进行联想。需要注意，在 W 投影上的前、后两方位，初学者常与左、右两方位相混淆。

在投影图上识别形体的方位关系对于读图是很有帮助的。

1.4　点、直线、平面的正投影规律

复杂的形体都可看作由许多简单几何体组成。几何体又可看作由平面、曲面、直线或曲线及点等几何元素所组成。因此，研究正投影规律应从简单的几何元素点、直线、平面开始。

1.4.1　点的投影及标记

点在任何投影面上的投影仍是点。图 1-10 所示为 A 点的三面投影立体图及其展开图。制图中规定，空间点用大写拉丁字母(如 A、B、C、…)表示；投影点用同名小写字母表示。为使各投影点号之间有所区别，将 H 面记为 a、b、c、…；V 面记为 a'、b'、c'、…；W 面记为 a''、b''、c''、…。点的投影用小圆圈画出，点号写在投影的近旁，并标在所属的投影面区域中。

1.4.2　点的三面投影规律

图 1-10(a)所示为空间点 A 在三面投影体系中的投影，即过 A 点向 H、V、W 面作垂线(称为投影联系线)，所交之点 a、a'、a'' 就是空间点 A 在 3 个投影面上的投影。从图 1-10(a)中直观图可看出，由投影线 Aa、构成的平面 $P(A\,a'a_Xa)$ 与 OX 轴相交于 a_X，因 $P \perp V$、$P \perp H$，即 P、V、H 三面互相垂直，由立体几何知识可知，此三平面两两的交线互相垂直，即 $a'a_X \perp OX$、$a_Xa \perp OX$、$a'a_X \perp a_Xa$，故 P 为矩形。当 H 面旋转至与 V 面重合时 a_X 不动，且 $a_Xa \perp OX$ 的关系不变，所以 a'、a_X、a 三点共线，即 $a'a \perp OX$。

同理，可得到 $a'a'' \perp OZ$，$aa_{YH} \perp OY_H$，$a''a_{YW} \perp OY_W$。

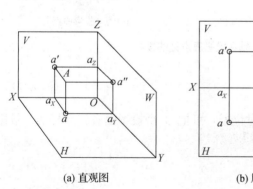
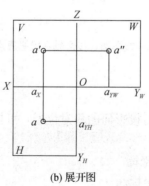

(a) 直观图　　　　　　　(b) 展开图　　　　　　　(c) 投影图

图 1-10　点的三面投影

还可从图 1-10(a)的直观图中可知：

$a'a_X = a_ZO = a''a_{YW} = Aa$，反映 A 点到 H 面的距离；

$aa_X=a_{YH}O=a_{YW}O=a''a_Z=Aa'$，反映 A 点到 V 面的距离；

$a'a_Z=a_ZO=aa_{YH}=Aa''$，反映 A 点到 W 面的距离。

综上所述，点的三面投影规律如下。

(1) 点的任意两面投影的连线垂直于相应的投影轴。

(2) 点的投影到投影轴的距离，反映点到相应投影面的距离。

以上规律是"长对正、高平齐、宽相等"的理论所在。根据以上规律，只要已知点的任意两投影，即可求其第三投影。

1.4.3　点的空间位置及相应投影

点的空间位置有 4 种，包括点处悬空、点在投影面上、点在投影轴上、点在投影原点处。图 1-10 中的 A 处于悬空状态，而图 1-11 中的 A 点在投影面上、B 点在投影轴上、C 点在投影原点处。

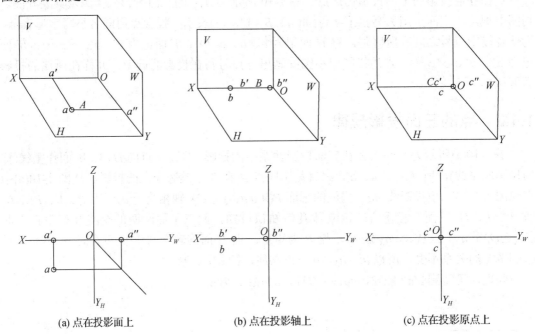

(a) 点在投影面上　　　(b) 点在投影轴上　　　(c) 点在投影原点上

图 1-11　点在投影面、投影轴和投影原点处的投影

1.4.4　点的投影与坐标

研究点的坐标，也是研究点与投影面的相对位置。可把 3 个投影面看作坐标面，投影轴看作坐标轴，如图 1-11 所示。

- A 点到 W 面的距离为 x 坐标。
- A 点到 V 面的距离为 y 坐标。
- A 点到 H 面的距离为 z 坐标。

空间点 A 用坐标表示，可写成 $A(x,y,z)$。如已知一点 A 的三投影 a、a'、a''，就可从图上量出该点的 3 个坐标；反之，如已知 A 点的 3 个坐标，就能作出该点的三面投影。

1.4.5　两点的相对位置及重影

1. 两点的相对位置

空间两点的相对位置，可根据两点的 3 个坐标进行判别，由方位规律可知，X 轴方向即指左右，Y 轴方向指前后，Z 轴方向指上下。从图 1-12(a)中可看出，$x_a<x_b$、$y_a<y_b$、$z_a>z_b$，故知 A 点在 B 点的右后上方，图 1-12(b)所示为其直观图。

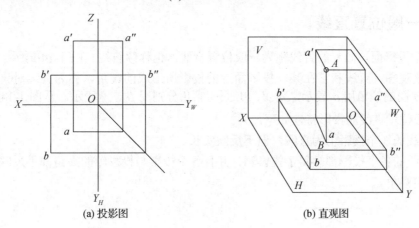

(a) 投影图　　　　　　　　　　　　(b) 直观图

图 1-12　两点的相对位置

2. 重影点及其可见性

当空间两点位于某一投影方向的同一条投影线上时，则此两点的投影重合，此重合的投影称为重影，空间的两点称为重影点。

如图 1-13(a)所示，A、B 两点在同一投影线上，且 A 在 B 之上，则 H 面 a、b 两投影重合，此重合投影称为 H 面重影，但其他两面投影则不重合。至于 a、b 两点的可见性，可从图 1-13(b)所示的 V 面投影或 W 面投影进行判别，由于 a' 高于 b'(或 a'' 高于 b'')，故知 A 点在上 B 点在下，回到重影处可知 a 为可见点 b 为不可见点。为了区别起见，不可见的投影点的代号写在可见点的后面，并加上括号表示，如图 1-13(b)中 H 面的 $a(b)$所示。除了在 H 面上形成重影外，也可在 V、W 上形成重影。

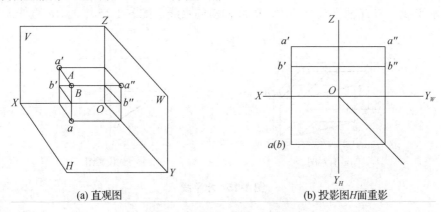

(a) 直观图　　　　　　　　　　　(b) 投影图 H 面重影

图 1-13　重影及其可见性的判别

1.5　直线的正投影规律

直线是点沿着某一方向运动的轨迹。当已知直线的两个端点的投影，连接两端点的投影即得直线的投影，如图 1-14 所示。直线与投影面之间按相对位置的不同，可分为一般位置直线、投影面平行线和投影面垂直线 3 种，后两种直线称为特殊位置直线。

1.5.1　一般位置直线

对 3 个投影面均倾斜的直线称为一般位置直线，也称倾斜线。图 1-14(a)所示为一般位置直线的直观图，直线和它在某一投影面上的投影所形成的锐角，称为直线对该投影面的倾角。对 H 面的倾角用 α 表示，对 V、W 面的倾角分别用 β、γ 表示。从图 1-14(b)中可以看出，一般位置直线的投影特性如下。

① 直线的 3 个投影仍为直线，但不反映实长。

② 直线的各个投影都倾斜于投影轴，并且各个投影与投影轴的夹角都不反映该线与投影面的真实倾角。

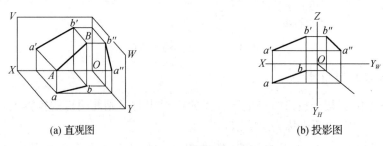

(a) 直观图　　　　　　　　　(b) 投影图

图 1-14　一般位置直线

1.5.2　投影面平行线

只平行于一个投影面，倾斜于其他两个投影面的直线，称为某投影面的平行线。它有以下 3 种状况。

(1) 水平线：与 H 面平行且与 V、W 面倾斜的直线，如图 1-15 中的 AB 直线。

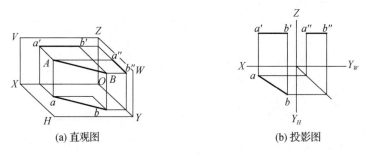

(a) 直观图　　　　　　　　　(b) 投影图

图 1-15　水平线

(2) 正平线：与 V 面平行且与 H、W 面倾斜的直线，如图 1-16 中的 CD 直线。

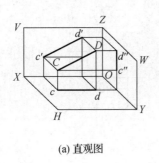
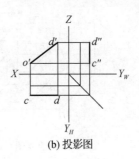

(a) 直观图　　　　　　　　　　　(b) 投影图

图 1-16　正平线

(3) 侧平线：与 *W* 面平行且与 *H*、*V* 面倾斜的直线，如图 1-17 中的 *EF* 直线。

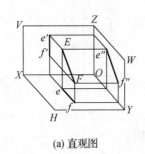
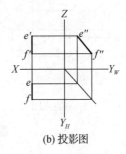

(a) 直观图　　　　　　　　　　　(b) 投影图

图 1-17　侧平线

可概括出它们的共同特性为：投影面平行线在它所平行的投影面上的投影反映实长，且该投影与相应投影轴的夹角反映直线与其他两个投影面的倾角；直线在另外两个投影面上的投影分别平行于相应的投影轴，但不反映实长。

1.5.3　投影面垂直线

只垂直于一个投影面，同时平行于其他两个投影面的直线。投影面垂直线也有以下 3 种状况。

(1) 铅垂线：只垂直于 *H* 面，同时平行于 *V*、*W* 面的直线，如图 1-18 中的 *AB* 线。

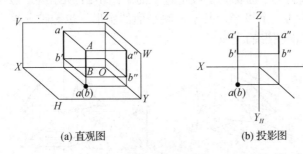

(a) 直观图　　　　　　　　　　　(b) 投影图

图 1-18　铅垂线

(2) 正垂线：只垂直于 *V* 面，同时平行于 *H*、*W* 面的直线，如图 1-19 中的 *CD* 线。

(3) 侧垂线：只垂直于 *W* 面，同时平行于 *V*、*H* 面的直线，如图 1-20 中的 *EF* 线。

由上可得投影面垂直线的共同特性为：投影面垂直线在它所垂直的投影面上的投影积聚为一点；直线在另两个投影面上的投影反映实长且垂直于相应的投影轴。

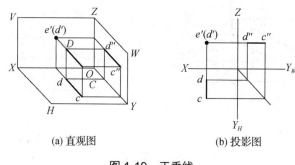

(a) 直观图   (b) 投影图

图 1-19　正垂线

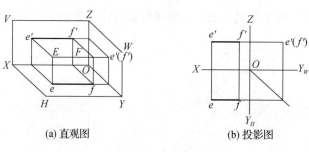

(a) 直观图   (b) 投影图

图 1-20　侧垂线

1.6　平面的正投影规律

平面是直线沿某一方向运动的轨迹。平面可以用平面图形来表示，如三角形、梯形、圆形等。要作出平面的投影，首先要作出构成平面形轮廓的若干点与线的投影，然后连成平面图形即可。平面与投影面之间按相对位置的不同，可分为一般位置平面、投影面平行面、投影面垂直面，后两种统称为特殊位置平面。

1.6.1　一般位置平面

与 3 个投影面均倾斜的平面称为一般位置平面。图 1-21 所示为一般位置平面的投影，从中可以看出，它的任何一个投影，既不反映平面的实形，也无积聚性。因此，一般位置平面的各个投影为原平面图形的类似形。

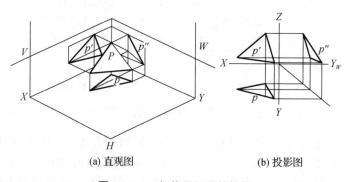

(a) 直观图   (b) 投影图

图 1-21　一般位置平面的投影

1.6.2 投影面平行面

平行于某一投影面,因而垂直于另两个投影面的平面,称为投影面平行面。投影面平行面有以下 3 种状况。

(1) 水平面:平行于 H 面,同时垂直于 V、W 面的平面,如图 1-22 中的 P 平面。

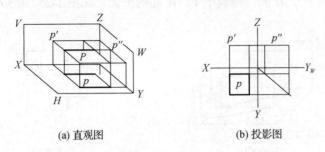

(a) 直观图　　　　　　　　　(b) 投影图

图 1-22　水平面

(2) 正平面:平行于 V 面,同时垂直于 H、W 面的平面,如图 1-23 中的 Q 平面。

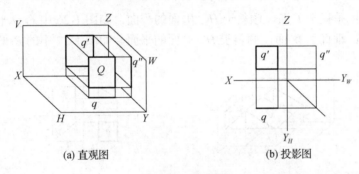

(a) 直观图　　　　　　　　　(b) 投影图

图 1-23　正平面

(3) 侧平面:平行于 W 面,同时垂直于 V、H 面的平面,如图 1-24 中的 R 平面。

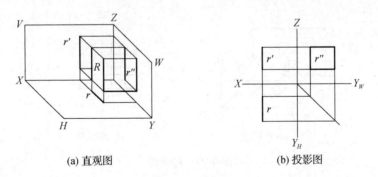

(a) 直观图　　　　　　　　　(b) 投影图

图 1-24　侧平面

综合以上几个图的投影特性,可得投影面平行面的共同特性为:投影面平行面在它所平行的投影面的投影反映实形,在其他两个投影面上投影积聚为直线,且与相应的投影轴平行。

1.6.3 投影面垂直面

垂直于一个投影面，同时倾斜于其他投影面的平面称为投影面垂直面。投影面垂直面也有以下 3 种状况。

(1) 铅垂面：垂直于 H 面，倾斜于 V、W 面的平面，如图 1-25 中的 P 平面。

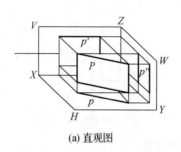 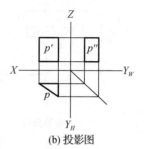

(a) 直观图　　　　　　　　　　(b) 投影图

图 1-25　铅垂面

(2) 正垂面：垂直于 V 面，倾斜于 H、W 面的平面，如图 1-26 中的 Q 平面。

(3) 侧垂面：垂直于 W 面，倾斜于 H、V 面的平面，如图 1-27 中的 R 平面。

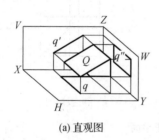 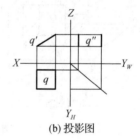

(a) 直观图　　　　　　　　　　(b) 投影图

图 1-26　垂面

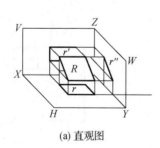 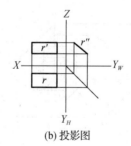

(a) 直观图　　　　　　　　　　(b) 投影图

图 1-27　侧垂面

思　考　题

1-1　投影分哪几类？什么是正投影？

1-2　正投影有哪些基本特性？正投影图有哪些特点？

1-3　三面投影体系有哪些投影面？它们的代号及空间位置如何？

1-4　三面投影体系是如何展开成投影图的？3 个投影之间有什么关系？

1-5　在投影中形体的长、宽、高是如何确定的？在 H、V、W 投影图上各反映哪些方向尺寸及方位？

1-6　什么是基本投影面？

1-7　试述点的三面投影规律。

1-8　已知下表中各点的坐标，作点的三面投影图。

点	离 H 面距离	离 V 面距离	离 W 面距离
A	10	6	12
B	0	14	0
C	0	8	20
D	15	0	5
E	15	20	0

第 2 章　基本几何体的投影

【知识目标】

基本平面体和曲面体的投影图的读与绘。

【能力目标】

熟知基本几何体投影图的读与绘；理解形体特征在投影图上的表达及绘制的步骤和要求。

建筑形体都可以看成由简单的几何形体组合而成的。图 2-1(a)所示的柱与基础是由圆柱体和四棱柱组成，图 2-1(b)中的台阶是由两个四棱柱和侧面的一棱柱组成。这些组成建筑最简单的几何体叫作基本几何体或基本体。为了研究方便，根据其表面的形状不同，基本体可分为平面体和曲面体两种。

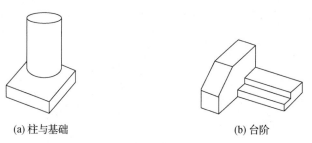

(a) 柱与基础　　　　　　　　　　(b) 台阶

图 2-1　组合体

2.1　平面体的投影

基本体的表面是由平面围成的形体，称为平面体。它们有棱柱、棱锥、棱台体等。

2.1.1　棱柱的投影

棱柱体是指由两个互相平行的多边形平面，其余侧面都是四边形，且每相邻两个四边形的公共边都互相平行的平面围成的形体。这两个互相平行的平面称为棱柱的底面，其余各平面称为棱柱的侧面，侧面的公共边称为棱柱的侧棱，两底面之间的距离为棱柱体的高。

图 2-2 所示为六棱柱的投影。前、后两棱面是正平面，正面投影反映实形，水平投影和侧面投影积聚成直线段。

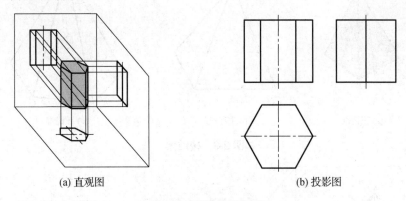

(a) 直观图　　　　　　　　　　　　(b) 投影图

图 2-2　六棱柱的投影

其余 4 个侧棱面是铅垂面，它们的水平投影都积聚成直线，并与正六边形的边线重合，在正面投影和侧面投影面上的投影为类似形(矩形)。

六棱柱的 6 条棱线均为铅垂线，在水平投影面上的投影积聚成一点，正面投影和侧面投影都互相平行且反映实长。作图步骤如下。

① 先用点画线画出水平投影的中心线，正面投影和侧面投影的对称线。

② 画正六棱柱的水平投影(正六边形)，根据正六棱柱的高度画出顶面和底面的正面投影和侧面投影。

③ 根据投影规律，再连接顶面和底面的对应顶点的正面投影和侧面投影，即为棱线、棱面的投影。

从图 2-2(b)所示的六棱柱的 3 个投影中有一个是六边形，而另外两个投影为矩形。由此可得出，棱柱的一个投影为多边形，另两个投影为矩形；反之当一个形体的三面投影中有一个投影为多边形，另两个投影为矩形时，就可判定该形体为棱柱体，从多边形的边数可得出棱柱的棱数。

2.1.2　棱锥的投影

形体的表面由平面围合而成，除底面外，其他的面有一个公共顶点的形体称为棱锥体，如图 2-3 所示。棱锥体的底面为多边形，其余各面为侧面，相邻侧面的公共边为棱，从顶点向底面作垂线，顶点到垂足间的距离称为棱锥的高。

如图 2-4 所示，三棱锥处于图示位置时，其底面 ABC 是水平面，在水平投影上反映实形，正面投影和侧面投影积聚成水平直线段。

棱面 SAC 为侧垂面，侧面投影积聚成直线段，正面投影和水平投影为类似形。

另两个棱面(SAB，SBC)为一般位置平面，三投影均不反映实形。作图步骤如下。

① 画反映实形的底面的水平投影(等边三角形)，再画△ABC 的正面投影和侧面投影，它们分别积聚成水平直线段。

② 根据锥高再画顶点 S 的三面投影。

③ 最后将锥顶 S 与点 A、B、C 的同面投影相连，即得到三棱锥的投影图。

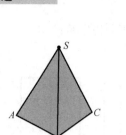

(a) 三棱锥

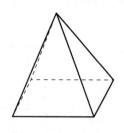

(b) 四棱锥

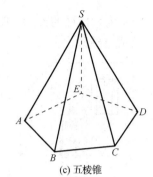

(c) 五棱锥

图 2-3   棱锥体

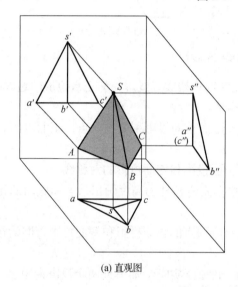

(a) 直观图

(b) 投影图

图 2-4   三棱锥的投影

2.1.3   棱台的投影

用平行于棱锥底面的平面切割棱锥后，底面与截面之间剩余的部分称为棱台体，截面与原底面称为棱台的上、下底面，其余的平面称为棱台的侧面，相邻侧面的公共边称为侧棱。上、下底面之间的距离为棱台的高。四棱台的投影如图 2-5 所示。

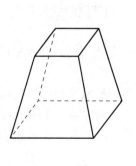

(a) 直观图

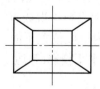

(b) 投影图

图 2-5   四棱台的投影

2.2 曲面体的投影

由曲面或由曲面和平面围合而成的形体称为曲面体，如圆柱、圆锥、圆台和球体。这些几何形体在建筑工程中被广泛应用。

2.2.1 圆柱体的投影

由圆柱面和上、下底面所围成。圆柱面是由直线 AA_1 绕与它平行的轴线 OO_1 旋转而成。直线 AA_1 称为母线，母线在回转面的任一位置称为素线。圆柱面上的素线都是平行于轴线的直线，如图 2-6 所示。

圆柱面的水平投影积聚成一个圆，另两个投影分别用两个方向的轮廓素线的投影表示，如图 2-7 所示。

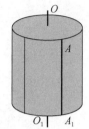

图 2-6 圆柱体的形成

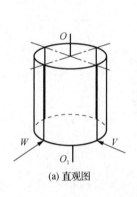

(a) 直观图

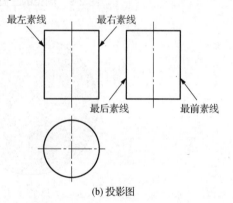

(b) 投影图

图 2-7 圆柱体的投影

2.2.2 圆锥体的投影

圆锥由圆锥面、底面围成。圆锥可看成直母线绕与它相交的轴线回转一周而形成，如图 2-8 所示。

圆锥体处于三面投影体系中，底面平行于水平投影面，圆锥体的高与水平投影面垂直。底面平行于水平投影面，其水平投影反映实形，正面投影和侧面投影分别积聚成平行于 OX 轴和 OY 轴的线，线长为底圆的直径，如图 2-9 所示。

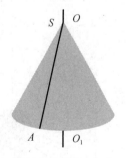

图 2-8 圆锥的形成

2.2.3 球体的投影

圆球是由球面围成的，球面可看作圆绕其直径为轴线旋转而成，如图 2-10 所示。

球体处于三面投影体系中，球体的水平投影上半个球面与下半个球面重合，其投影为圆，圆的直径为球体的直径。球体的正面投影前半个球面与后半个球面重合，其投影为圆，圆的直径为球体的直径。球体的侧面投影左半个球面与右半个球面重合，其投影为圆，圆的直径为球体的直径。

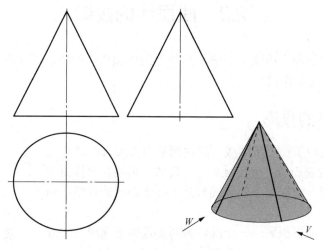

图 2-9　圆锥的三面投影图

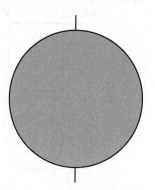

图 2-10　球体的形成

所以，球体的 3 个投影都是圆，而且直径相等，都是球体的直径，如图 2-11 所示。

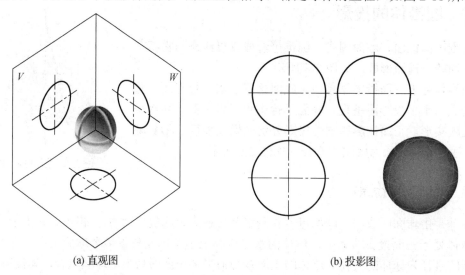

(a) 直观图　　　　　　　　　　　　　　(b) 投影图

图 2-11　球体的投影

思 考 题

2-1　什么叫基本几何体？分为哪几类？

2-2　棱柱体、棱锥体的投影有什么特点？

2-3　已知五棱柱的高为 20 mm，底面与 H 面平行且相距 5 mm。试在图 2-12 中作出五棱柱的三面投影图。

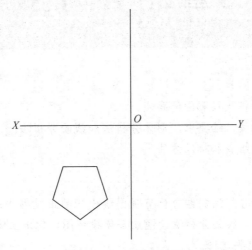

图 2-12　思考题 2-3 图

2-4　已知正四棱锥体底面边长为 15 mm、高为 20 mm，底面与 H 面平行并相距 5 mm，且有一底边与 V 面成 30°，试作此正四棱锥体的三面投影图。

第 3 章　组合体的投影

【知识目标】

(1) 组合体的投影分析及投影图的画法。

(2) 组合体投影图的读、绘要求，形体分析法和线面分析法。

(3) 组合体投影图的组成和标注方法。

【能力目标】

(1) 理解并会用形体分析法将组合体直观图绘出三面正投影并标全尺寸。

(2) 会用形体分析法、线面分析法读懂组合体投影图，想出立体状态。这是读图能力训练和提高空间想象力的重要途径。

3.1　组合体投影图的组合方式及画法

常见的建筑物或其他工程形体，都是由基本形体组成，如图 3-1 所示。高层建筑由棱柱、棱锥和圆柱等组合而成。本章主要讲解组合体投影图的画法、识读及尺寸标注。

图 3-1　建筑物或其他工程形体由基本形体组成

3.1.1 组合体的组合方式

由基本几何体按照一定方式连接而成的一个整体称为组合体。它们一般由 3 种组合方式组合而成。

1. 叠加型组合体

叠加型组合体由若干个基本几何体叠加而成，如图 3-2(a)所示。

2. 切割型组合体

切割型组合体由基本几何体切去某些形体而成，如图 3-2(b)所示。

3. 综合型组合体

综合型组合体是既有叠加又有切割或相交的组合体，如图 3-2(c)所示。

(a) 叠加式　　　　　　　　　(b) 切割式　　　　　　　　(c) 综合式

图 3-2　组合方式

3.1.2 组合体投影图的画法

1. 形体邻接表面间的几何关系

(1) 共面：邻接表面无分界线，如图 3-3(a)所示。

(2) 相切：光滑过渡，切线不画，如图 3-3(b)所示。

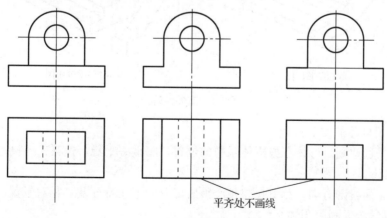

平齐处不画线

(a) 表面平齐

图 3-3　形体表面的平齐与相切

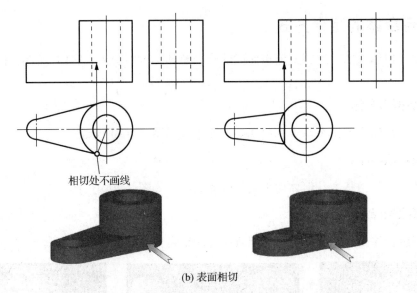

相切处不画线

(b) 表面相切

图 3-3　形体表面的平齐与相切(续)

(3) 相交：邻接表面产生交线(如截交线、相贯线)，交线一定要画。

2. 组合体的投影图

把一个复杂形体分解成若干基本形体或简单形体的方法，称为形体分析法。它是画图、读图和标注尺寸的基本方法。

(1) 形体分析。

图 3-4 所示为室外台阶，可以把它看成由边墙、台阶、边墙三大部分组成。

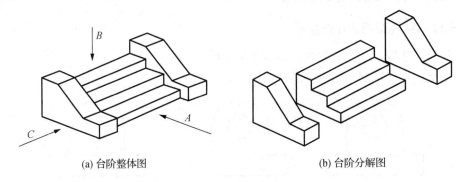

(a) 台阶整体图　　　　　　　　　　　　　(b) 台阶分解图

图 3-4　室外台阶

(2) 确定组合体的安放位置。

① 符合平稳原则。形体在投影体系中的位置，应重心平稳，使其在各投影面上的投影图尽量反映实形。

② 选择正面投影方向。尽量反映各个组成部分的形状特征及其相对位置，尽量减少图中的虚线，尽量合理利用图幅。

③ 选择投影图数量。基本原则是用最少的投影图把形体表达得清楚、完整。即：清楚、完整地图示整体和组成部分的形状及其相对位置的前提下，投影图的数量越少越好，

如图 3-5 所示。

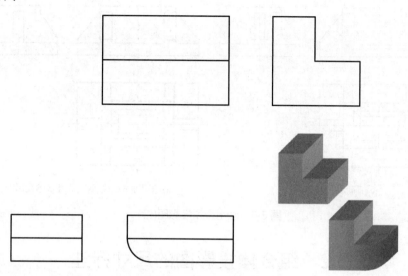

图 3-5　用 3 个投影图表达台阶

(3) 先选比例后定图幅，或先定图幅后选比例。

(4) 画底稿线(布图、画基准线、逐个画出各基本形体投影图)。

(5) 检查整理底稿、加深图线。

【例 3-1】已知如图 3-6(a)所示的组合体，画出它的三面正投影图。

① 形体分析：掌握组合体的形状特征，将各形体拆开展示，并分析表面邻接关系。

② 确定安放位置：正常位置，主要表面平行投影面，主视图方向。

③ 视图的数量：根据形体的复杂程度可选用一个、两个、三个或更多投影来表达，一般常用三个投影图。

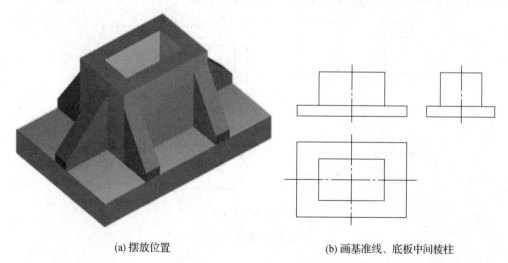

(a) 摆放位置　　　　　　　　　　(b) 画基准线、底板中间棱柱

图 3-6　画组合体投影图

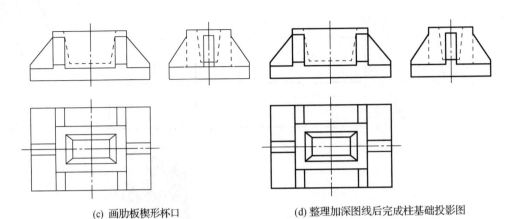

(c) 画肋板楔形杯口　　　　　　　　(d) 整理加深图线后完成柱基础投影图

图 3-6　画组合体投影图(续)

3.2　组合体投影图的尺寸标注

在实际工程中，没有尺寸的投影图是不能用于施工生产和制作的。组合体投影图也只有标注了尺寸，才能明确它的大小。

3.2.1　组合体尺寸的组成

组合体尺寸由三部分组成，分别是定形尺寸、定位尺寸和总尺寸。

1. 定形尺寸

确定组合体中各基本几何体的大小，通常由长、宽、高 3 个尺寸来反映。图 3-7(a)所示为平面体尺寸标注，图 3-7(b)所示为回转体尺寸标注。

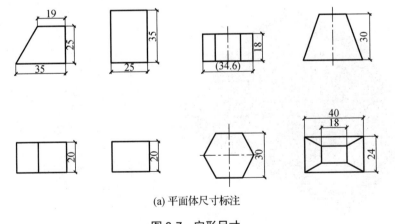

(a) 平面体尺寸标注

图 3-7　定形尺寸

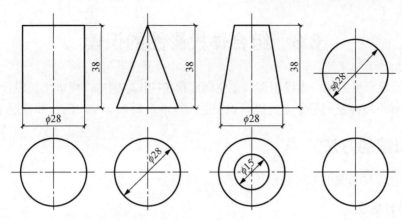

(b) 回转体尺寸标注

图 3-7 定形尺寸(续)

2. 定位尺寸

确定组合体中各形体的相对位置，一般选择主要平面为基准，当物体对称时，还可选对称线作为基准。当两基本几何体的对称线(或轴线)重合或对齐时，相应的定位尺寸可以省略，如图 3-8 所示。

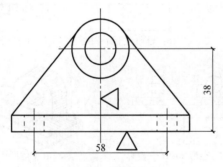

图 3-8 定位尺寸

3. 总尺寸

确定组合体的总长、总宽和总高的尺寸。

3.2.2 组合体尺寸标注方法

(1) 尺寸一般宜注写在反映形体特征的投影图上。

(2) 尺寸应尽可能标注在图形轮廓线外面，不宜与图线、文字及符号相交；但某些细部尺寸允许标注在图形内。

(3) 表达同一几何形体的定形、定位尺寸，应尽量集中标注。

(4) 尺寸线的排列要整齐。对同方向上的尺寸线，组合起来排成几道尺寸，从被注图形的轮廓线由近至远整齐排列，小尺寸线离轮廓线近，大尺寸线应离轮廓线远些，且尺寸线间的距离应相等。

(5) 尽量避免在虚线上标注尺寸。

3.3 组合体投影图的识读

组合体形状千变万化，由投影图想象空间形状往往比较困难，所以掌握组合体投影图的识读规律，对于培养空间想象力、提高识图能力以及今后识读专业图，都有很重要的作用。

3.3.1 识读的方法

识读组合体投影图的方法有形体分析法、线面分析法等方法。

1. 形体分析法

形体分析法就是通过对物体几个投影图的对比，先找到特征视图，然后按照视图中的每个封闭线框都代表一个简单基本形体的投影规律，将特征视图分解成若干个封闭线框，按"三等关系"找出每一线框所对应的其他投影，并想象出形状。然后再把它们拼装起来，去掉重复的部分。最后构思出该物体的整体形状，如图 3-9 所示。

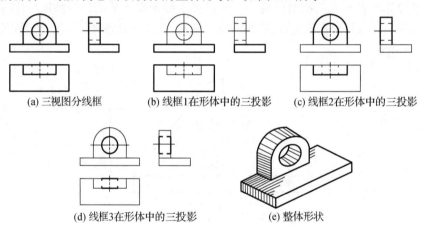

(a) 三视图分线框　　(b) 线框1在形体中的三投影　　(c) 线框2在形体中的三投影

(d) 线框3在形体中的三投影　　　　(e) 整体形状

图 3-9　形体分析法

2. 线面分析法

线面分析法就是以线、面的投影规律为基础，根据形体投影的某些图线和线框，分析它们的形状和相互位置，从而想象出被它们围成的形体的整体形状，如图 3-10 所示。

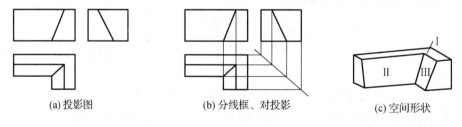

(a) 投影图　　　　　(b) 分线框、对投影　　　　　(c) 空间形状

图 3-10　线面分析法

形体分析法和线面分析法是有联系的，不能截然分开。对于比较复杂的图形，先从形体分析获得形体的大致整体形象之后，不清楚的地方针对每一条"线段"和每一个封闭"线

框"加以分析，从而明确该部分的形状，弥补形体分析的不足。以形体分析法为主，结合线面分析法，综合想象得出组合体的全貌。

3.3.2　识读的要点

识读投影图除注意运用以上方法外，还需明确以下几点，以提高识读速度及准确性。

(1) 要将几个视图联系起来看。要把已知条件所给的投影一并联系起来识读，不能只注意其中一部分，如图 3-11 所示。

如果只把视线放在 V、W 面上，则至少可得图 3-11 中右下方的两种答案。

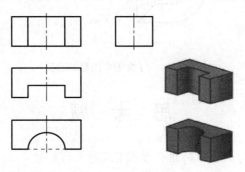

图 3-11　整体识图

(2) 注意抓特征视图。最能反映物体形状特征的那个视图，称为该形体的特征投影，如图 3-12 所示。

(3) 要弄清视图中"图线"的含义，如图 3-13 所示。

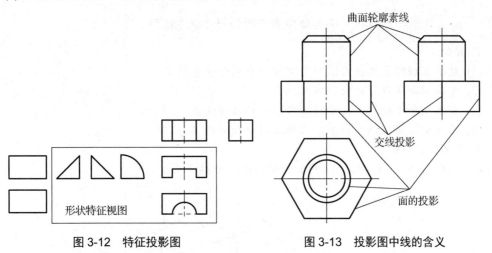

图 3-12　特征投影图　　　　图 3-13　投影图中线的含义

(4) 要弄清视图中"线框"的含义，如图 3-14 所示。

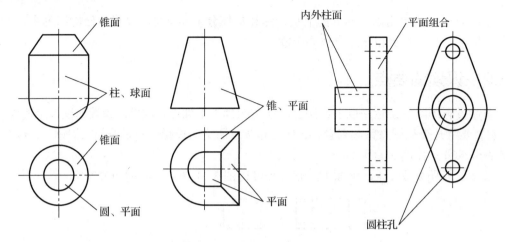

图 3-14　投影图中线框的含义

思　考　题

3-1　什么叫组合体？组合体的组合方式有几种？

3-2　什么是形体分析法和线面分析法？

3-3　组合体应标注哪三类尺寸？标注尺寸应注意哪些问题？

实　训　题

组合体投影作图与尺寸标注练习

1. 目的

(1) 熟练掌握组合体投影图作图及读图中的形体分析法。

(2) 掌握组合体投影的绘制步骤。

(3) 掌握组合体投影的尺寸标注内容和标注方法。

(4) 正确识读组合体投影图，正确应用线面分析法。

2. 内容

(1) 绘制图 3-15 所示组合体的三面投影图，并标注尺寸。

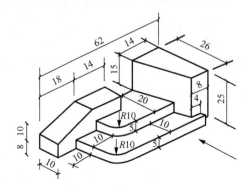

图 3-15　组合体

(2) 准备 A4 图幅铅绘白纸，比例自定，铅笔抄绘。

3. 要求

(1) 画出图框、标题栏。

(2) 根据图及尺寸绘制相应投影，并在投影图中标注尺寸。

(3) 图内汉字为 7 号汉字，数字为 3.5 号字。

第4章 剖面图和断面图

【知识目标】

(1) 剖面图和断面图的形成、用途，常见种类和画法。

(2) 剖面图和断面图的区别。

(3) 常见建筑材料图例。

【能力目标】

(1) 熟知剖面图、断面图的形成原理、画法和步骤。

(2) 熟知剖面图和断面图的区别、作图时对图线线宽的要求。

(3) 熟记常用建筑材料图例。

在本章之前的正投影图都是直接反映形体外观的，当形体内部有空腔或孔洞、槽不可见时，需借助虚线来表达，当虚线较多时，往往会增加识图的难度，同时也不利于表达内部构造和标注尺寸。在实际应用中为能反映形体内部的构造、材料和尺寸，同时也便于识图，人们想到了将形体假想剖开后表达内部投影的方法——剖面图或断面图，在工程设计中得到广泛应用。

4.1 剖面图的种类和画法

4.1.1 剖面图的形成

剖面图是用假想剖切平面(P)将形体切开后，移去观察者和剖切平面之间的部分，将剩余部分向投影面所作的正投影图，这样所得的视图称为剖面图，如图 4-1 所示。

4.1.2 剖面图的表达

1. 剖切符号和画法

1) 剖切位置线

剖切平面一般平行于基本投影面；对称形体，剖切平面要通过对称面。用剖切平面的积聚投影表示剖切位置。剖切位置线在视图的两端用粗实线绘制成两段，长度为 6～10 mm，画图时，剖切位置线在图中不应与视图上的图形轮廓线相交。

2) 投影方向线

投影方向线是垂直于剖切位置线的粗实线，长度为 4～6 mm，如图 4-2 所示。

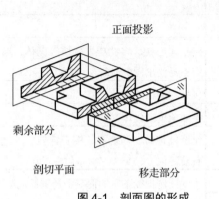

图 4-1　剖面图的形成

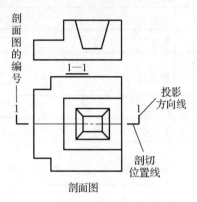

图 4-2　剖切符号

2. 剖面图的编号

复杂形体需同时剖切几次。为了区分清楚，对每一次剖切要进行编号，采用阿拉伯数字，按顺序从左到右、从下到上的连续编排，并注写在剖视方向的端部，剖切位置线需要转折时，在转折处的外侧也应加注相同的编号。编号数字一律水平书写，如图 4-3 所示。在相应的剖面图下方或上方，写上与剖切符号相同的编号作为剖面图的图名，如图 4-2 中的 1—1，并在图名下方画一条等长的粗实线。

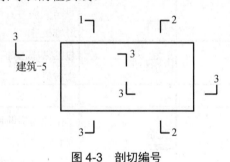

图 4-3　剖切编号

3. 画材料图例

剖切平面与形体接触的部分，一般要画出表示材料类型的图例，如图 4-1 所示。在不指明材料时，用间隔均匀(一般为 2～6 mm)的 45°方向细斜线画出图例线，在同一形体的各个剖面图中，图例线方向、间距要一致，如表 4-1 所示。

表 4-1　常用建筑材料图例

序　号	名　称	图　例	备　注
1	自然土壤		包括各种自然土壤
2	夯实土壤		
3	砂、灰土		靠近轮廓线绘较密的点

续表

序 号	名 称	图 例	备 注
4	砂砾石、碎砖三合土	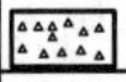	
5	天然石材		
6	毛石	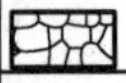	
7	普通砖	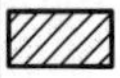	包括实心砖、多孔砖、砌块等砌体，断面较窄不易绘出图例线时，可涂红
8	耐火砖		包括耐酸砖等砌体
9	空心砖		指非承重砖砌体
10	饰面砖		包括铺地砖、马赛克、陶瓷锦砖、人造大理石砖等
11	混凝土		①本图例指能承重的混凝土及钢筋混凝土②包括各种强度、等级、骨料、添加剂的混凝土
12	钢筋混凝土		③在剖面图上画出钢筋时，不画图例线④断面图形小，不易画出图例线时可涂黑
13	焦渣、矿渣	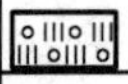	包括与水泥、石灰等合成的材料
14	多孔材料		包括水泥珍珠岩、沥青珍珠岩、泡沫混凝土、非承重加气混凝土、软木、硅石制品等
15	纤维材料		包括矿棉、岩棉、玻璃棉、麻丝、木丝板、纤维板等
16	泡沫塑料材料	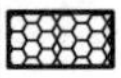	包括聚苯乙烯、聚乙烯、聚氨酯等多孔聚合物材料
17	松散材料		
18	木材		①上图为横断面，上左图为垫木，木砖或木龙骨②下图为纵断面
19	胶合板		应注明为×层胶合板
20	石膏板		包括圆孔、方孔石膏板、防水石膏板等
21	金属		①包括各种金属②图形小时可涂黑
22	网状材料		①包括金属、塑料网状材料②应注明具体材料名称
23	液体	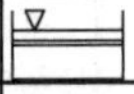	应注明具体液体名称
24	玻璃		包括平板玻璃、磨砂玻璃、夹丝玻璃、钢化玻璃、中空玻璃、加层玻璃、镀膜玻璃等
25	橡胶		

序 号	名 称	图 例	备 注
26	塑料	▨▨	各种软、硬塑料及有机玻璃等
27	防水材料	▭▭	构造层次多或比例大时，采用上面图例
28	粉刷	⁖⁖⁖	本图例采用较稀的点

注：图例中斜线、短斜线、交叉斜线等一律为45°。

4.1.3 画剖面图时的注意事项

(1) 剖切是假想的，目的是为了清楚地表达形体的内部形状，并不是真正地将形体切开而移去一部分。因此，除了剖面图外，其他视图应按未剖切前的形体形状画出。

(2) 剖切平面一般应平行于基本投影面，且尽量通过形体的孔、洞、槽的对称中心线。

(3) 剖面图是"剖切"后将剩下的部分进行投影，所以在画剖面图时，剩下部分所有看得见的图线均应画出，而看不见的轮廓线(虚线)一般可省略不画。

(4) 要仔细分析剖面图的结构形状，分析有关视图的投影特点，以免画错。

4.1.4 剖面图的种类与画法

为了表示形体的内部形状，可根据形体的形状特点，采用不同的剖切方式，画出不同的剖面图。

1. 全剖面图

1) 形成

假想用一个平面将形体全部剖开，然后画出它的剖面图，这种剖面图称为全剖面图。全剖面图一般要标注剖切位置线，只有当剖切平面与形体的对称平面重合，且全剖面图又置于基本投影图位置时，可以省略标注。图4-4所示为全剖面图。

2) 适用范围

全剖面图适用于不对称的形体或虽然对称，但外形结构比较简单而内部结构比较复杂的形体。

2. 半剖面图

1) 形成

当形体的内、外形在某个方向上具有对称性，且内、外形又都比较复杂时，以对称单点长划线为界，将其投影的一半画成表示形体外部形状的正投影，另一半画成表示内部结构的剖面图。这种投影图和剖面图各画一半的图，叫作半剖面图，如图4-5所示。

2) 适用范围

半剖面图适用于内、外形都需要表达的对称形体。

3) 注意事项

(1) 半个视图和半个剖面图的分界线画成单点长划线(对称轴线)，不能画成实线。若作为分界线的单点长划线刚好与轮廓线重合，则应避免用半剖面。

（2）当分界线为竖直时，视图画在分界线的左侧，剖面图画在分界线的右侧；当分界线为水平时，将视图画在水平分界线的上方，剖面图画在水平分界线的下方。

（3）若形体具有两个方向的对称平面，且半剖面图又置于基本投影位置时，标注可以省略，如主视图和左视图。但当形体具有一个方向的对称面时，半剖面图必须标注，标注方法同全剖面图，如图 4-5 中俯视图的 1-1 剖面。

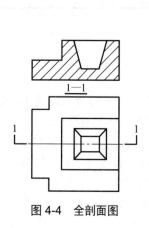

图 4-4　全剖面图

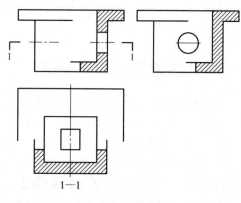

图 4-5　半剖面图

3. 局部剖面图

1) 形成

在不影响外形表达的情况下，用剖切平面局部地剖开形体来表达结构内部形状所得到的剖面图，称为局部剖面图，如图 4-6 所示。局部剖切的位置与范围用波浪线来表示。

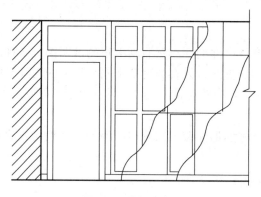

图 4-6　局部剖面图

2) 注意事项

（1）局部剖切比较灵活，但应考虑看图的方便，不应过于零碎。一般每个剖面图局部剖不能多于 3 处。

（2）用波浪线表示形体断裂痕迹，波浪线应画在实体部分，不能超出视图轮廓线或画在中空部位，不能与图上其他图线重合。

（3）局部剖面图只是形体整个外形投影中的一部分，不需标注。

3) 适用范围

（1）外形复杂、内部形状简单且需保留大部分外形，只需表达局部内部形状的形体适合采用局部剖面图。

(2) 形体轮廓与对称轴线重合，不宜采用半剖或不宜采用全剖的形体，可采用局部剖，如图 4-6 所示。

(3) 建筑物的墙面、楼面及其内部构造层次较多，可用分层局部剖面来反映各层所用的材料和构造，分层剖切的剖面图，应按层次以波浪线将各层隔开，波浪线不应与任何线重合。

4. 阶梯剖面图

1) 形成

当形体内部结构层次较多，采用一个剖切平面不能把形体内部结构全部表达清楚时，可以假想用两个或两个以上相互平行的剖切平面来剖切形体，所得到的剖面图，称为阶梯剖面图，如图 4-7(a)所示。

2) 适用范围

阶梯剖面图适合于表达内部结构不在同一平面的形体。

3) 注意事项

(1) 阶梯剖面图必须标出名称、剖切符号，如图 4-7(a)的立面图所示。为使转折处的剖切位置不与其他图线发生混淆，应在转折处标注转折符号 "⅃"，并在剖切位置的起、止和转折处注写相同的阿拉伯数字，如图 4-7(b)所示。

(2) 在剖面图上，由于剖切平面是假想的，不应画出两个剖切平面转折处交线的投影。

(3) 阶梯剖面图的剖切平面转折位置不应与图形轮廓线重合，也不应出现不完整的要素，如不应出现孔、槽的不完整投影。只有当两个投影在图形上具有公共对称中心线或轴线时，才允许各画一半，此时应以中心线或轴线为界。

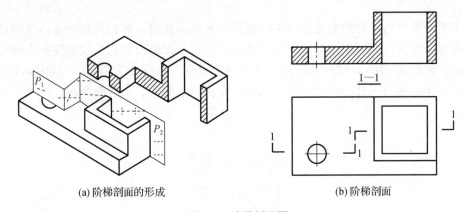

(a) 阶梯剖面的形成　　　　　　　　　　(b) 阶梯剖面

图 4-7　阶梯剖面图

5. 旋转剖面图

1) 形成

用两个相交的剖切平面(交线垂直于一基本投影面)剖切形体后，将被剖切的倾斜部分旋转与选定的基本投影面平行，再进行投影，使剖面图既得到实形又便于画图，这样的剖面图叫旋转剖面图，如图 4-8 所示。

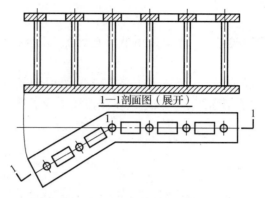

图 4-8　旋转剖面图

2) 适用范围

旋转剖面图适用于内部不在同一平面上，且具有回转轴的形体。

3) 注意事项

(1) 旋转剖的剖切面交线常和形体的主要孔的轴线重合。采用旋转剖时，必须标出剖面图的名称，标注全剖切符号，在剖切面的起、止和转折处用相同的字母标出。

(2) 在画旋转剖面图时，应先剖切、后旋转、再投影。而且应在旋转剖面图名称后边注写"展开"二字。

4.2　断面图的种类及画法

4.2.1　断面图的形成

对于某些单一的杆件或需要表示某一部位的截面形状时，可以只画出形体与剖切平面相交的那部分图形，即假想用剖切平面将物体剖切后，仅画出断面的投影图称为断面图，简称断面。如图 4-9 所示，带牛腿的"工"字形柱子的 1—1、2—2 断面。从图 4-9 中可以得知，该柱子上柱与下柱的形状不同。断面图有移出断面图、重合断面图、中断断面图 3 种形式。

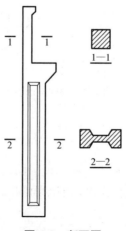

图 4-9　断面图

4.2.2　断面图与剖面图的区别

(1) 断面图只画出物体被剖切后剖切平面与形体接触的那部分,即只画出截断面的图形,而剖面图则画出被剖切后剩余部分的投影,如图 4-10(a)所示。

(2) 断面图和剖面图的符号也有不同,断面图的剖切符号只画长度 6~10 mm 的粗实线作为剖切位置线,不画剖视方向线,编号写在投影方向的一侧,如图 4-10(b)所示。

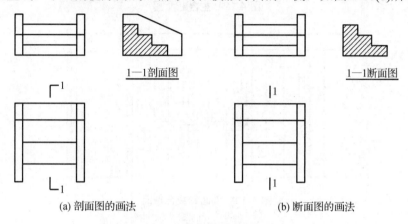

1—1剖面图　　　　　　1—1断面图

(a) 剖面图的画法　　　　　　(b) 断面图的画法

图 4-10　剖面图与断面图的区别

4.2.3　断面图的种类和画法

断面图有移出断面图、重合断面图、中断断面图 3 种形式。

1. 移出断面图

将形体某一部分剖切后所形成的断面图移画于主投影图的一侧,称为移出断面图。断面的轮廓要画成粗实线,轮廓线内画图例符号,如图 4-11 所示。

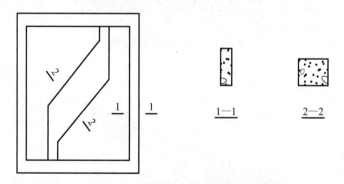

1—1　　　2—2

图 4-11　移出断面图及其画法

2. 重合断面图

将断面图直接画于投影图中,两者重合在一起的称为重合断面图。图 4-12 所示为一槽钢和双角钢的重合断面图,重合断面图的比例应与原投影图一致。断面轮廓线可能是闭合的,也可能是不闭合的,如果不闭合(见图 4-13),应在断面轮廓线的内侧加画图例符号。

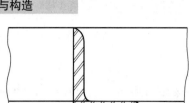
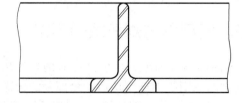

(a) 槽钢的重合断面　　　　　　　　　　　　(b) 双角钢的重合断面

图 4-12　重合断面图

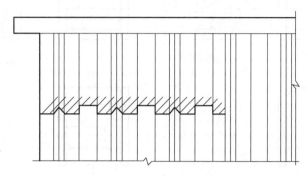

图 4-13　墙面和重合断面

3. 中断断面图

对于单一的长向杆件，也可在杆件投影图的某一处用折断线断开，然后将断面图画于其中。同样，钢屋架的大样图也采用断开画法，如图 4-14 所示。同样钢屋架的大样图也常采用中断断面的形式表达其各杆件的形状，如图 4-15 所示。中断断面的轮廓线用粗实线，断开位置线可以为波浪线、折断线等，但必须为细线，图名沿用原投影图的名称。

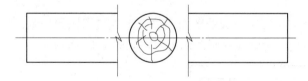

图 4-14　木材的中断断面图

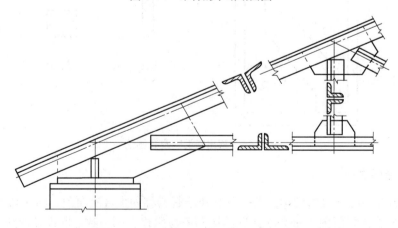

图 4-15　钢屋架采用中断断面图表示杆件

思　考　题

4-1　什么是剖面图？什么是断面图？它们之间有什么区别？

4-2　剖面图有什么用途？剖切方式有哪几种？它们有何特点？剖切符号如何绘制？

4-3　断面产生的符号在绘制时有什么要求？

4-4　画全剖图、半剖图和阶梯剖面图时应注意哪些问题？

4-5　将水池的 1-1 剖面图绘出，如图 4-16 所示。

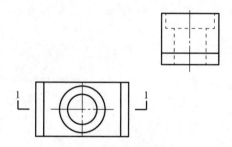

图 4-16　4-5 题用图

实　训　题

剖面图与断面图

1. 目的

(1) 明确剖面图、断面图的形成和种类。

(2) 掌握剖切符号、材料图例和相应的表达方法。

(3) 熟练掌握常用建筑材料图例的画法。

2. 绘图

用 A3 图幅铅绘纸，按 2∶1 比例抄绘图 4-17。

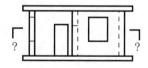

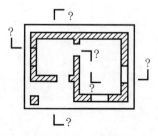

图 4-17　实训题用图

3. 要求

(1) 按已知条件，补出 2-2、3-3 的剖面图。

(2) 剖面图例按砖图例画出。

(3) 写出剖面图图名，注意剖切符号的画法。

第2篇　房屋的基本构造

　　本篇主要介绍房屋的基本构造，从房屋的基础、墙体、楼地面、楼梯、屋顶、门窗到变形缝系统地介绍了房屋的构成，使学生能从理论上掌握房屋的构成。在每一章中还有工程实际图片及图形，帮助学生更好地理解房屋的构造。

第5章 民用建筑概述

【知识目标】

了解建筑物的构造组成、分类及影响建筑构造的因素。

【能力目标】

能够识别建筑类型以及定位轴线。

5.1 民用建筑的构造组成和分类

民用建筑是指非生产性的居住建筑和公共建筑，是由若干个大小不等的室内空间组合而成的；而其空间的形成，又需要各种各样实体来组合，这些实体称为建筑构配件。

5.1.1 民用建筑的构造组成

一般民用建筑由基础、墙(柱)、楼板层(地坪层)、楼梯(电梯)、屋顶、门窗等六大主要部分组成，如图5-1所示，如住宅、写字楼、幼儿园、学校、食堂、影剧院、医院、旅馆、展览馆、商店和体育场馆等都属于民用建筑。它们处在不同的部位，发挥着不同的作用。不同功能的民用建筑，还有一些特有的构件和配件。

1. 基础

基础是墙或柱延伸到地下部分最下部的承重构件，它要承受建筑物的全部荷载，并将荷载传给地基。基础要求具有足够的强度和稳定性，同时应能抵御地下土层中各种有害因素的作用。

2. 墙(柱)

墙在多数情况下是垂直承重构件，是将屋顶、楼层、楼梯等构件上的荷载包括自重传给基础。按其所在位置及作用，墙可分为外墙和内墙，是围护和分隔构件。要求它们具有足够的强度、稳定性以及保温、隔热、节能、隔声、防潮、防水、防火等功能及经济性和耐久性。为扩大空间，提高空间的灵活性，以柱代墙，柱是垂直承重构件，和梁共同形成框架承重结构系统，墙体只起隔离和围护作用。

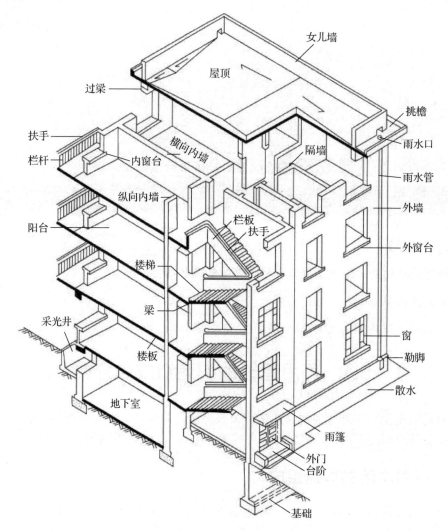

图 5-1　民用建筑组成

3. 楼板层(地坪层)

楼板层是建筑物水平承重构件，同时也是水平方向的分隔构件，楼层之间用楼板分隔上下空间，具有足够的强度和刚度，包括楼板、梁、设备管道、顶棚等，性能应满足使用和围护的要求，是承载人和家具设备荷载的活动平台，并将这些荷载和自重传递给墙(柱)；还起着墙(柱)的水平支撑作用，以增加墙(柱)的稳定性。根据上、下空间的特点，还应有隔声、防火、防潮、防水、保温、隔热等功能。

地坪层是指建筑物底层地坪，是底层空间与地基之间的分隔构件，地坪层贴近土壤，应具有传力均匀及防潮、保温等性能要求。

4. 楼梯(电梯)

楼梯和电梯是多层建筑中的垂直运输工具，供人们上下楼层、紧急疏散及运送物品之用。要具有足够的强度和刚度、足够的通行宽度和疏散能力，要有足够的运送能力和方便快捷性能，并做到坚固耐久和满足消防疏散的安全要求。消防电梯用于紧急事故时的消防扑救，需满足消防安全要求。

5. 屋顶

屋顶包括防水层、屋面板、梁、设备管道、顶棚等，屋面板既是承重构件，又是分隔顶层空间与外部空间的界面，是建筑物水平承重构件、顶部的围护构件。作为承重构件，要承受风雪、人员活动的活荷载(上人屋面)和施工期间的各种荷载，将自重及屋面荷载传给墙(柱)。作为围护结构，要抵抗风、雨、雪的侵袭和太阳辐射热的影响。要求屋顶应具有足够的强度和刚度以及保温、隔热、防水、防潮、防火、耐久及节能等功能。

6. 门窗

门用于开闭室内外空间并通行或阻隔人流，满足交通、消防疏散、防盗、隔声、热工等要求，门的大小、数量及开启方向，是根据使用方便、通行能力及防火要求来决定的。

为了室内采光、通风，又能遮风挡雨，需要在墙上开窗。外门窗均属于围护构件，根据其所处的位置，要求具有保温、隔声、防水、防风沙、防火、节能等功能。

7. 其他

还有一些其他用途的附属部分，如阳台、雨篷、台阶、坡道、散水等，它们分别有各自的作用和设计要求，具体见后面模块的介绍。

5.1.2　民用建筑的分类

1. 按建筑使用功能分类

1) 居住建筑

居住建筑是指供人们生活起居用的建筑，场所固定而人员少，如住宅、公寓、宿舍等。

2) 公共建筑

公共建筑是指供人们工作、学习及进行政治、经济、文化、商业等活动的建筑，特点是人员多而流动性大，如学校、医院、商场、园林、体育场等。

2. 按建筑的数量和规模大小分类

民用建筑可以分为大量性建筑和大型性建筑。

1) 大量性建筑

大量性建筑是指单体建筑规模不大，但兴建数量多、分布面广且与人们生活关系密切的建筑，如住宅、托儿所、中小学、中小型商店、医院等。

2) 大型性建筑

大型性建筑是指建筑规模大、数量少、耗资高、技术复杂并且单栋建筑体量大的公共建筑，如大型火车站、大型剧院、大型体育馆、大型商场、航空港、大型博览馆等。

3. 按建筑高度和层数分类

民用建筑按建筑高度和层数分类，可分为低层建筑、多层建筑、中高层建筑、高层建筑、超高层建筑。

(1) 住宅建筑按照层数分类。

① 1～3 层的居住建筑为低层建筑。

② 4～6 层的居住建筑为多层建筑。

③ 7～9 层的居住建筑为中高层建筑。

④ 10 层及 10 层以上的居住建筑为高层建筑。

(2) 公共建筑中按建筑高度分类。

① 建筑高度在 24 m 以下的除住宅外的民用建筑为多层建筑。

② 建筑高度超过 24 m 的除住宅外的多层民用建筑为高层建筑。

高层民用建筑根据其建筑高度、使用功能和楼层的建筑面积可分为一类和二类。民用建筑的分类应符合表 5-1 中的规定。

表 5-1　按建筑高度和层数分类《建筑设计防火规范》(GB 50016—2014)

名　称	高层民用建筑		单、多层民用建筑
	一类	二类	
住宅建筑	建筑高度大于 54 m 的住宅建筑(包括设置商业服务网点的住宅建筑)	建筑高度大于 27 m，但不大于 54 m 的住宅建筑(包括设置商业服务网点的住宅建筑)	建筑高度不大于 27 m 的住宅建筑(包括设置商业服务网点的住宅建筑)
公共建筑	① 建筑高度大于 50 m 的公共建筑 ② 任一楼层建筑面积大于 1000 m² 的商店、展览、电信、邮政、财资金融建筑和其他多种功能组合的建筑 ③ 医疗建筑、重要公共建筑 ④ 省级及以上的广播电视和防灾指挥调度建筑、局级和省级电力调度建筑 ⑤ 藏书超过 100 万册的图书馆书库	除一类高层公共建筑外的其他高层公共建筑	① 建筑高度大于 24 m 的单层公共建筑 ② 建筑高度不大于 24 m 的其他公共建筑

(3) 建筑总高度超过 100 m 时，不论是住宅还是公共建筑均为超高层建筑。

4. 按施工方法分类

(1) 现浇、现砌式建筑。这种建筑物的主要承重构件均是在施工现场浇筑和砌筑而成。

(2) 预制、装配式建筑。这种建筑物的主要承重构件均是在加工厂制成预制构件，在施工现场进行装配而成。

(3) 部分现浇现砌、部分装配式建筑。这种建筑物的一部分构件(如墙体)是在施工现场浇筑或砌筑而成，一部分构件(如楼板、楼梯)采用在加工厂制成的预制构件。

5.2　建筑构造的基本要求和影响因素

5.2.1　建筑构造的基本要求

1. 必须满足建筑使用功能要求

进行建筑设计时，应根据建筑物所处的位置不同和使用性质的不同，进行相应的构造处理，以满足不同的使用功能要求。

2. 确保结构安全的要求

除按荷载大小及结构要求确定构件的基本断面尺寸外，对阳台、楼梯栏杆、顶棚、门窗与墙体的连接等构造设计，都必须保证建筑构、配件在使用时的安全。

3. 必须适应建筑工业化的要求

在进行建筑设计和材料选择时，必须适应建筑工业化的要求。

4. 必须注重建筑经济的综合效益

进行建筑构造设计时，应大力改进传统的建筑方式，从材料、结构、施工等方面引入先进技术，并注意因地制宜。

5.2.2 建筑构造的影响因素

建筑物投入使用后，要经受自然界各种因素的考验。为了延长建筑物的使用寿命，提高建筑物对外界各种影响的抵御能力，更好地满足建筑的使用功能，在进行建筑构造设计时，必须充分考虑各种因素对它的影响，以便根据影响程度，提出合理的构造方案。影响的因素大致可分为以下几方面。

1. 外界环境影响因素

1) 外力作用的影响

作用在建筑物上的各种外力统称为荷载，荷载可分为恒荷载(如结构自重)和活荷载(如人群、家具、雪荷载、风荷载及地震荷载等)两大类。荷载的大小是建筑结构设计的主要依据，也是结构造型的重要基础，它决定着构件的形状、尺度和用料，而构件的选材、尺寸、形状等又与建筑构造密切相关。在荷载中，风力的影响不可忽视，特别是在沿海地区，风力影响更大。风力往往是高层建筑水平荷载的主要因素。地震力对建筑物的破坏是目前自然界各种影响因素中最为严重的，必须引起重视。

2) 自然气候的影响

太阳的热辐射、自然界的风霜雨雪等构成了影响建筑物的多种因素。我国幅员辽阔，南北纬度相差较大，从炎热的南方到寒冷的北方，气候差异悬殊，大自然的条件有很大差异。有的构、配件因材料热胀冷缩而开裂，有的出现渗漏水现象，还有的因室内过冷或过热而妨碍工作等。在构造设计时，需针对建筑物所受影响的性质与程度，对各有关部位采取相应的防范措施，如防潮、防水、保温、隔热以及设变形缝和隔气层等，以防患于未然。

3) 各种人为因素的影响

人们所从事的生产和生活活动，如机械振动、化学腐蚀、爆炸、火灾、噪声等，均会对建筑物造成影响。在进行建筑构造设计时，必须针对各种有关的影响因素，从构造上采取防震、防腐、防爆、防火、隔声等相应的措施，以避免建筑物遭受不应有的损失。

2. 使用者需求的影响

(1) 生理需求主要是人体活动对构造实体及空间环境与尺度的需求。

(2) 心理需求主要是使用者对构造实体、细部和空间尺度的审美心理需求。

3. 建筑技术条件的影响

材料是建筑物的物质基础，结构则是建筑物的骨架。建筑材料、结构和施工等物质技术条件是构成建筑的基本要素，这些都与建筑构造密切相关。随着建筑业的不断发展，各种新型建筑材料、配套产品、新结构、新设备以至施工技术都在不断改进和更新，建筑构造要解决的问题越来越多，构造方式也越来越多样化。这些都会给构造设计带来很大影响。

4. 经济条件的影响

随着建筑技术的不断发展和人们生活水平的提高，人们对建筑的使用要求，包括居住条件及标准也随之改变。标准的变化势必带来建筑的质量标准、建筑造价等出现较大差别。对建筑构造的要求也将随着经济条件的改变而相应发生变化。

5.3 建筑的结构类型

5.3.1 建筑的结构

建筑结构一般是指其建筑的承重结构和围护结构，在房屋建筑中，梁、板、柱、屋架、承重墙、基础等组成了房屋的骨架，称为建筑结构。房屋在建设之前，根据其建筑的层数、造价、施工等来决定其结构类型。各种结构的房屋其耐久性、抗震性、安全性和空间使用性能是不同的。

1. 按主要承重结构的材料分类

按主要承重结构材料的不同，建筑可以分为木结构、块材砌筑结构、钢筋混凝土结构、钢结构和其他建筑结构建筑。

1) 木结构建筑

木结构建筑是指大部分用木材建造或以木材为主要受力构件，通过各种金属连接件或榫卯手段进行连接和固定的建筑物。这种结构因为是由天然材料所组成，也受着材料本身条件的限制，适用于低层、规模较小的建筑，也是我国古代建筑中广泛采用的结构形式。

2) 砖木结构(住宅)建筑

砖木结构建筑是指建筑物中竖向承重结构的墙、柱等采用砖或砌块砌筑，楼板、屋架等用木结构。

3) 块材砌筑结构建筑

块材砌筑结构建筑是砖砌体、砌块砌体、石砌体建筑的统称。块材砌筑结构适用于多层建筑。

4) 钢筋混凝土结构建筑

钢筋混凝土结构建筑是指建筑物中主要承重结构如墙、柱、梁、楼板、楼体、屋面板等用钢筋混凝土制成，非承重墙用砖或其他材料填充的多层和高层建筑。这种结构抗震性能好，整体性强，耐火性、耐久性、抗腐蚀性强，是我国目前房屋建筑中应用最为广泛的一种结构形式。

5) 钢结构建筑

钢结构建筑是指以型钢等钢材作为房屋承重骨架的建筑。钢结构自重最轻,适用于高层及超高层等大型公共建筑。

6) 其他结构建筑

除了以上 5 种建筑结构以外,还有很多新型的材料结构逐渐利用起来,主要有生土建筑、充气建筑和塑料建筑等。

2. 按结构的承重方式分类

建筑根据结构的承重方式不同,主要分为墙体承重体系、骨架承重体系、空间结构体系三大类,这三类又可以细分为具体的结构类型,表 5-2 所示为建筑结构承重方式三大体系。

表 5-2 建筑结构承重方式三大体系

墙体承重体系	骨架承重体系	空间结构体系
砌体结构	框架结构	网架结构
生土建筑	框架-剪力墙结构	悬索结构
砖石建筑	剪力墙结构	空间薄壁结构
	筒体结构	
	框架-筒体结构	
	拱结构	
	刚架结构	
	桁架结构	

按结构承重方式中比较常见的结构类型具体介绍如下,其实景如表 5-3 所示。

1) 砌体结构

砌体结构为砖墙承重、由钢筋混凝土梁柱板等构件构成的混合结构体系,砌体适合开间、进深较小,房间面积小,多层或低层的建筑;但因其稳定性、抗震性差,且浪费资源,目前已逐步淘汰。

2) 框架结构

框架结构为由梁和柱组成承重体系的结构,其承重构件与围护构件有明确分工,建筑平面布置灵活,使用空间大,框架结构的延性较好;但整体侧向刚度较小,在水平力作用下侧向变形较大,其最大高度为 50 m。

3) 剪力墙结构

剪力墙结构为由一系列纵向和横向剪力墙及楼盖组成的空间结构。这种结构的整体性好,侧向刚度大,在水平剪力墙结构力作用下侧移小,并且由于没有梁、柱等外露与凸出,便于房间内部布置;缺点是不能提供大空间房屋,结构延性较差。其最大高度为 120 m。

4) 框架-剪力墙结构

框架-剪力墙结构为由若干个框架和剪力墙共同作为竖向承重结构的建筑结构体系。在这种结构中,框架-剪力墙是协同工作的,框架主要承受垂直荷载,剪力墙主要墙结构承受水平荷载。框架-剪力墙结构广泛用于层数较多、房屋总高较高的建筑,而且可以灵活布置房间大小,适应较多的建筑功能要求。其最大高度为 120 m。

5) 筒体结构

筒体结构是将剪力墙或密柱框架集中到房屋的内部和外围而形成的空间封闭式的筒体，是抵抗水平荷载最有效的结构体系。其特点是剪力墙集中，可获得较大的自由结构分割空间，多用于写字楼等建筑。筒体结构可分为框架-核心筒结构、筒中筒和多筒结构等。框架-核心筒结构最大高度为 130 m；筒中筒结构最大高度为 150 m。

6) 桁架结构

桁架指的是桁架梁，是一种梁式结构。桁架结构常用于大跨度的厂房、展览馆、体育馆和桥梁等公共建筑中。由于大多用于建筑的屋盖结构，桁架通常也称为屋架。

上述建筑的最大高度均以地震设防烈度为 7 度的建筑为例。

表 5-3　建筑承重方式结构类型实景图

结构类型	实景图	结构类型	实景图
砌体结构		框架-剪力墙结构	
框架结构		筒体结构	
剪力墙结构		桁架结构	

5.3.2　建筑构造相关概念及定位轴线

1. 建筑模数

建筑模数是选定的尺寸单位，作为建筑构配件、建筑制品以及有关设备尺寸间互相协调中的单位，分为基本模数和导出模数。

1) 统一模数制

统一模数制是为了实现设计的标准化而制定的一套基本规则，使不同的建筑物及各部分之间的尺寸统一协调，使之具有通用性和互换性，以加快设计速度，提高施工效率，降低造价。

2) 基本模数

基本模数是模数协调中选用的基本尺寸单位，用 M 表示，$1M = 100$ mm。

3) 扩大模数

扩大模数是导出模数的一种，其数值为基本模数的倍数。扩大模数共 6 种，分别是 $3M$(300 mm)、$6M$(600 mm)、$12M$(1200 mm)、$15M$(1500 mm)、$30M$(3000 mm)、$60M$(6000 mm)。建筑中较大的尺寸，如开间、进深、跨度、柱距等，应为某一扩大模数的倍数。

4) 分模数

分模数是导出模数的另一种，其数值为基本模数的几分之一。分模数共 3 种，分别是 $(1/10)M$(10 mm)、$(1/5)M$(20 mm)、$(1/2)M$(50 mm)。建筑中较小的尺寸，如缝隙、墙厚、构造节点等，应为某一分模数的倍数。

2. 几种尺寸

为了保证建筑制品、构配件等尺寸的统一协调，规定了标志尺寸、构造尺寸和实际尺寸。

1) 标志尺寸

标志尺寸是用以标注建筑物定位轴线之间(开间、进深)的距离大小，以及建筑制品、建筑构配件、有关设备位置界限之间的尺寸。标志尺寸应符合模数制的规定。

2) 构造尺寸

构造尺寸是建筑制品、建筑构配件的设计尺寸。构造尺寸小于或大于标志尺寸。一般情况下，构造尺寸加上预留的缝隙尺寸或减去必要的支撑尺寸等于标志尺寸。

3) 实际尺寸

实际尺寸是建筑制品、建筑构配件的实有尺寸。实际尺寸与构造尺寸的差值，应为允许的建筑公差数值。

3. 定位轴线及相关概念

1) 定位轴线及相关概念

(1) 横向、纵向。横向指建筑物的宽度方向；纵向指建筑物的长度方向。

(2) 定位轴线是用来确定建筑物主要承重结构的位置及其标志尺寸的线。主要用于控制房屋的墙体和柱距，凡是主要的墙体和柱体，都要用轴线定位。房屋的墙体、柱体、大梁或屋架等主要承重结构件的平面图，都要标注定位轴线；对于非承重的隔墙及其他次要承重构件，一般不设定位轴线，而是在定位轴线之间增设附加轴线。

(3) 横向轴线、纵向轴线。沿建筑物宽度方向设置的轴线叫横向轴线；沿建筑物长度方向设置的轴线叫纵向轴线。

(4) 开间、进深。开间指一间房屋的面宽，以及两条横向轴线之间的距离；进深指一间房屋的深度，以及两条纵向轴线之间的距离，如图 5-2 所示。

2) 定位轴线标注

(1) 通常编号标注。

定位轴线一般采用细单点长划线绘制，其端部用细实线画出直径为 8～10 mm 的圆圈，圆圈内部注写轴线的编号。平面图上定位轴线的编号标注在图样的下方与左侧。横向轴线编号方法采用阿拉伯数字从左至右编写在轴线圆内；纵向轴线编号方法采用大写字母从上至下编写在轴线圆内(其中字母 L、O、Z 不可用)，如字母数量不够使用，可增用双字母或单字母加数字注脚，如 *AA、BA、…、YA* 或 *A*1、*B*1、…、*Y*1，如图 5-3 所示。

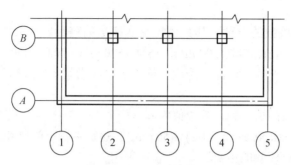

图 5-2　开间与进深

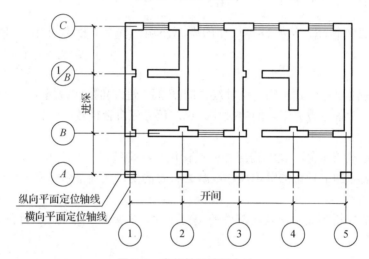

图 5-3　定位轴线编号方法

(2) 复杂平面图的编号标注。

组合较复杂的平面图中，定位轴线可采用分区编号，编号的注写形式应为"分区号-该分区编号"。分区号采用阿拉伯数字或大写拉丁字母表示，如图 5-4 所示。

(3) 附加定位轴的编号标注。

附加定位轴线的编号应以分数形式表示，如图 5-5 所示，并应按下列规定编写。

① 两根轴线间的附加轴线，应以分母表示前一轴线的编号，分子表示附加轴线的编号，编号宜用阿拉伯数字按顺序编写。

② 轴线之前的附加轴线的编号，如 1 号轴线的分母以 01 表示，分子表示附加轴线的编号。

(4) 详图的标注。

一个详图适用于几根轴线时，应同时注明各有关轴线的编号。 通用详图中的定位轴线应只画圆，不注写轴线编号。图 5-6 所示为详图定位轴线的标注。

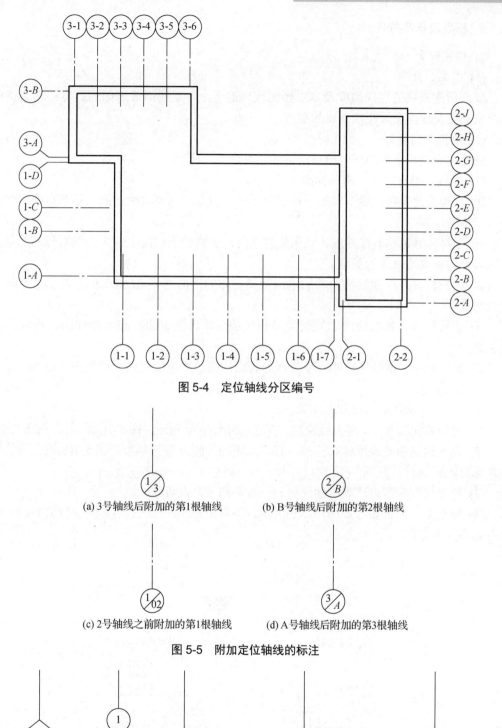

图 5-4　定位轴线分区编号

(a) 3 号轴线后附加的第 1 根轴线　　　　(b) B 号轴线后附加的第 2 根轴线

(c) 2 号轴线之前附加的第 1 根轴线　　　(d) A 号轴线后附加的第 3 根轴线

图 5-5　附加定位轴线的标注

(a) 用于两根轴线时　　(b) 用于多根不连续轴线　(c) 用于多根连续轴线　(d) 用于通用详图轴线

图 5-6　详图定位轴线的标注

4．标高及标高符号

1）相关概念

(1) 层高、净高。

层高指建筑物的层间高度及本层楼面或地面至上一层楼面或地面的高度；净高指房间的净空高度及地面至天花板下皮的高度。

(2) 建筑总高度。

建筑总高度指室外地坪至檐口顶部的总高度。

(3) 标高、绝对标高、相对标高等。

① 标高是建筑物高度方向的一种尺寸形式，指某一部位与确定的水基准点的高差，称为该部位的标高。

② 绝对标高也称海拔高度，我国把青岛附近黄海的平均海平面定为绝对标高的零点，全国各地的标高均以此为基准。

③ 相对标高是以建筑物的首层室内主要房间的地面为零点(±0.000)，表示某处距首层地面的高度。

④ 建筑标高，指楼地面、屋面等装修完成后构件的表面标高，如楼面、台阶顶面等标高。

⑤ 结构标高，指结构构件未经装修的表面标高，如圈梁底面、梁顶面等标高。

2）标高符号

标高符号画法及标高尺寸标注如下。

(1) 等腰直角三角形，细实线绘制，斜边上的高约为 3 mm。图 5-7(a)所示为标高的画法。

(2) 总平面图室外地坪标高符号，宜用涂黑的等腰直角三角形。图 5-7(b)所示为总平面地坪标高的画法。

(3) 符号尖端应指被注高度的位置，一般应向下，也可向上。

(4) 标高数字的正负号如图 5-7(c)所示，小数位数(两位或三位)、同一位置要标几个标高时如图 5-7(d)所示。

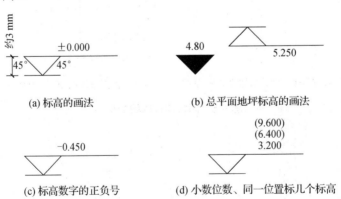

(a) 标高的画法   (b) 总平面地坪标高的画法

(c) 标高数字的正负号   (d) 小数位数、同一位置标几个标高

图 5-7　标高符号标注

思 考 题

5-1　民用建筑由哪几部分组成?各组成部分的作用是什么?

5-2　按建筑使用功能建筑可分为哪几类?

5-3　民用建筑按照建筑高度和层数分为哪几类?

5-4　民用建筑按施工方法分为哪几类?

5-5　民用建筑按结构的承重方式分为哪几类?

5-6　影响建筑构造的因素有哪些?

5-7　什么是定位轴线? 定位轴线应用什么线来绘制?

5-8　定位轴线的横向轴线编号和纵向轴线编号分别用什么表示?

5-9　什么是标高? 标高符号如何绘制?

5-10　绝对标高和相对标高及建筑标高和结构标高的区别是什么?

第 6 章　基础与地下室构造

【知识目标】

(1) 了解地基与基础的基本概念及其相互关系。

(2) 熟悉基础埋深的概念及影响因素。

(3) 掌握各种基础构造及适用范围。

【能力目标】

能够根据工程基本情况选择基础类型。

6.1　地基与基础构造

6.1.1　地基

1. 地基的概念

地基是指建筑物下面支撑基础的地层，按地质情况分为土基和岩基两种，以岩石作地基称为岩基，以各类土层作地基时称为土基。作为建筑地基的土层分为岩石、碎石土、砂土、粉土、黏性土和人工填土，地基示意图如图 6-1 所示。

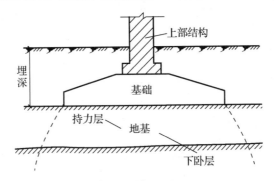

图 6-1　地基示意图

2. 地基的分类

按设计施工情况，地基可分为天然地基和人工地基两种。

1) 天然地基

自然状态下即可满足承担基础全部荷载要求，不需要人工处理可直接在上面建造房屋的天然土层，称为天然地基。因此，地基必须坚固、稳定而可靠。天然地基因其经济、高效、环保，近年来逐渐得到重视，其应用范围也不再局限于多层建筑，小高层甚至高层建筑中都有应用。

当土层的地质状况较好、承载力较强时，可以采用天然地基，天然地基土分为四大类，即岩石、碎石土、砂土、黏性土。

(1) 岩石。

岩石是指造岩矿物按一定的结构集合而成的地质体。依据其成因可分成岩浆岩、沉积岩和变质岩三大类。

① 岩浆岩是由地壳下面的岩浆沿地壳薄弱地带上升侵入地壳或喷出地表后冷凝而成的，可分为侵入岩和喷出岩(火山岩)，主要包括花岗岩、闪长岩、辉长岩、辉绿岩、玄武岩等。

② 沉积岩，又称为水成岩，是由成层堆积于陆地或海洋中的碎屑、胶体和有机物等疏松沉积物团结而成的岩石，沉积岩主要包括石灰岩、砂岩、页岩等。

③ 变质岩是地壳中的原岩(包括岩浆岩、沉积岩和已经生成的变质岩)，由于地壳运动、岩浆活动等所造成的物理和化学条件的变化，即在高温、高压和化学性活泼的物质(水气、各种挥发性气体和热水溶液)渗入的作用下，在固体状态下改变了原来岩石的结构、构造甚至矿物成分，形成一种新的岩石，如大理岩、板岩、片岩、石英岩等。

地基承载力高的属于硬质岩，属微风化程度岩石，地基承载力可达 4000 kPa 以上，如花岗岩、石灰岩、闪长岩、辉长岩、辉绿岩、玄武岩、大理岩、板岩、石英岩；地基承载力低的，属强风化程度岩石，地基承载力也可达 200 kPa，如页岩、云母岩、砂岩、页岩等。

(2) 碎石土。

碎石土指粒径大于 20 mm 的颗粒含量超过全重 50%的土，根据粒径含量及颗粒形状又细分为漂石、块石、卵石、碎石、圆砾、角砾等 6 种。允许承载力一般在 200～1000 kPa 之间。碎石土承载力与含水量无关。

(3) 砂土。

砂土指粒径大于 2 mm 的颗粒含量不超过全重 50%，粒径大于 0.075 mm 的颗粒超过全重 50%的土。根据粒径含量又细分为砾砂、粗砂、中砂、细砂、粉砂等 5 种。砾砂、粗砂、中砂承载力仅与密实度有关，允许承载力在 180～500 kPa 之间。细砂、粉砂的承载力除与密实度有关外，还与含水量的大小有关，允许承载力在 140～340 kPa 之间。

(4) 黏性土。

黏性土指的是含黏土粒较多，透水性较小的土。其压实后水稳性好，强度较高，毛细作用大。其颗粒细，孔隙小而多，透水性弱，具膨胀、收缩特性，力学性质随含水量大小而变化。工程上根据塑性指数分为粉质黏土和黏土，塑性指数 IP 大于 10，且不大于 17 的土，应定名为粉质黏土，塑性指数大于 17 的土应定名为黏土。黏性土的状态按其液性指数不同，可分为坚硬、硬塑、可塑、软塑、流塑 5 种，承载力由孔隙比和液性指数确定，允许承载力在 105～475 kPa 之间。人工填土按成因和组成可分为素填土、杂填土、冲填土，素填土是由碎石土、砂土、粉土、黏性土等组成的填土，杂填土是含有垃圾、工业废料等杂物的填土，冲填土则是水力冲填泥沙形成的填土。人工填土组成复杂、沉积年代短，所以承载力均较差，一般均应根据其性质采取一定的地基处理措施，才能作为建筑地基。

2) 人工地基

当土层的承载力差或缺乏足够的坚固性和稳定性，如人工填土、淤泥及淤泥质土或湿陷性大孔土等，必须对土层进行人工加固处理，才能使其作为建筑地基，这种经处理的地基土层称人工地基。地基处理的主要目的是采用各种地基处理方法以改善地基条件。我国的《建筑地基基础设计规范》(GBJ 7—89)中明确规定："软弱地基是指主要由淤泥、淤泥质土、冲填土、杂填土或其他高压缩性土层构成的地基。"具体方法如下。

(1) 压实法。

利用重锤(夯)、碾压(压路机)和振动法将土层压实。这种方法简便易行，对仅提高地基承载力收效较大，包括预压法、强夯法等。

① 预压法，是在建筑物或构筑物建造前，先在拟建场地上施加或分级施加与其相当的荷载，使土体中孔隙水排出，孔隙体积变小，土体密实，提高地基承载力和稳定性。堆载预压法处理深度一般达 10 m 左右，真空预压法处理深度可达 15 m 左右。

② 强夯法即用几十吨重锤从高处落下，反复多次夯击地面，对地基进行强力夯实。经夯击后的地基承载力可提高 2～5 倍，影响深度在 10 m 以上。

(2) 换土法。

当建筑物基础下的持力层比较软弱、不能满足上部结构荷载对地基的要求时，常采用换土垫层来处理软弱地基。即将基础下一定范围内的土层挖去，然后回填以强度较大的砂、碎石或灰土等，并夯实至密实。换土所用材料宜选用中砂、粗砂、碎石或级配石等空隙大、压缩性低、无侵蚀性的材料。

(3) 振冲法。

振冲法是振动水冲击法的简称，按不同土类可分为振冲置换法和振冲密实法两类。振冲法在黏性土中主要起振冲置换作用，置换后填料形成的桩体与土组成复合地基；在砂土中主要起振动挤密和振动液化作用。振冲法的处理深度可达 10 m 左右。

(4) 深层搅拌法。

深层搅拌法系利用水泥或其他固化剂通过特制的搅拌机械，在地基中将水泥和土体强制拌和，使软弱土硬结成整体，形成具有水稳性和足够强度的水泥土桩或地下连续墙，处理深度可达 8～12 m。

(5) 桩基。

在建筑物荷载大、层数多、高度高、地基土又较松软时，一般应采用桩基。

3. 地基满足的要求

(1) 地基应具有一定的承载力和较小的压缩性。
(2) 地基的承载力应分布均匀。
(3) 在一定的承重条件下，地基应有一定的深度范围。
(4) 尽量使用天然地基，以提高经济效益。

4. 地基特殊问题的处理

1) 地基中遇有坟坑

地基中遇有坟坑时，应全部挖出，并沿坟坑四周多挖 300 mm；然后夯实并回填 3∶7

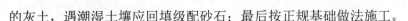

的灰土，遇潮湿土壤应回填级配砂石；最后按正规基础做法施工。

2) 基槽中遇有枯井

基槽中遇有枯井时可以采用挑梁法，即两个方向的横梁越过井口，上部可继续作基础墙，井内可以回填级配砂石。

3) 基槽中遇有沉降缝

新旧基础连接并遇有沉降缝时，应在新基础上加做挑梁，使墙体靠近旧基础，通过挑梁解决不均匀下沉问题。

4) 基槽中遇有橡皮土

基槽中的土层含水量过多，饱和度达到 0.8 以上时，土壤中的孔隙几乎全充满水，出现软弹现象，这种土层叫橡皮土。遇有这种土层，要避免直接在土层上用夯打。处理方法应先晾槽，也可以掺入石灰末来降低含水量，或用碎石或卵石压入土中将土层挤实。

5) 不同基础埋深不一

标高相差很小的情况下，基础可做成斜坡处理。如倾斜度较大时，应设踏步型基础，踏步高 H 应不大于 500 mm，踏步长度应不小于 $2H$。

6) 防止不均匀的下沉

当建筑物中部下沉较大、两端下沉较小时，建筑物墙体出现"八"字裂缝。当两端下沉较大、中部下沉较小时，建筑物墙体则出现倒"八"字裂缝。上述两种下沉均属不均匀下沉。解决不均匀下沉的方法有以下几种。

(1) 做刚性墙基础。即采用一定高度和厚度的钢筋混凝土墙与基础共同作用，能均匀地传递荷载，调整不均匀沉降。

(2) 加高基础圈梁。在条形基础的上部做连续的、封闭的圈梁，可以保证建筑物的整体性，防止不均匀下沉。基础圈梁的高度不应小于 180 mm，内放 4φ12 mm 主筋、箍筋 φ8 mm，间距 200 mm。

(3) 设置沉降缝。

6.1.2　基础

1. 基础的概念

基础指建筑底部与地基接触的承重构件，它的作用泛指把建筑上部的荷载传给地基，是建筑物地面以下的部分结构构件，用来将上部结构荷载传给地基，是房屋、桥梁、码头及其他构筑物的重要组成部分。

2. 基础需满足的要求

(1) 强度要求。基础要有足够的强度，能够起传递荷载的作用，如果基础在承受荷载后受到破坏，将无法保证整个房屋建筑的安全。

(2) 耐久性要求。因为基础是埋在地下的隐蔽工程，经常受到地下水的侵蚀，而且房屋建成后对其检查、维修和加固都很困难，基础材料应具有耐久性，以保证建筑的持久使用，不能先于上部结构而破坏。

(3) 经济性要求。基础采用不同材料、不同构造形式时，尽量就地取材，以降低造价。

3. 基础的埋置深度

1) 基础埋置深度

基础的埋置深度是指建筑物室外设计地坪至基础底面的垂直距离，如图 6-2 所示。当基础埋深不小于 5 m 或基础埋深不小于基础宽度的 4 倍时，叫深基础；基础埋深小于 5 m 或基础埋深小于基础宽度的 4 倍时，叫浅基础。在选择基础埋深时，首先要从施工方便及经济方面考虑，优先选用浅基础，但是如果土质较差或有地下室时应选用深基础，且永久性建筑的基础埋深不得小于 500 mm。

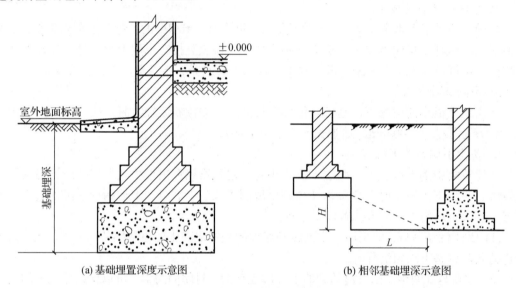

(a) 基础埋置深度示意图　　　　(b) 相邻基础埋深示意图

图 6-2　基础埋深

2) 影响基础埋深的主要因素

(1) 建筑物的构造形式、用途因素的影响。

对于重要建筑、有地下室的建筑、有设备基础的建筑、有地下设施的建筑以及采用独立基础或桩基础的建筑物，基础埋深应大些。

(2) 作用在地基上的荷载大小和性质因素的影响。

一般情况下，土壤从地表到地下的地基耐抗力逐渐增大，当房屋建筑荷载很大时，考虑地基承载方面的要求，基础应深埋。

(3) 工程地质和水文地质条件因素的影响。

① 一般宜选用承载力较大的土层作为持力层。

② 当地基土较均匀且承载能力较好时，建筑物基础应尽量浅埋，除岩石地基外，基础埋深不得浅于 500 mm。当地基土由几种土层组成且承载能力各不相同时，建筑物基础应该尽量设置在好土层以上，但土方开挖深度应在 2 m 以内。如果好土层距离地表的距离大于 5 m 深时，且上面土层承载力达不到要求，就应该考虑采用局部范围换土法或采用桩基的方法。

③ 地基在水平方向不均匀时，同一建筑物的基础可分段采取不同的埋置深度。

④ 遇到地下水时，基础尽量浅埋，置于地下水位以上，如果必须放在地下水位以下时，应选用具有防水能力的材料，如石材及混凝土。

⑤ 当基础埋在易风化的软质岩层上，施工时应在基坑挖好后立即铺筑垫层，以减少风化。

⑥ 位于岸边的基础，埋深应在流水冲刷作用深度以下。

(4) 相邻建筑物基础埋深因素的影响。

当存在相邻建筑物时，新建建筑物的基础埋深不宜大于原有建筑基础。当埋深大于原有建筑基础时，应使两基础间净距为相邻基础底面高差的 1～2 倍。具体数值应根据原有建筑荷载大小、基础形式和土质情况确定。当上述要求不能满足时，应采取分段施工，设临时加固支撑、打板桩、地下连续墙等施工措施或加固原有建筑物地基。

(5) 地基土冻胀和融陷因素的影响。

地基土的温度在-1～0 ℃时，土孔隙中的水大部分冻结。地基土冻结的极限厚度叫冻结深度。各地区极限的冻结气温不同，冻结深度也不同，详细数据可查《地基基础设计规范》(GB 50007—2011)。由于土中水分冻结膨胀，使土的体积产生膨胀称冻胀。根据土中含水量和土中土颗粒的大小不同，土的冻胀程度也不同，如砂石类土，因颗粒大、孔隙大，基本没有水的毛细作用，所以冻结时，体积基本上不膨胀。粉土、黏性土因颗粒小、孔隙小，毛细作用强，一般具有冻胀现象。由于为冻胀土时，冻胀产生的力会把建筑向上拱起，土层解冻后，建筑又下沉。地基冻土融化的不均匀性使房屋处于不稳定状态，并产生变形，如墙身开裂、装修脱落、门窗变形，严重时将造成建筑破坏。所以，对于有冻胀性的地基土，应将基础埋到冻结深度以下或根据规范要求，残留很薄的冻土层。

(6) 高层建筑筏形和箱形基础因素的影响。

高层建筑筏形和箱形基础的埋置深度应满足地基承载力、变形和稳定性要求。在抗震设防区，除岩石地基外，天然地基上的箱形和筏形基础其埋置深度不宜小于建筑物高度的 1/15；桩箱或桩筏基础的埋置深度(不计桩长)不宜小于建筑物高度的 1/20～1/18，位于岩石地基上的高层建筑，其基础埋深应满足抗滑要求。

4. 基础的类型及构造

基础的类型很多，划分方法也不尽相同。常见基础类型主要是刚性基础和柔性基础。从基础的构造形式可分为条形基础、独立基础、筏形基础、箱形基础、桩基础等。

1) 按组成基础的材料和受力特点分类

从基础的材料及受力来划分如下。

(1) 无筋扩展基础(也称为刚性基础)。无筋扩展基础是指用砖、灰土、混凝土、三合土等受压强度大、而受拉强度小的刚性材料做成不须配置钢筋的墙下条形基础或柱下独立基础。这种基础的特点是耐抗压性能好，而整体性、抗拉、抗弯、抗剪性能差。它适用于地基坚实、均匀、上部荷载较小、6 层和 6 层以下(三合土基础不宜超过 4 层)的一般民用建筑和墙承重的轻型厂房。无筋扩展基础的一般构造要求如下：无筋扩展基础的截面形式有矩形、阶梯形、锥形等。为保证在基础内的拉应力、剪应力不超过基础的允许抗拉、抗剪强度，基础剖面尺寸必须满足刚性条件的要求，基础高度应符合下式(图 6-3)，即

$$b \leqslant b_0 + 2H_0 \tan \alpha \tag{6-1}$$

式中　b ——基础底面宽度；

　　　b_0 ——基础底面的墙体宽度或柱脚宽度；

H_0——基础高度；

$\tan\alpha$——基础台阶宽高比 $b_2 : H_0$，α 为基础的刚性角。

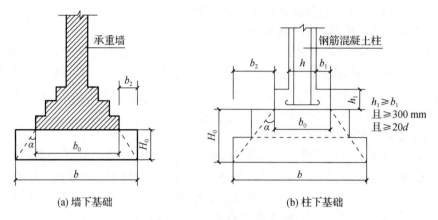

(a) 墙下基础   (b) 柱下基础

图 6-3 无筋扩展基础构造示意图

由于无筋扩展基础刚性材料的特点，一般砌体结构房屋的基础常采用刚性基础。常见的无筋扩展基础如下。

① 灰土基础。灰土是经过消解后的生石灰和黏性土按一定的比例拌和而成，其配合比常用石灰：黏性土=3：7，俗称"三七"灰土。灰土基础是由灰土材料经过夯实而成的。灰土基础的厚度与建筑层数有关。4层及4层以上的建筑物，基础厚度一般采用450 mm；3层及3层以下的建筑物，基础厚度一般采用300 mm，夯实后的灰土厚度每150 mm称"一步"，300 mm厚的灰土可称为"两步"灰土，如图6-4所示。

灰土基础适合于5层和5层以下、地下水位较低的砌体结构房屋和墙体承重的工业厂房。灰土基础的

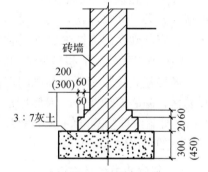

图 6-4 灰土基础构造图

优点是施工简便，造价较低，就地取材，可以节省水泥、砖石等材料。缺点是它的抗冻、耐水性能差，在地下水位线以下或很潮湿的地基上不宜采用。

② 砖基础。用作基础的普通砖，其强度等级必须在 MU10 以上，砂浆强度一般不低于M5。基础墙的下部要做成阶梯形，以使上部的荷载能均匀传到地基上，所放出的每一级台阶宽度一般为 60 mm，即标准砖长的1/4。这种逐级放大的台阶形式称为大放脚，具体砌法有等高式(两皮一收式见图 6-5(a))和间隔式(两皮一收与一皮一收相间式见图 6-5(b))两种。为了节省"大放脚"的材料，可在砖基础下部铺设一定高度的灰土垫层，形成灰土砖基础(也叫灰土基础)。

砖基础施工简便，适应面广。

③ 毛石基础。毛石是指开采下来未经雕琢成形的石块，采用不小于 M5 砂浆砌筑的基础。毛石形状不规则，其质量与施工技术和砌筑方法关系很大，一般应搭板满槽砌筑。毛石基础厚度和台阶高度均不小于 400 mm，当台阶多于两阶时，每个台阶伸出宽度不宜大于200 mm。毛石基础构造如图 6-6 所示。为便于砌筑上部砖墙，可在毛石基础的顶面浇铺一

层 60 mm 厚、C10 的混凝土找平层。毛石基础的优点是可以就地取材，但整体性欠佳，故有振动的房屋很少采用。

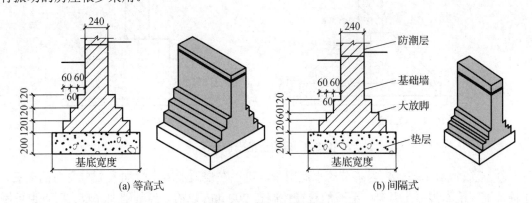

图 6-5　砖基础构造图

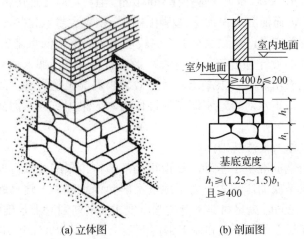

图 6-6　毛石基础构造图

④ 三合土基础。这种基础是石灰、砂、碎砖等 3 种材料，按 1∶2∶4～1∶3∶6 的体积比进行配制，然后在基槽内分层夯实，每层夯实前虚铺 220 mm，夯实后净剩 150 mm。三合土铺筑至设计标高后，再最后打一遍夯时，宜浇筑石灰浆，待表面灰浆略微风干后，再铺上一层砂子，最后整平夯实。它的造价低廉，施工简单；但强度较低。所以，只能用于 4 层以下房屋的基础，其构造如图 6-7 所示。

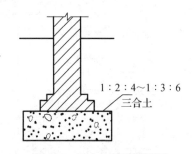

图 6-7　三合土基础构造图

⑤ 混凝土基础。是指用混凝土制作的基础，因其中不设置钢筋，也称为素混凝土基础。混凝土基础的优点是强度高，整体性好，不怕水。它适用于潮湿的地基或有水的基槽中。有阶梯形和锥形两种，阶梯形断面台阶宽高比应小于 1∶1 或 1∶1.5，台阶高度为 300～500 mm；锥形断面斜面与水平线之间的夹角 β 应不大于 45°，基础最薄处一般不小于 200 mm。混凝土基础底面应设置垫层，垫层的作用是找平和保护钢筋。常用混凝土强度等级 C15，厚度一般为 100 mm，其构造图如图 6-8 所示。

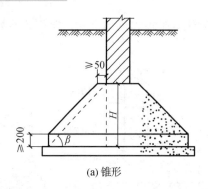
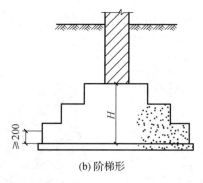

(a) 锥形　　　　　　　　　　(b) 阶梯形

图 6-8　混凝土基础构造图

⑥ 毛石混凝土基础。为了节约水泥用量，可以在浇筑混凝土时加入 25%左右的毛石，这种基础叫毛石混凝土基础，毛石的粒径控制在 200 mm 以内。当基础埋深较大时，也可用毛石混凝土做成台阶形，每阶宽度不应小于 400 mm。毛石混凝土适用于大体积基础混凝土，需用大量混凝土浇筑，而混凝土在硬化过程中内部会积聚大量水化热，造成很大内外温差，加上混凝土本身的收缩应力，导致混凝土产生较多裂缝。采用低水化热水泥拌制的混凝土，并且在不降低混凝土的设计强度等级和耐久性要求的前提下，加入适量不产生热量、不易变形且增加强度的毛石组成毛石混凝土，可有效减少混凝土的裂缝，既节约了资源，又降低了工程成本。如果地下水对普通水泥有侵蚀作用，应采用矿渣水泥或火山灰水泥拌制混凝土，其构造图如图 6-9 所示。

(2) 扩展基础(也称为柔性基础)。

扩展基础一般指钢筋混凝土基础。是指将上部结构传来的荷载，通过向侧边扩展成一定底面积，使作用在基底的压应力不大于地基土的允许承载力，这种起到压力扩散作用的基础，其内部的应力应同时满足材料本身的强度要求。钢筋混凝土基础由底板及基础墙(柱)组成，如柱下钢筋混凝土独立基础和墙下钢筋混凝土条形基础，如图 6-10 所示。

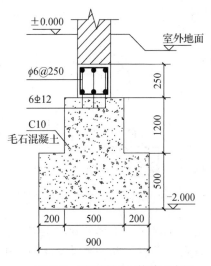

图 6-9　毛石混凝土基础示意图

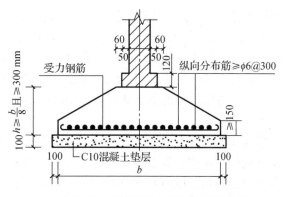

图 6-10　钢筋混凝土扩展基础示意图

柱下钢筋混凝土独立基础的做法是：钢筋混凝土柱下独立基础与柱子一起浇筑，也可以做成杯口形,将预制柱插入。杯形基础的杯底厚度应不小于 200 mm,杯壁厚 150～200 mm,杯口深度应不小于柱子长边+50 mm,并不小于 500 mm。为了便于柱子的安装和浇筑细石混凝土,杯上口和柱边的距离为 75 mm,底部为 50 mm。杯底和杯口之间一般留 50 mm 的调整距离。施工时在杯口底及四周均用不小于 C20 的细石混凝土浇筑。一般基础与柱子之间都要留施工缝,并设插铁。插铁伸出基础顶面的长度,应满足锚固长度要求的尺寸。

通常扩展基础的构造要求如下。

① 基础底板下均匀浇筑一层素混凝土作为垫层:一是保证基础和地基之间有足够的距离,以免钢筋锈蚀;二是可以作为绑扎钢筋的工作面。

② 垫层一般采用 C7.5 或 C10 素混凝土,厚度不宜小于 70 mm,垫层两边应各伸出底板 50 mm,垫层混凝土强度等级应为 C10。

③ 现浇底板是钢筋混凝土的主要受力结构,它的厚度和配筋数量均由计算确定。

④ 基础底板的外形一般有锥形和阶梯形两种。锥形基础可节约混凝土,但浇筑时不如阶梯形方便。

⑤ 锥形基础的边缘高度不宜小于 200 mm;阶梯形基础的每阶高度宜为 300～500 mm。

⑥ 基础底板受力钢筋的最小直径不宜小于 10 mm,间距不宜大于 200 mm,也不宜小于 100 mm。墙下钢筋混凝土条形基础受力钢筋仅在平行于槽宽方向放置。钢筋的直径不小于 8 mm,间距不大于 300 mm,每延米分布钢筋的面积应不小于受力钢筋面积的 1/10。当有垫层时,钢筋保护层的厚度不小于 40 mm;无垫层时,不小于 70 mm。

⑦ 混凝土基础应有一定高度要求,以增加基础承受基础墙(柱)传来上部荷载所形成的一种冲切力,同时节省钢筋用量。

⑧ 基础混凝土强度等级不应低于 C20。

2) 按基础构造形式分类

(1) 条形基础。

条形基础是指基础的长度不小于 10 倍基础宽度的一种基础形式。条形基础按上部结构形式分为墙下条形基础、柱下条形基础和柱子交叉条形基础。建筑物为墙承重或柱下条形基础是单列柱下的条形基础用钢筋混凝土建造,适用于:柱下承受较大的荷载或地基承载力较小时,采用独立基础会发生过大的沉降和差异沉降;柱下靠近建筑物,独立基础平面尺寸受限制或基础间距较小。条形基础的特点是布置在一条轴线上且与两条以上轴线相交,有时也和独立基础相连,但截面尺寸与配筋不尽相同。条形基础设成长条形,犹如带子,称为条形基础或带形基础,如图 6-11 所示。

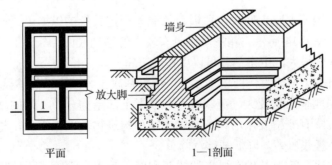

图 6-11　条形基础示意图

(2) 筏板基础。

筏型基础又叫筏板型基础。当地质条件差、上部荷载大时，可将部分或整个建筑范围的基础连在一起，其形式犹如倒置的楼板，又似筏子，故称为筏板基础或满堂基础。筏板基础根据有无设梁可分为平板式和梁板式两种，如图 6-12 所示。平板式一般在荷载不很大、柱网较均匀且间距较小的情况下采用，平板式筏基支持局部加厚筏板类型；梁板式根据肋梁的设置分为单向肋和双向肋两种形式。由于筏板基础扩大了基础底面积，增强了基础的整体性，抗弯刚度大，可以调整建筑物局部发生显著的不均匀沉降。一般筏板型基础适用地基承载力不均匀、地基软弱、有地下水或当柱子和承重墙传来的荷载很大的情况，或者是建造 6 层或 6 层以下横墙较密的民用建筑。筏板型基础埋深比较浅，甚至可以做不埋深式基础。筏板基础施工，混凝土浇筑完毕，应洒水养护。

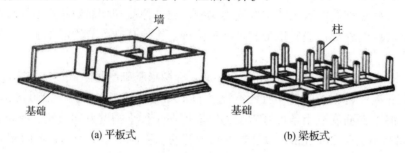

(a) 平板式   (b) 梁板式

图 6-12　筏板基础

(3) 独立基础。

独立基础也称单独基础或柱式基础。当建筑物上部结构采用框架结构或单层排架结构承重时，且柱距较大，地基条件较好时，基础常采用方形或矩形的独立基础，其常见的断面形式有阶梯形、锥形、杯形等，如图 6-13 所示。

独立基础有多种形式，如杯形基础、柱下独立基础。当柱采用预制钢筋混凝土构件时，则基础做成杯口形，然后将柱子插入，并嵌固在杯口内，故称杯形基础。独立基础是柱基础最常用、最经济的一种类型，它适用于柱距为 4～12 m，荷载不大且均匀、场地均匀，对不均匀沉降有一定适应能力的结构的柱作基础。它所用材料根据柱的材料和荷载大小而定，常采用砖石、混凝土和钢筋混凝土等。在工业与民用建筑中应用范围很广，数量很大。这类基础埋置不深，用料较省，无须复杂的施工设备，地基不须处理即可修建，工期短，造价低。因而为各种建筑物特别是排架、框架结构优先采用的一种基础形式。

(4) 箱形基础。

箱形基础是由钢筋混凝土底板、顶板、外墙和一定数量的纵横内隔墙构成的形状像箱子一样的基础，如图 6-14 所示。箱形基础具有较大的基础底面、较深的埋置深度和中空的结构形式，整体刚度很大，中空部分可以用作地下室。

由于基坑挖出的土量较大，回填土较少，使得基底压力减少，能够显著减少基础沉降。箱形基础用于软弱地基面积较大、荷载较大，或者上部结构分布不均的高层建筑物的基础及某些对不均匀沉降有严格要求的设备基础或特种构筑物基础。因此，与一般实体基础相比，它能显著减小基底压力，降低基础沉降量。

与筏形基础相比，箱形基础有更大的抗弯刚度，基本上消除了因地基变形而使建筑物开裂的可能性，有较好的抗震性能。

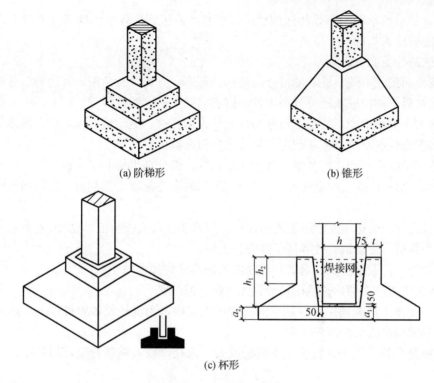

(a) 阶梯形　　　　　　　　　　　(b) 锥形

(c) 杯形

图 6-13　常见独立基础

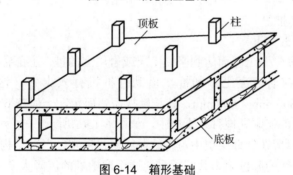

图 6-14　箱形基础

箱形基础的构造要求如下。

① 平面布置，尽量对称。

② 箱形基础的长度不包括底板悬挑部分；高度不宜小于基础长度的 1/20，且不小于 3 m，保证其具有足够的刚度，以适应地基的不均匀沉降，减少上部结构由于不均匀沉降而引起的附加应力。

③ 根据受力情况，底板厚度为隔墙间距的 1/10～1/8，顶板厚度为 200～400 mm。

④ 基础混凝土强度等级不低于 C30，且应满足抗渗要求。

(5) 桩基础。

桩基础是常用的一种基础形式，是通过承台把若干根桩的顶部连接成整体，共同承受动、静荷载的一种深基础。当建筑物荷载较大，地基的软弱土层厚度在 5 m 以上，采用浅基础不能满足地基强度和变形的要求，或对软弱土层进行人工处理困难和不经济时，常采用桩基础。而桩是设置于土中的竖直或倾斜的基础构件，其作用在于穿越软弱的高压缩性土层或水，将桩所承受的荷载传递到更硬、更密实或压缩性较小的地基持力层上，通常将桩基础中的桩称为基桩。

桩基础的分类如下。

① 按截面形式不同，桩基础可分为圆形、环形、方形、三角形、六边形、管桩等。

② 按材料不同，桩基础可分为木桩、钢筋混凝土桩、钢桩等。

③ 按入土方法不同，桩基础可分为打入桩、钻孔桩、振动桩、压入桩、灌注桩等。

④ 按受力性能不同，桩基础可分为端承桩和摩擦桩。

⑤ 按挤土状况不同，桩基础可分为非挤土桩、部分挤土桩和挤土桩。

沉管法、爆扩法施工的灌注桩、打入(或静压)的实心混凝土预制桩、闭口钢管桩或混凝土管桩属于挤土桩。

冲击成孔法、钻孔压注法施工的灌注桩、预钻孔打入式预制桩、混凝土(预应力混凝土)管桩、H 型钢桩、敞口钢管桩等属于部分挤土桩。

干作业法、泥浆护壁法、套管护壁法施工的灌注桩属非挤土桩。

⑥ 按施工方法不同，桩基础可分为预制桩、灌注桩。

预制桩是在工厂或施工现场制成的各种形式的桩，用沉桩设备将桩打入、压入或振入土中，或有的用高压水冲沉入土中。

灌注桩是在施工现场的桩位上用机械或人工成孔，放入钢筋骨架，然后在孔内灌注混凝土而成。

⑦ 按成孔方法不同，桩基础可分为挖孔、钻孔、冲孔灌注桩，套管成孔灌注桩(沉管灌注桩)及爆扩成孔灌注桩等。

目前常见的几种桩如下。

① 端承桩是穿过软弱土层而达到坚硬土层或岩层上的桩，上部结构荷载主要由岩层阻力承受，这种桩为钢筋混凝土预制桩，借助打桩机打入土中。这种桩的断面尺寸为300 mm × 300 mm～600 mm × 600 mm，其长度视需要而定，一般在 6～12 m 之间，桩端应有桩靴，以保证支承桩能顺利地打入土层中，如图 6-15(a)所示。

② 摩擦桩完全设置在软弱土层中，将软弱土层挤密实，上部结构的荷载由桩尖阻力和桩身侧面与地基土之间的摩擦阻力共同承受。通常摩擦桩的沉降大于端承桩，如图 6-15(b)所示。

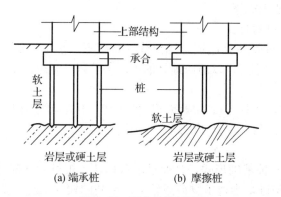

图 6-15　受力性能不同

③ 钻孔桩。这种桩是先用钻孔机钻孔，然后放入钢筋骨架，再浇筑混凝土而成。钻孔

直径一般为 300～500 mm，桩长不超过 12 m，如图 6-16 所示。

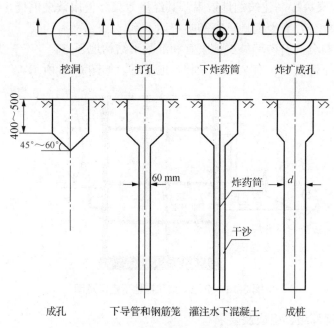

图 6-16　钻孔灌注桩施工过程

④ 振动桩。这种桩是先利用打桩机把钢管打入地下，然后将钢管取出，最后放入钢筋骨架，并浇筑混凝土而成。其直径、桩长与钻孔桩相同。

⑤ 爆扩桩。这种桩由钻孔、引爆、浇筑混凝土而成，引爆的作用是将桩端扩大以提高承载力，如图 6-17 所示。

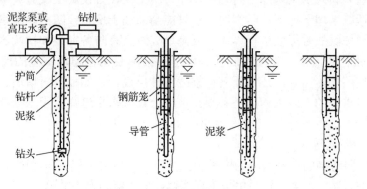

图 6-17　爆扩桩施工过程

6.2　地下室构造

6.2.1　地下室分类

1. 地下室的分类

地下室是指房间地面低于室外地平面的高度超过该房间净高的 1/2。

多层和高层建筑物需要较深的基础，为利用这一高度，在建筑物底层下建造地下室，既可增加使用面积又可提高建筑用地效率，其经济效果和使用效果俱佳。

(1) 按使用功能分，有普通地下室和防空地下室。

(2) 按结构材料分，有砖墙结构地下室和混凝土结构地下室。

(3) 按埋入地下深度分，有全地下室和半地下室，如图 6-18 所示。

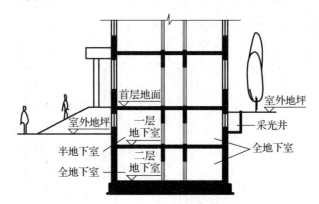

图 6-18　全地下室和半地下室示意图

2. 防空地下室等级、组成及要求

防空地下室是具有预定战时防空功能的地下室。防空地下室是人防工程的重要组成部分，是战时提供人员、车辆、物资等掩蔽的主要场所，在平时由于地下室的特殊性，也是作为防灾、减灾指挥所及避难所。

防空地下室和普通地下室在工程中虽然一样都是埋在地下的工程，是封闭、恒温的空间，需要机械通风和人工照明；但两者在设计、施工及设备设施上又有着很大差别：普通地下室可以全埋或半埋于地下，防空地下室只能全部埋于地下；防空地下室除了考虑平时使用外，还必须按照战时标准进行设计，要满足战时具有防备空袭和核武器、生化武器袭击的作用，因此它的顶板、外墙、底板、柱子和梁都要比普通地下室的尺寸大；有时为了满足平时的使用功能需要，还需要进行临战前转换设计，如战时封堵墙、洞口、临战加柱等。另外，对重要的人防工程，还必须在顶板上设置水平遮弹层用来抵挡导弹、炸弹的袭击。

1) 防空地下室的等级

人防工程按照防御的武器划分为甲类和乙类工程，甲类工程可防御核武器、常规武器、化学武器、生物武器；乙类工程与甲类工程相似，但不能防御核武器。

《人民防空地下室设计规范》(GB 50038—2019)中规定防空地下室的抗力级别如下。

(1) 防常规武器抗力级别 5 级和 6 级(通常称为常 5 级和常 6 级)。

(2) 防核武器抗力级别 4 级、4B 级、5 级、6 级和 6B 级(通常称为核 4 级、核 4B 级、核 5 级、核 6 级和核 6B 级)。

人防工程的抗力级别主要用以反映人防工程能够抵御敌人空袭能力的强弱，其性质与地面建筑的抗震烈度类似，是一种国家设防能力的体现。对于核武器，抗力级别按其爆炸冲击波地面超压的大小划分；对于常规武器，抗力级别按其爆炸的破坏效应划分，主要取决于装药量的多少。

防空地下室设计时除考虑抗力级别外，还要考虑防化分级。

防化分级是以人防工程对化学武器的不同防护标准和防护要求划分的级别，防化级别也反映了对生物武器和放射性沾染等相应武器(或杀伤破坏因素)的防护。防化级别是依据人防工程的使用功能确定的，与其抗力级别没有直接关系。

2) 防空地下室的组成

防空地下室除了与普通地下室一样，有内外墙、底板、顶板、门窗及楼梯等组成部分以外，还包括缓冲墙、防爆门、封闭墙、防护隔墙等部分。人防地下室有防爆门，厚度可达 300 mm 以上。

3) 防空地下室的要求

(1) 防空地下室结构的设计使用年限应按 50 年采用。当上部建筑结构的设计使用年限大于 50 年时，防空地下室结构的设计使用年限应与上部建筑结构相同。

(2) 防空地下室的建筑结构安全等级是一级或二级，要根据建筑结构安全等级确定。

(3) 甲类防空地下室，其顶板底面不得高出室外地平面；乙类防空地下室的顶板底面高出室外地平面的高度不大于该地下室净高的 1/2。

(4) 全埋式防空地下室外墙土层宽度不宜小于 3 m，且不宜小于《人民防空地下室设计规范》(GB 50038—2019)规定的不利覆土厚度。

(5) 防空地下室结构不得采用硅酸盐砖和硅酸盐砌块。

3. 全地下室和半地下室

1) 全地下室

全地下室即房间地面低于室外设计地坪的高度超过该房间净高的 1/2 者，即 $h \geq 1/2H$。

全地下室并不只局限于地下室顶板完全埋在室外地面以下的地下室，同样包括顶板高于室外地坪的地下室，前提条件是只要高出室外地坪标高的高度不大于地下室房间平均净高的 1/2，也属于全地下室。全地下室外露地面以上部分(露出部分小于房间平均净高的 1/2)侧墙上可以开窗或通过采光井解决采光和通风问题。

2) 半地下室

半地下室即房间地面低于室外地坪高度大于该房间平均净高 1/3，且不大于 1/2 者，即 $1/3H \leq h \leq 1/2H$。室内外高差与房间净高关系如图 6-19 所示。

半地下室一部分在地面以上，可利用侧墙外的采光井解决采光和通风问题。

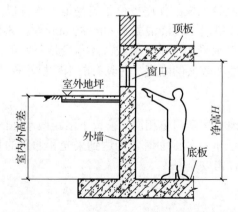

图 6-19　室内外高差与房间净高关系示意图

6.2.2 地下室构造

地下室属于箱形基础的范围，一般由内外墙、顶板、底板、门窗、楼梯及采光井等部分组成，如图 6-20 所示。

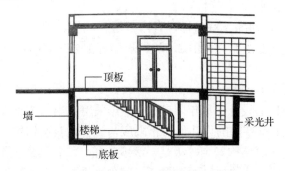

图 6-20 地下室构造示意图

1. 墙体

地下室的墙体在承受上部结构所有荷载的同时，还要抵抗土壤、地下水及土壤冻结时的侧向压力，所以地下室墙体的强度、稳定性应十分可靠。地下室的外墙应按挡土墙设计，地下室墙体的工作环境潮湿，墙体材料应具有良好的防水、防潮性能。一般采用砖墙、混凝土墙或钢筋混凝土墙。若采用砖墙，其厚度不小于 490 mm，外侧应做防水、防潮处理。若采用混凝土墙或钢筋混凝土墙板，其厚度应经计算确定，一般不少于 200 mm，并注意施工缝处理，以防渗水。

2. 顶板

地下室顶板主要承受首层地面的荷载，一般采用预制或现浇钢筋混凝土板，要求有足够的强度和刚度。如果是防空地下室，必须采用钢筋混凝土现浇板，并按有关规定来决定其厚度和混凝土强度等级。与楼板相同，在无采光的地下室顶板上，即首层地板处应设置保温层，以利于首层房间的使用舒适性。

3. 底板

底板一般为现浇钢筋混凝土板。如底板位于最高地下水位以上，并且无压力作用时，可按一般地面工程处理，即垫层上现浇混凝土 60～80 mm 厚，再做面层；如底板处于最高地下水位以下时，底板不仅承受上部垂直荷载，还承受地下水的浮力荷载。所以，地下室的底板应具有良好的整体性和较大的刚度，并具有防水、抗渗能力。

4. 门窗

普通地下室的门窗与地上房间门窗相同，窗口下沿距散水面的高度应大于 250 mm，以免灌水。当地下室的窗台低于室外地面时，为达到采光和通风的目的，应设采光井，以利于室内采光、通风和室外行走安全。

5. 楼梯

地下室楼梯可与上部楼梯结合设置，楼梯多为单跑式。防空地下室至少要设置两部楼梯通向地面的安全出口，并且必须有一个独立的安全出口，这个安全出口周围不得有较高建筑物，以防空袭倒塌，堵塞出口，影响疏散。

6. 采光井

地下室设窗时，如果窗口设在室外地坪以上，则窗口下沿距散水面高度应大于 200 mm，以避免灌水；如果窗口设在室外地坪以下，为了改善地下室的室内环境，在城市规划部门允许的情况下，为了增加开窗面积，一般在窗外设置采光井，一般每一个窗设一个独立的采光井，当窗的距离很近时可将采光井连在一起。

采光井由侧墙、底板、遮雨或铁栅栏组成。侧墙为砖砌，底板多为现浇混凝土。为了排除采光井内的雨水，井底要做 3%左右的坡度，用陶土管或水管将灌入井底的雨水引入水管网，排水口处应设有铸铁篦子，以防污物排入下水管道引起堵塞。采光井底部抹灰应向外侧倾斜，并在井底低处设置排水管。采光井的深度由地下室窗台的高度而定，采光井的长度应比窗宽 1000 mm 左右；采光井的宽度视采光井的深度而定，当采光井深度为 1～2 m 时，宽度为 1 m 左右。采光井侧墙顶面应比室外设计地面高 250～300 mm，以防雨水流入井内。

采光井与地下室一样，要采取防潮、防水措施。采光井的构造如图 6-21 所示。

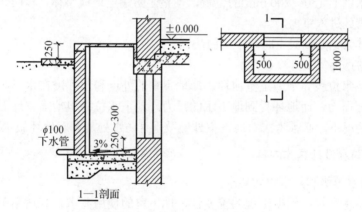

图 6-21 采光井构造示意图

6.2.3 地下室的防潮、防水

地下室采用防潮还是防水取决于地下室地坪与地下水位的关系。

1. 地下室的防潮、防水处理

1) 地下室的防潮处理

当最高地下水位低于地下室地坪且无滞水可能时，地下水不会直接侵入地下室，地下室的外墙和底板只受到土层中潮气的影响，此时一般只做防潮处理，图 6-22 所示为垂直防潮层(墙身防潮)和水平防潮层(地坪防潮)处理。

地下室垂直防潮层主要设置在地下室外墙外面，其做法是先在外墙外侧先抹 20 mm 厚 1:2.5 的水泥砂浆(高出散水 300 mm 以上)，之后涂冷底子油一道和热沥青两道(至散水底)，再回填隔水层；然后在防潮层外侧周边回填低渗透性土壤，如黏土、灰土等，最后逐层夯实隔水材料，北方常用 2 : 8 的灰土，南方常用炉渣，其宽度不少于 500 mm。

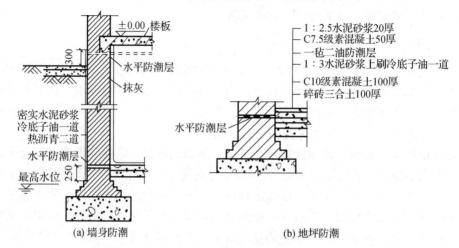

图 6-22　地下室防潮处理

地下室水平防潮层需在地下室所有墙体设两道水平防潮层，一道在地下室地坪附近，另一道设在散水以上 150～200 mm 的位置，使整个防潮层连成整体，以防止土中潮气沿地下室墙体或勒脚处进入室内。

地下室墙体为钢筋混凝土时可不必做防潮。

2) 地下室的防水处理

当最高地下水位线高于地下室地坪，即地下室的外墙和地坪浸在水下时，地下室外墙受到地下水的侧压力，而地坪受到地下水的浮力。地下水位高出地下室地面越高，则压力越大，在这种情况下，必须考虑对地下室外墙做垂直防水处理和对地坪做水平防水处理。

2. 地下室防水设计具体内容

(1) 确定防水等级和防水设防要求。

地下室的防水等级应根据工程的重要性、地下室的使用要求及其适用范围来确定。地下工程的防水等级分四级，各级适用范围如表 6-1 所示。

表 6-1　不同防水等级及其适用范围

防水等级	适用范围
一级	人员长期停留的场所；因有少量湿渍会使物品变质、失效的储物场所及严重影响设备正常运转和危及工程安全运营的部位；极重要的战备工程、地铁车站
二级	人员经常活动场所，在有少量湿渍的情况下不会使物品变质、失效的储物场所及基本不影响设备正常运转和工程安全运营的部位；重要的战备工程
三级	人员临时活动场所；一般战备工程
四级	对渗漏水无严格要求的工程

地下室防水工程设计应该遵循以防为主、以排为辅的基本原则，因地制宜，设计先进，防水可靠，经济合理，可按地下室防水工程设防表进行设计，如表 6-2 所示。

表 6-2 地下室防水设计标准和要求

项目 防水等级	防水等级			
	一级	二级	三级	四级
防水耐久年限	25 年	15 年	10 年	5 年
防水标准	不允许渗水，围护结构无湿渍	不允许漏水，围护结构有少量、偶见的湿渍	有少量漏水，不得有线流和漏泥沙，每昼夜漏水量不大于 0.5 L/m²	有漏水点，不得有线流和漏泥沙，每昼夜漏水量不大于 2 L/m²
建筑物类型	医院、餐厅、旅馆、影剧院、商场、冷库存、粮库、通信工程、计算机房、电站控制室、配电间的生产车间；指挥工程、武器弹药库、防水要求高的人员掩蔽部；铁路旅客站台、行李房、地下铁道车站、城市人行地道	一般生产车间、空调机房、发电机、燃料库；一般人员掩蔽工程；电气化铁路隧道、寒冷地区铁路隧道、地铁运行区间隧道、城市公路隧道、水房	电缆隧道、水下隧道、非电气化铁路隧道、一般公路隧道	取水隧道、污水排放隧道；人防疏散干道涵洞
设防要求	多道设防，其中必有一道结构自防水，并根据需要可设附加防水层或其他防水措施	两道或多道设防，其中必有一道结构自防水，并根据需要可设附加水层	一道或两道设防水，其中必有一道结构自防水，并根据需要可采用其他防水措施	一道设防，可采用结构自防水或其他防水措施
选材要求	优先选用补偿收缩防水混凝土、厚质高聚物改性沥青卷材，也可用合成高分子卷材、合成高分子涂料、防水砂浆	优先选用补偿收缩防水混凝土、厚质高聚物改性沥青卷材。也可用合成高分子卷材、合成高分子涂料	宜选用结构自防水、高聚物改性沥青卷材、合成高分子卷材	结构自防水、防水砂浆或高聚物改性沥青卷材

(2) 确定防水混凝土的抗渗等级及其他技术指标。

防水混凝土的设计抗渗等级，应符合表 6-3 的规定。

表 6-3 防水混凝土设计抗渗等级

工程埋置深度 H/m	设计抗渗等级
$H<10$	P6
$10 \leqslant H<20$	P8
$20 \leqslant H<30$	P10
$H \geqslant 30$	P12

注：1. 本表适用于 Ⅰ、Ⅱ、Ⅲ类围岩(土层及软弱围岩)。

2. 山岭隧道防水混凝土的抗渗等级可按国家现行有关标准执行。

(3) 选用其他防水层的材料、做法及其技术指标。

(4) 工程细部构造的防水措施。

(5) 工程防、排水系统，地面挡水、截水系统及各类洞口的防倒灌措施。

3. 地下室防水层

按照建筑物的状况，选择不同的防水层。按地下室防水对材料的要求可分为柔性防水和刚性防水。

1) 柔性防水

(1) 卷材防水。

卷材防水是用沥青系列防水卷材或其他卷材防水，有高聚物改性沥青类防水卷材和合成高分子类卷材。卷材防水层宜用于经常处在地下水环境，且受侵蚀性介质作用或受振动作用的地下室。

防水卷材的品种规格和层数，应根据地下工程防水等级、地下水位高低及水压力作用状况、结构构造形式和施工工艺等因素确定。卷材防水层应铺设在混凝土结构的迎水面。卷材防水层应铺设在地下室结构底板垫层至墙体防水设防高度的结构基面上。防水卷材施工前，基面应干净、干燥，并应涂刷基层处理剂；当基面潮湿时，应涂刷湿固化型黏结剂或潮湿界面隔离剂。

防水卷材防水层的铺贴方法一般采用整体全外包防水做法。全外包防水做法又可分为"外防外贴法"和"外防内贴法"两种施工方法。"外防外贴法"的防水效果优于"外防内贴法"，所以一般均采用"外防外贴法"。"外防外贴法"的具体做法是先铺平面，后铺立面，交接处应交叉搭接，如图 6-23 所示。临时性保护墙宜采用石灰砂浆砌筑，内表面宜做找平层。从底面折向立面的卷材与永久性保护墙的接触部位，应采用空铺法施工；卷材与临时性保护墙或围护结构模板的接触部位，应将卷材临时贴附在该墙上或模板上，并应将顶端临时固定。当不设保护墙时，从底面折向立面的卷材接槎部位应采取可靠的保护措施。卷材接槎的搭接长度：高聚物改性沥青类卷材应为 150 mm；合成高分子类卷材应为 100 mm。当使用两层卷材时，卷材应错槎接缝，上层卷材应盖过下层卷材。

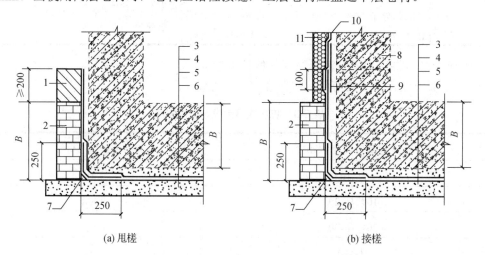

(a) 甩槎　　　　　　　　　　　(b) 接槎

图 6-23　地下室卷材防水层甩槎、接槎构造

1—临时保护墙；2—永久保护墙；3—细石混凝土保护层；4，10—卷材防水层；
5—水泥砂浆找平层；6—混凝土垫层；7，9—卷材加强层；8—结构墙体；11—卷材保护层

(2) 涂料防水。

涂料防水层应包括无机防水涂料和有机防水涂料。无机防水涂料可选用掺外加剂、掺合料的水泥基防水涂料、水泥基渗透结晶型防水涂料。有机防水涂料可选用反应型、水乳型、聚合物水泥等涂料。

无机防水涂料宜用于结构主体的背水面，有机防水涂料宜用于地下工程主体结构的迎水面，用于背水面的有机防水涂料应具有较高的抗渗性，且与基层有较好的黏结性。

潮湿基层宜选用黏结力大的无机防水涂料或有机防水涂料，也可采用先涂无机防水涂料而后再涂有机防水涂料构成复合防水涂层；冬期施工宜选用反应型涂料；埋置深度较深的重要工程、有振动或有较大变形的工程，宜选用高弹性防水涂料；有腐蚀性的地下环境宜选用耐腐蚀性较好的有机防水涂料，并应做刚性保护层。防水涂料宜采用外防外涂或外防内涂，如图6-24所示。

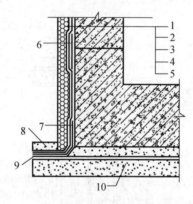

(a) 防水涂料外防外涂构造

1—保护墙；2—砂浆保护层；3—涂料防水层；4—砂浆找平层；5—结构墙体；

6—涂料防水层加强层；7—涂料防水加强层；8—涂料防水层搭接部位保护层；

9—涂料防水层搭接部位；10—混凝土垫层

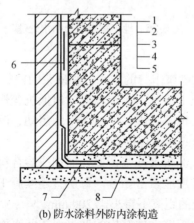

(b) 防水涂料外防内涂构造

1—保护墙；2—涂料保护层；3—涂料防水层；4—找平层；5—结构墙体；

6—涂料防水层加强层；7—涂料防水加强层；8—混凝土垫层

图6-24 地下室防水涂料

2) 刚性防水

刚性材料防水应用比较多的是混凝土防水层和水泥砂浆防水层两种。

(1) 混凝土防水。

防水混凝土指抗渗等级不小于 P6 级别的混凝土，主要用于工业、民用建筑地下工程、取水构筑物以及干湿交替作用或冻融作用的工程。防水混凝土防水，一般是采用普通防水混凝土和掺外加剂的防水混凝土做地下室的外墙和底板。采用防水混凝土，对结构承载力、厚度、抗渗等级、配筋、保护层厚度、垫层、变形缝等都有一定要求。防水混凝土结构底板的混凝土垫层，强度等级不应小于 C10，厚度不应小于 100 mm，在软弱土层中不应小于 150 mm。

防水混凝土结构厚度不应小于 250 mm；裂缝宽度不得大于 0.2 mm，并不得贯通；钢筋保护层厚度应根据结构的耐久性和工程环境选用，迎水面钢筋保护层厚度不应小于 50 mm，如图 6-25 所示。

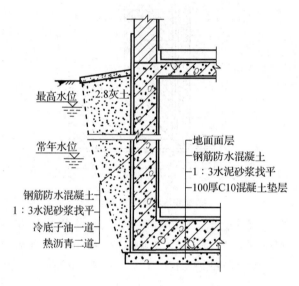

图 6-25　地下室混凝土防水处理

(2) 水泥砂浆防水。

水泥砂浆防水层主要依靠砂浆本身的憎水性和砂浆的密实性来达到防水目的。

这种防水层取材容易、施工简单、成本较低，但抵抗变形的能力差，适用于一般深度不大、对干燥程度要求不高的地下工程，不适用于因震动、沉陷或温度、湿度变化易产生裂缝的结构和有腐蚀性介质的高温工程中。

防水砂浆应包括聚合物水泥防水砂浆、掺外加剂或掺合料的防水砂浆，宜采用多层抹压法施工，水泥砂浆防水层各层应紧密黏合，每层宜连续施工；必须留设施工缝时，应采用阶梯坡形槎，但离阴阳角处的距离不得小于 200 mm。

水泥砂浆防水层可用于地下室主体结构的迎水面或背水面，不应用于受持续振动或温度高于 80℃ 的地下工程防水。聚合物水泥防水砂浆厚度单层施工宜为 6～8 mm，双层施工宜为 10～12 mm；掺外加剂或掺合料的水泥防水砂浆厚度宜为 18～20 mm。

地下室防水除了上述之外，还有塑料防水板防水和金属板防水、膨润土防水材料防水及地下工程种植顶板防水等。

塑料防水板防水宜用于经常受水压、侵蚀性介质或受振动作用的地下工程防水。塑料防水板防水层应由塑料防水板与缓冲层组成。塑料防水板防水层可根据工程地质、水文地质条件和工程防水要求，采用全封闭、半封闭或局部封闭铺设。塑料防水板防水层应牢固地固定在基面上，固定点的间距应根据基面平整情况确定，拱部宜为 0.5～0.8 m、边墙宜为 1.0～1.5 m、底部宜为 1.5～2.0 m。局部凹凸较大时，应在凹处加密固定点。塑料防水板可选用乙烯-醋酸乙烯共聚物、乙烯-沥青共混聚合物、聚氯乙烯、高密度聚乙烯类或其他性能相近的材料。幅宽宜为 2～4 m；厚度不得小于 1.2 mm。

金属板防水是指地下主体结构内侧或外侧设置金属板，用金属板作为封闭材料达到防水。金属板防水可用于长期浸水、水压较大的水工及过水隧道，以及抗渗性能要求较高的构筑物(如铸工浇注坑、电炉钢水坑等)。金属板防水很少用于一般地下防水工程，主要原因是重量大、工艺复杂、造价高。

4. 地下室混凝土防水细部构造

1) 变形缝

(1) 一般规定。

地下室结构的变形缝应结合工程、地质结构等因素尽量少设或不设，或采用后浇带、加强带、诱导缝等措施替代。设置地下室变形缝的目的是为了吸收或缓冲结构由于温差、沉降、振动等因素产生的应力，以避免混凝土结构发生开裂或破坏。已建房屋地下室变形缝会因材料及施工等原因出现渗漏水情况。

设置有变形缝的地下室，应满足密封防水、适应变形、施工方便、检修容易等要求。变形缝处混凝土结构的厚度不应小于 300 mm。

(2) 设计要求。

用于沉降的变形缝最大允许沉降差值不应大于 30mm。变形缝的宽度宜为 20～30 mm。变形缝的防水措施可根据工程开挖方法、防水等级按规范选用。

(3) 构造方案。

由于受条件限制(无法开挖)，只能在工程内部背水面进行处理，通常采用注浆、嵌缝、粘贴等方法。地下室变形缝构造通常有中埋式止水带与外贴防水层复合使用，图 6-26(a)所示为中埋式止水带与外贴防水层复合使用，图 6-26(b)所示为中埋式止水带与嵌缝材料复合使用，如图 6-26(c)所示为构造方案中埋式止水带与可卸式止水带复合使用。

2) 后浇带

后浇带是在建筑施工中为防止现浇钢筋混凝土结构由于自身收缩不均或沉降不均可能产生的有害裂缝，按照设计或施工规范要求，在基础底板、墙、梁相应位置留设的混凝土带。

(1) 一般规定。

后浇带宜用于不允许留设变形缝的工程部位。后浇带应在其两侧混凝土龄期达到 42d 后再施工；高层建筑的后浇带施工应按规定时间进行。后浇带应采用补偿收缩混凝土浇筑，其抗渗和抗压强度等级不应低于两侧混凝土。

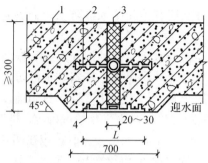

(a) 中埋式止水带与外贴防水层复合使用

外贴式止水带L≥300 mm；外贴防水卷材L≥400 mm；外涂防水涂层L≥400 mm
1—混凝土结构；2—中埋式止水带；3—填缝材料；4—外贴止水带

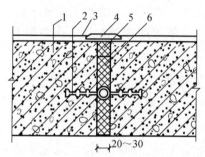

(b) 中埋式止水带与嵌缝材料复合使用

1—混凝土结构；2—中埋式止水带；3—防水层；
4—隔离层；5—密封材料；6—填缝材料

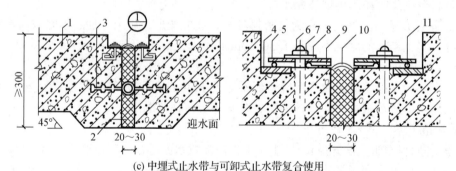

(c) 中埋式止水带与可卸式止水带复合使用

1—混凝土结构；2—填缝材料；3—中埋式止水带；4—预埋钢板；
5—紧固件压板；6—预埋螺栓；7—螺母；8—垫圈；
9—紧固件压块；10—Ω形止水带面；11—紧固件圆钢

图 6-26 变形缝处的防水做法

(2) 设计要求。

后浇带应设在受力和变形较小的部位，其间距和位置应按结构设计要求确定，宽度宜为 700～1000 mm。后浇带两侧可做成平直缝或阶梯缝。采用掺膨胀剂的补偿收缩混凝土，水中养护 14 d 后的限制膨胀率不应小于 0.015%，膨胀剂的掺量应根据不同部位的限制膨胀率设定值经试验确定。

(3) 构造方案。

后浇带的防水构造如图 6-27 和图 6-28 所示。

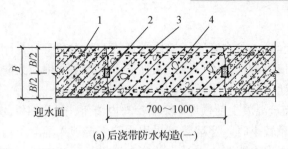

(a) 后浇带防水构造(一)

1—先浇混凝土；2—遇水膨胀止水条(胶)；3—结构主筋；4—后浇补偿收缩混凝土

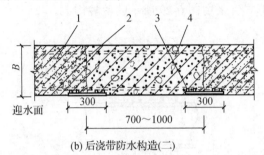

(b) 后浇带防水构造(二)

1—先浇混凝土；2—结构主筋；3—外贴式止水带；4—后浇补偿收缩混凝土

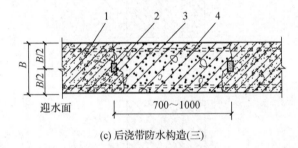

(c) 后浇带防水构造(三)

1—先浇混凝土；2—遇水膨胀止水条(胶)；3—结构主筋；4—后浇补偿收缩混凝土

图 6-27 后浇带防水做法

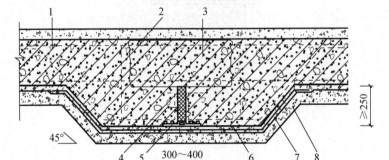

图 6-28 后浇带超前止水构造

1—混凝土结构；2—钢丝网片；3—后浇带；4—填缝材料；
5—外贴式止水带；6—细石混凝土保护层；7—卷材防水层；8—垫层混凝土

3) 穿墙管(盒)

穿墙管又叫穿墙套管、防水套管、墙体预埋管。防水套管分为刚性防水套管和柔性防水套管。两者主要是使用的地方不一样：柔性防水套管主要用在人防墙、水池等要求很高的地方；刚性防水套管一般用在地下室等管道需穿墙的位置。

穿墙管(盒)应在浇筑混凝土前预埋。穿墙管与内墙角、凹凸部位的距离应大于 250 mm。结构变形或管道伸缩量较小时，穿墙管可采用主管直接埋入混凝土内的固定式防水法，主管应加焊止水环或环绕遇水膨胀止水圈，并应在迎水面预留凹槽，槽内应采用密封材料嵌填密实。其防水构造形式宜采用图 6-29 所示的两种构造。

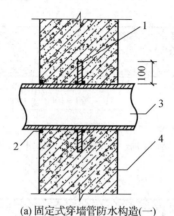

(a) 固定式穿墙管防水构造(一)
1—止水环；2—密封材料；3—主管；4—混凝土结构

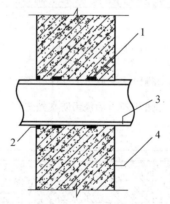

(b) 固定式穿墙管防水构造(二)
1—遇水膨胀止水圈；2—密封材料；3—主管；4—混凝土结构

图 6-29 穿墙管防水做法

思 考 题

6-1 什么叫地基？什么叫基础？地基和基础的关系如何？

6-2 天然地基与人工地基有何区别？人工地基加固的方法有哪些？

6-3 地基基础的设计应满足哪些要求？

6-4　基础按材料及受力来分有哪几种类型？画出两皮一收式砖基础的示意图。

6-5　什么是无筋扩展基础和扩展基础？举例说明。

6-6　什么是端承桩？什么是摩擦桩？

6-7　墙身防水、防潮各有几种类型？

6-8　你所在地区基础多为何种形式？构造如何？

6-9　独立柱的形式有哪几种？分别画出它们的示意图。

6-10　什么是基础埋深？影响基础埋深的因素有哪些？

6-11　基础埋深如何确定？

6-12　基础按构造形式分为哪几种？分别适用什么条件？

6-13　试述地下室由哪些部分组成？

6-14　地下室在什么情况下应做防潮处理？在什么情况下应做防水处理？

6-15　简述地下室的分类。

6-16　如何确定防空地下室的等级？

6-17　地下室为什么要设置采光井？

6-18　画图表示基础埋深的含义。

6-19　简述地下室防水等级的划分及适用范围。

第 7 章　墙　　体

【知识目标】

(1) 掌握墙体的作用、分类、构造要求和承重方案。

(2) 掌握墙体细部构造并能应用。

(3) 熟悉常见隔墙类型和构造。

(4) 了解墙面装修的作用、分类和常见装修构造。

【能力目标】

(1) 能够看懂工程图中墙体的细部构造和墙面装饰装修做法。

(2) 能够绘制墙身剖面图。

　　墙体是建筑物中重要的构造组成部分。墙体对房屋的耐久性、耐火性、坚固性、经济性以及房屋的使用要求、建筑造型等都有直接关系，如屋顶、基础、楼板、门窗等均与墙体有构造连接。因此，墙体的构造具有重要作用。

7.1　墙体的类型及要求

7.1.1　墙体的类型

1. 按墙体布置方向位置不同分类

(1) 外墙位于房屋的四周，能抵抗大气侵袭，保证内部空间舒适。

(2) 内墙位于房屋内部，主要起分隔内部空间作用。

2. 按墙体方向分类

(1) 沿建筑物长轴方向布置的墙称为纵墙。

(2) 沿建筑物短轴方向布置的墙称为横墙，房屋有内横墙和外横墙，外横墙通常叫山墙。如图 7-1 所示。

　　根据墙体和门窗的位置关系，窗洞口之间、门与窗之间的墙体称为窗间墙；窗洞口下部的墙体称为窗下墙。

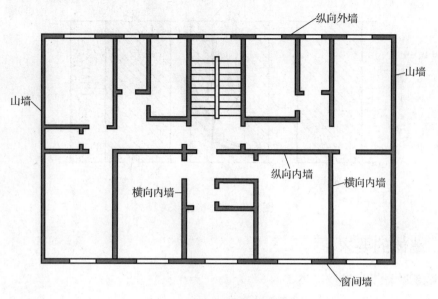

图 7-1　墙体的位置和名称

3. 按照墙体受力情况分类

在砌体结构建筑中墙按结构受力情况分为承重墙和非承重墙两种。承重墙直接承受楼板、屋顶传下来的荷载及水平风荷载及地震作用。非承重墙不承受外来荷载，只承担自身的重量。

在框架结构中，墙不承受外来荷载，自重由框架承受，墙仅起分隔作用，称为框架填充墙。

4. 按墙体材料分类

按墙体所用材料不同有砖墙、石墙、土墙、混凝土墙、钢筋混凝土墙，以及利用各种材料制作的砌块墙、板材墙。

5. 按墙体构造方式分类

(1) 实体墙：由单一材料组成，如普通砖墙、实心砌块墙，如图 7-2(a)所示。

(2) 空体墙：是由一材料砌成内部空腔，如空斗砖墙，也可用具有孔洞的材料建造墙，如空心砌块墙、空心板材墙，如图 7-2(b)所示。

(3) 复合墙：由两种以上材料组合而成，如混凝土、加气混凝土复合板材墙，如图 7-2(c)所示。

6. 按墙体施工方法分类

墙体按施工方法分类，可分为叠砌式、现浇整体式、预制装配式。

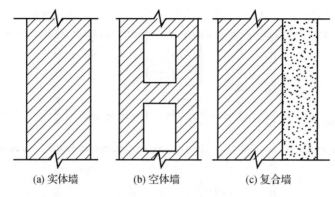

(a) 实体墙   (b) 空体墙   (c) 复合墙

图 7-2　墙体构造形式

7.1.2　墙体的要求

1. 强度要求

强度要求是指墙体承受荷载的能力。验算承重墙或柱在控制截面处的承载力；对房屋的高度及层数有一定的限制。

2. 稳定性要求

稳定性要求即刚度要求。墙体在承重时应满足一定的刚度要求，另外构件自身应具有稳定性，以抵抗水平方向的地震作用。

3. 外墙的保温要求

(1) 增加外墙厚度；选用孔隙率高、密度小的材料作外墙；采用多种材料的组合墙。

(2) 防止外墙中出现凝结水。在靠室内高温一侧，设置隔蒸汽层，阻止水蒸气进入墙体形成凝结水，从而降低外墙保温效果。

(3) 防止外墙出现空气层。选择密实度高的材料，墙体内外加抹灰层，加强构件间的密缝处理。

4. 满足隔声要求

对于通过空气直接传播的噪声，墙体要有隔离措施。

5. 满足防火要求

燃烧性能和耐火极限符合规定；设置防火墙(最大间距：一、二级 150 m；三级 100 m；四级 60 m)。

6. 满足防水防潮要求

在卫生间、厨房、实验室等有水房间以及地下室应采取防水防潮措施，选择良好的防水材料及恰当的构造做法，以保证墙体的坚固耐久性，使室内有良好的环境。

7. 适应工业化生产的需要

在大量民用建筑中，墙体工程量占相当大的比例，其劳动力消耗大，施工工期长，因此，建筑工业化的关键是墙体改革。应改革传统的墙体材料，采用轻质高强的材料，减轻自重，降低成本，以适应工业化的要求。

7.1.3　墙体承重方案

1. 横墙承重

房间的开间大部分相同，开间的尺寸符合钢筋混凝土板经济跨度时，常采用横墙承重的结构布置。横墙承重的结构布置，建筑横向刚度好，立面处理比较灵活，但由于横墙间距受梁板跨度限制，房间的开间不大，因此，适用于有大量相同开间，而房间面积较小的建筑，如宿舍、门诊所和住宅建筑。在纵方向可以获得较大的开窗面积，容易得到较好的采光条件，特别是对于采用纵向内走道的建筑平面，由于走道两侧的房间都是单面采光的，开窗面积就显得尤其重要。

2. 纵墙承重

房间的进深基本相同，进深的尺寸符合钢筋混凝土板的经济跨度时，常采用纵向承重的结构布置。纵墙承重的主要特点是平面布置时房间大小比较灵活，建筑在使用过程中，可以根据需要改变横向隔断的位置，以调整使用房间面积的大小，但建筑整体刚度和抗震性能差，立面开窗受到限制，适用于一些开间尺寸比较多样的办公楼以及房间布置比较灵活的住宅建筑。

3. 纵横墙承重

部分用横墙、部分用纵墙支承楼层。多用于平面复杂、内部空间划分多样化的建筑。

4. 局部框架承重

局部框架承重是房间内部由梁和柱形成框架承重体系，房间四周由纵墙和横墙承重，内框架与外墙共同承担水平构件的荷载，其特点是房屋空间大，布置灵活，不受墙体布置的限制，房屋整体性能好，抗震性能高。

7.2　砖墙的基本构造

7.2.1　砖墙材料

1. 砖

砖分为普通砖、多孔砖和空心砖三大类。

(1) 普通砖系指孔洞率小于 15% 或没有孔洞的砖。

(2) 多孔砖指孔洞率不小于 15%，孔的尺寸小而数量多的砖，常用于承重部位。

(3) 空心砖指孔洞率不小于 15%，孔的尺寸大而数量少的砖，常用于非承重部位。

砖的强度等级可分为 MU70、MU25、MU20、MU15、MU10、MU7.5 共 6 个等级。

2. 砂浆

(1) 水泥砂浆：属于水硬性材料，强度高，较适合于砌筑潮湿环境的砌体。

(2) 石灰砂浆：属气硬性材料，强度不高，多用于砌筑次要民用建筑中地面以上砌体。

(3) 混合砂浆：这种砂浆强度较高，和易性和保水性好，常用于砌筑地面上砌体。

标号有 M15、M10、M7.5、M5 和 M2.5 等几种，常用的砌筑砂浆标号是 M7.5、M10 级砂浆。

7.2.2　墙体组砌方式

组砌原则为砖缝横平竖直、错缝搭接、避免通缝砂浆饱满、厚薄均匀，有实砌砖墙、空体墙、组合墙。

在砖墙的组砌中，把砖的长方向垂直于墙面砌筑的砖叫丁砖，把砖长方向平行于墙面砌筑的砖叫顺砖。上下皮之间的水平灰缝称为横缝，左右两块砖之间的垂直缝称为竖缝。要求丁砖和顺砖交替砌筑，灰浆饱满，横平竖直。

1. 实体墙的组砌方式

有全顺式、上下皮一顺一丁式、多顺一丁式(三、五、七、九顺等)、每皮丁顺相间式(梅花丁、十字式)、两平一侧式等，如图 7-3 所示。

黏土多孔砖与黏土实心砖类似，常用的组砌方式有全顺式、一顺一丁式和丁顺相间等式。

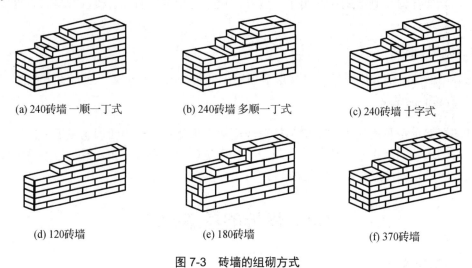

(a) 240砖墙 一顺一丁式　　　(b) 240砖墙 多顺一丁式　　　(c) 240砖墙 十字式

(d) 120砖墙　　　　　(e) 180砖墙　　　　　(f) 370砖墙

图 7-3　砖墙的组砌方式

2. 砖墙厚度

砖墙的厚度是根据多方面因素决定的，既要满足承载能力、稳定性、保温隔热、隔声和防火等要求，还需要符合砌墙砖的规格尺寸，如图 7-4 所示。

3. 空斗墙的组砌方式

空斗墙由单一材料砌成。内部空腔，也可用具有孔洞的材料建造而成，如图 7-5 所示。

4. 组合墙的组砌方式

为改善墙体的热工性能，外墙可采用砖和其他保温材料结合而成的组合墙。组合墙一般有内贴保温材料、中间填保温材料以及在墙体中间留空气间层等构造做法,如图7-6所示。

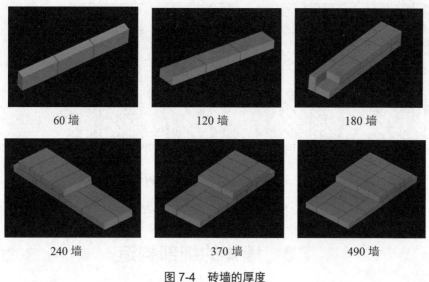

60墙　　　　　　120墙　　　　　　180墙

240墙　　　　　　370墙　　　　　　490墙

图7-4　砖墙的厚度

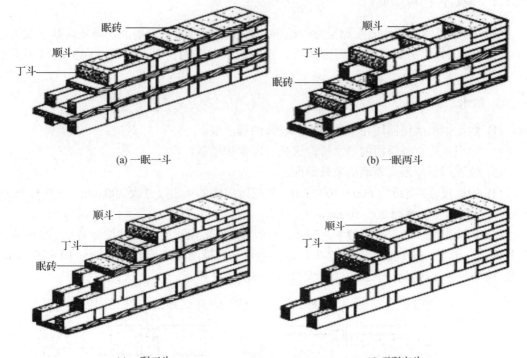

(a) 一眠一斗　　　　　　　　　　(b) 一眠两斗

(c) 一眠三斗　　　　　　　　　　(d) 无眠空斗

图7-5　空斗墙的组砌方式

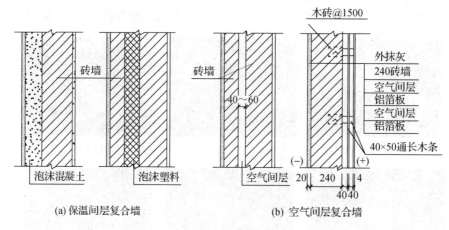

图 7-6　复合墙的构造

7.3　墙体的细部构造

7.3.1　散水和明沟

建筑物外墙四周的地面水如果渗入地下，将使基础中含水量增加，降低地基承载力。因而在房屋四周室外地面与勒脚接触处宜设置散水和明沟，主要作用是保护墙基不受水侵蚀。

1. 散水

(1) 定义：沿房屋四周在室外地面上设置的排水坡。

(2) 作用：将室外地面的雨水排向远处，以保护墙基。

(3) 位置：房屋四周靠墙的室外地面。

(4) 构造尺寸：宽度为 600～1000 mm，并应比屋檐的挑出尺寸大 200 mm，坡度为 7%～5%，外缘高出室外地面 20～50 mm。

(5) 构造做法：有混凝土散水、铺砖、石散水等。混凝土散水应沿长每隔 6～12 m 设一道伸缩缝，缝宽约 20 mm，如图 7-7 所示。散水与外墙间设通长缝，缝宽为 10～20 mm，如图 7-8 所示。缝内用油膏或沥青砂浆嵌固，如图 7-9 所示。

图 7-7　散水伸缩缝构造

2. 明沟

(1) 定义：沿建筑物外墙四周的排水沟，如图 7-10 所示。

(2) 作用：将建筑物附近地面雨水排入下水道。

(3) 位置：外墙四周紧临墙根处。

(4) 入口处理：明沟断开或做暗沟。

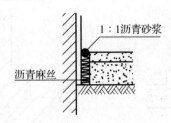

图 7-8　外墙和散水交接处缝隙的处理

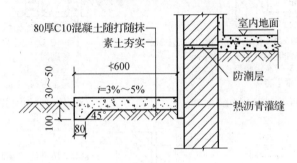

(a) 混凝土散水

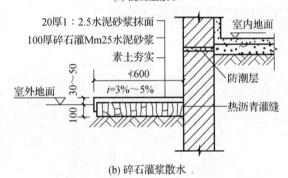

(b) 碎石灌浆散水

图 7-9　散水做法

7.3.2　勒脚

　　外墙墙身下部靠近室外地坪的部分为勒脚。其高度为室内地坪与室外地面的高差部分。勒脚的作用是防止地面水、屋檐滴下的雨水对墙面侵蚀，以及地表水和地下水的毛细作用所形成的地潮对墙身的侵蚀。同时它还可以保护外墙根免受碰撞等，并起着美化建筑立面的作用。因此，有些建筑其勒脚高度提高到底层窗台，如图 7-11 所示。

7.3.3　墙身防潮层

　　由于毛细管作用，地下土层中的水分从基础墙上升，致使墙身受潮，从而容易引起墙体冻融破坏、墙身饰面发霉、剥落等。因此，为了防止毛细水上升侵蚀墙体，需在内、外墙上连续设置防潮层，以隔绝地下土层中的水分上升。按构造形式可分为水平防潮层和垂直防潮层。

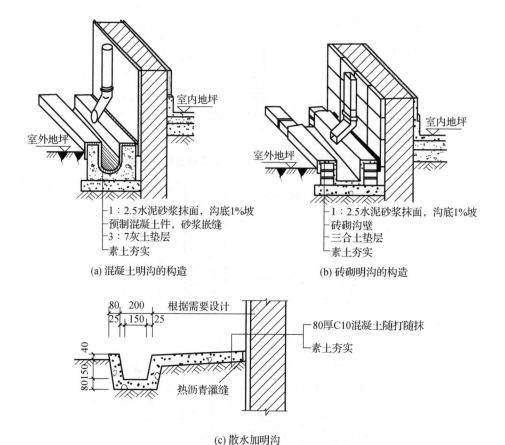

(a) 混凝土明沟的构造

- 1∶2.5水泥砂浆抹面，沟底1%坡
- 预制混凝土件，砂浆嵌缝
- 3∶7灰土垫层
- 素土夯实

(b) 砖砌明沟的构造

- 1∶2.5水泥砂浆抹面，沟底1%坡
- 砖砌沟壁
- 三合土垫层
- 素土夯实

(c) 散水加明沟

- 80厚C10混凝土随打随抹
- 素土夯实
- 热沥青灌缝

图 7-10 明沟的构造

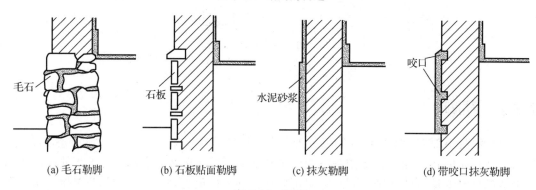

(a) 毛石勒脚   (b) 石板贴面勒脚   (c) 抹灰勒脚   (d) 带咬口抹灰勒脚

图 7-11 勒脚

1. 水平防潮层

具体位置：室内地面混凝土垫层范围内，低于室内地坪 60 mm 处，且高于室外地面 150 mm(垫层为密实材料时)；与室内地面平齐或高于室内地面 60 mm 处(垫层为透水材料时)；雨水飞溅到墙面高度以上。其做法有以下 3 种。

(1) 油毡防潮层。

在防潮层部位先抹 20 mm 厚砂浆找平，然后干铺油毡一层或用热沥青粘贴油毡一层。

油毡防潮层具有一定的韧性、延伸性和良好的防潮性能，如图 7-12(a)所示。由于油毡层降低了上下砖砌体之间的黏结力，且降低了砖砌体的整体性，对抗震不利，故油毡防潮层不宜用于下端按固定端考虑的砖砌体和有抗震要求的建筑中。

(2) 砂浆防潮层。

砂浆防潮层是在需要设置防潮层的位置铺设防水砂浆层或用防水砂浆砌筑 1～2 皮砖。防水砂浆是在水泥砂浆中加入水泥量 5%～7%的防水剂配制而成的。防潮层厚 20～25 mm，如图 7-12(b)所示。防水砂浆能克服油毡防潮层的缺点，故较适用于抗震地区和一般的砖砌体中。但由于砂浆系脆性材料、易开裂，故不适用于地基会产生微小变形的建筑中。

(3) 细石钢筋混凝土防潮层。

为了提高防潮层的抗裂性能，常采用 60 mm 厚的配筋细石混凝土防潮带，如图 7-12(c)所示。由于其抗裂性能好，且能与砌体结合为一体，故适用于整体刚度要求较高的建筑中。

水平防潮层应设置在距室外地面 150 mm 以上的勒脚砌体中，以防止地表水反渗的影响。同时，考虑到室内实铺地坪层下填土或垫层的毛细作用，故一般将水平防潮层设置在地坪结构层(如混凝土层)厚度之间的砖缝处，在设计中常以标高-0.060 m 表示，使其更有效地起到防潮作用。

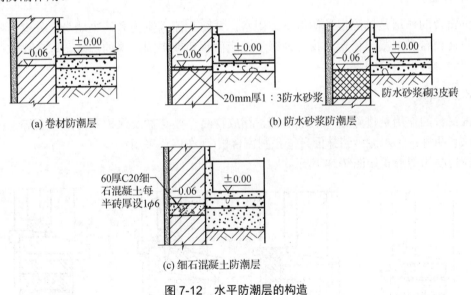

(a) 卷材防潮层　　(b) 防水砂浆防潮层

(c) 细石混凝土防潮层

图 7-12　水平防潮层的构造

2. 垂直防潮层

当相邻两房间之间室内地面有高差或室内地坪低于室外地面时，应在墙身内设置高低两道水平防潮层，并在靠土壤一侧设置垂直防潮层，如图 7-13 所示。

垂直防潮层的做法：在墙体迎向潮气的一面做 20～25 mm 厚 1：2 的防水砂浆；用 15 mm 厚 1：7 的水泥砂浆找平，再涂防水涂膜 2～7 道或贴高分子防水卷材一道。

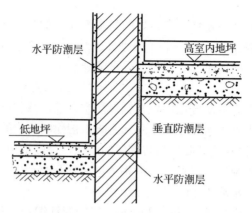

图 7-13　垂直防潮层设置部位

7.3.4　窗台

窗台是窗洞下部的排水构造,设于室外的称为外窗台,设于室内的称为内窗台。

1. 外窗台

外窗台的作用是排除窗外侧流下的雨水,并防止流入室内和污染墙身。外窗台常见的做法有砖窗台和混凝土窗台。窗台外缘下部应做锐角或半圆凹槽的滴水,以免排水时沿底面流至墙身。

2. 内窗台

内窗台的作用是排除窗上的凝结水、存放物品、摆花盆及保护室内的墙面等。内窗台的做法有两种:①水泥砂浆抹面;②预制窗台板(现在广泛采用)。

窗台的构造形式如图 7-14 所示。

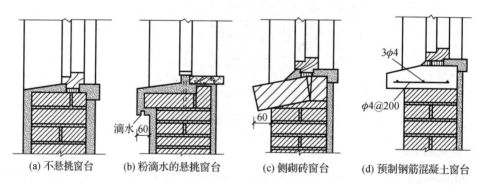

(a) 不悬挑窗台　　(b) 粉滴水的悬挑窗台　　(c) 侧砌砖窗台　　(d) 预制钢筋混凝土窗台

图 7-14　窗台形式

7.3.5　门窗过梁

为承受门窗洞口上部的荷载,并把它传到门窗两侧的墙上,以免压坏门窗框,所以上部要加设过梁。过梁上的荷载一般呈三角形分布,为计算方便,可以把三角形折算成 1/7 洞口宽度,过梁只承受其上部 1/7 洞口宽度的荷载,因而过梁的断面不大,梁内配筋也较少。过梁一般可分为拱砖过梁、钢筋砖过梁及钢筋混凝土过梁等。

1. 拱砖过梁

平、弧形拱砖过梁是较传统的一种过梁形式，如图 7-15 所示。该过梁适用于洞跨度 $L\leqslant1.2$ m 且梁上无集中荷载、无震动荷载。拱砖过梁对砌筑技术要求高，整体性差，承载能力小。

|(a) 平拱|(b) 弧拱|

图 7-15　拱砖过梁

2. 钢筋砖过梁

钢筋砖过梁多用于跨度 L 在 2 m 以内清水墙的门窗洞孔上且上部无集中及震动荷载。它按每砖厚墙配 2~7 根 $\phi6$ mm 钢筋，并设置在第一皮砖和第二皮砖之间，也可放置在第一皮砖下的砂浆层内。为使洞孔上部分砌体与钢筋构成过梁，常在相当于 1/4L 的高度范围内(一般为 5~7 皮砖)，材料要求同拱砖过梁，如图 7-16 所示。钢筋砖过梁构造简单、造价低，能保持墙面的一致性，也有利于外墙的保温。宜用在有保温要求的外墙或清水砖墙中。

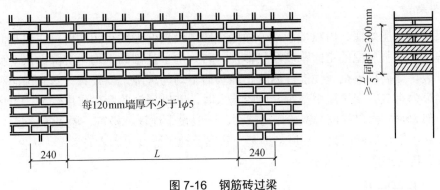

图 7-16　钢筋砖过梁

3. 钢筋混凝土过梁

钢筋混凝土过梁一般不受跨度的限制且上部允许承受集中荷载或震动荷载。过梁宽与墙厚相同，高度应与砖的皮数相适应。常用的有 60 mm、120 mm、180 mm、240 mm。在跨度不大的情况下，常以 60 mm 厚的板式过梁代替钢筋砖过梁。伸入墙内的搁置长度应不小于 240 mm。钢筋混凝土过梁按照施工方式分为现浇和预制两种。

1) 现浇钢筋混凝土过梁

现浇钢筋混凝土过梁一般适用于较大的门窗洞口，能较好地适应建筑立面造型的需求。

2) 预制钢筋混凝土过梁

由于预制钢筋混凝土过梁有利于提高建筑速度，所以应用广泛。为了便于预制过梁的搬运和安装，可将过梁分件预制，现场组合安装，形成的过梁断面形状有矩形和 L 形。

钢筋混凝土过梁的形式如图 7-17 所示。

钢筋混凝土过梁可根据承载能力确定断面尺寸，特别是预制钢筋混凝土过梁施工简便，有利于加快施工进度，适用范围广泛。

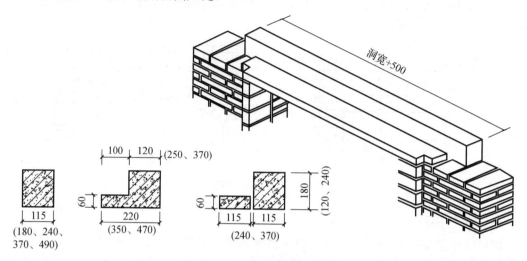

图 7-17　钢筋混凝土过梁的形式

7.3.6　圈梁和构造柱

1. 圈梁

圈梁是沿房屋外墙、内纵墙和部分横墙在墙中设置的连续封闭的梁。在水平向将墙体和楼板箍住，加强房屋的空间刚度及整体性，防止由于基础的不均匀沉降、振动荷载等引起墙体开裂，提高房屋抗震性能。为防止地基的不均匀沉降，以设置在基础顶面和檐口部位的圈梁最为有效。当房屋中部沉降比两端大时，基础顶面的圈梁作用较大；当房屋两端沉降比中部大时，檐口部位的圈梁作用较大。一般设于地坪、楼盖、屋盖等位置。

圈梁的数量与房屋层数、高度、地基土状况及地震烈度等因素有关。

圈梁的构造如图 7-18 所示。

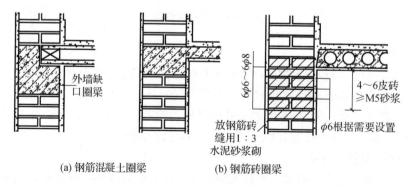

(a) 钢筋混凝土圈梁　　(b) 钢筋砖圈梁

图 7-18　圈梁的构造

圈梁应连续地设在同一水平面上，并形成封闭状。如果圈梁被断开时，应设置附加圈梁补强。

附加圈梁一般设置在洞口的上方。其截面和配筋应与圈梁相对应，并应满足搭接补强要求，如图 7-19 所示。

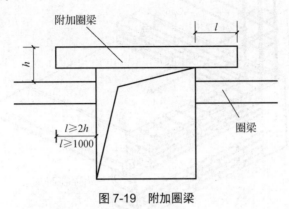

图 7-19　附加圈梁

2. 构造柱

钢筋混凝土构造柱是从抗震构造角度考虑设置的，一般设置在建筑物的四角、内外墙交接处、楼梯间、电梯间四周、较长墙体中部以及较大洞口两侧等位置，如图 7-20 所示。

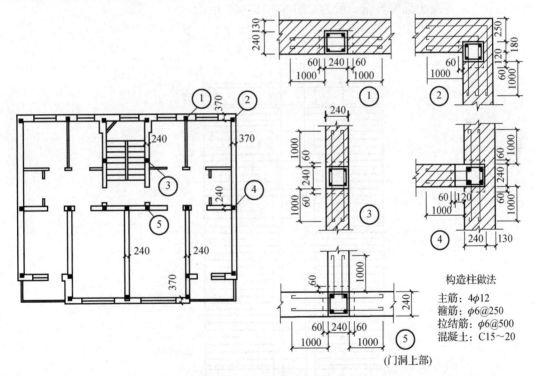

构造柱做法：
主筋：$4\phi12$
箍筋：$\phi6@250$
拉结筋：$\phi6@500$
混凝土：C15～20

（门洞上部）

图 7-20　构造柱分布节点图

构造柱是设在墙体内的钢筋混凝土现浇柱。与圈梁共同形成空间骨架，以增加房屋的整体刚度，提高抗震能力。

构造柱做法：断面尺寸不小于 240 mm ×180 mm。竖筋不少于 4 ϕ12，箍筋 ϕ6@250 mm。沿高每 500 mm 设 2 ϕ6 钢筋与墙拉接，每边伸入墙内不小于 1 m，如图 7-21 所示。

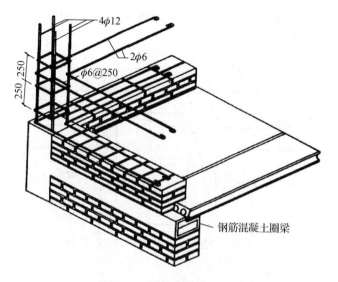

图 7-21　构造柱构造做法

　　构造柱做法顺序应先立骨架，再砌墙，并留五进五退的大马牙槎，进退 60 mm；最后浇筑混凝土，混凝土强度等级一般为 C20，如图 7-22 所示。

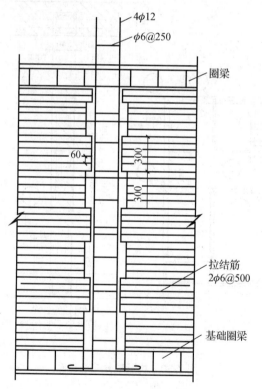

图 7-22　构造柱施工做法

　　构造柱下部不专门设基础，但应将主筋伸入室外地面以下 500 mm 的基础内，或锚固于地圈梁内。上部钢筋伸入屋顶圈梁或女儿墙压顶中。

7.4 隔墙与隔断的构造

非承重墙的内墙通常称为隔墙，起着分隔房间的作用。由于隔墙布置灵活，能适应建筑使用功能的变化，因而在现代建筑中应用广泛。常见的隔墙可分为砌筑隔墙、立筋隔墙和条板隔墙等。

隔断是指把一个结构的一部分同另一部分分开，用分隔物把物体分成几部分。

7.4.1 隔墙构造

隔墙是把房屋内部分割成若干房间或空间的墙。隔墙是不承重墙体。对隔墙的要求是重量轻、厚度薄、隔声且耐火、耐湿、便于拆装等。

隔墙按构造方式，可分为块材隔墙、立筋隔墙、板材隔墙 3 种。

1. 块材隔墙

块材隔墙是用普通砖、空心砖、加气混凝土等块材砌筑而成的，常用的有普通砖隔墙和砌块隔墙。

1) 普通砖隔墙

普通砖隔墙厚有 1/2 砖和 1/4 砖两种。

砌筑砂浆的强度等级一般不低于 M2.5。在隔墙顶部与楼板相接处，用立砖斜砌，或留出 70 mm 的缝隙并抹灰封口。隔墙上设门时，须用预埋铁件或木砖将门框拉结牢固，如图 7-23 所示。

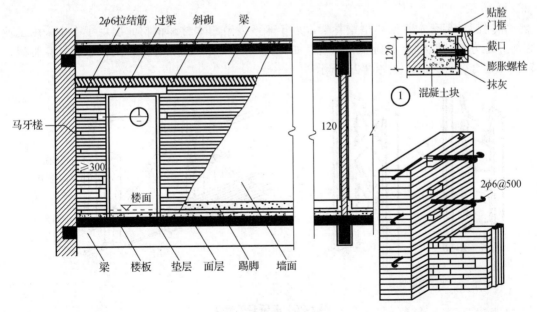

图 7-23 普通砖隔墙

2) 砌块隔墙

目前最常用的是加气混凝土块、粉煤灰硅酸盐砌块、水泥炉渣空心砖等砌筑的隔墙。砌块隔墙厚度较薄，也需采取加强稳定性措施，其方法与砖隔墙类似。

砌块厚度一般为 90～120 mm。砌筑时应在墙下砌 7～5 皮普通砖，如图 7-24 所示。

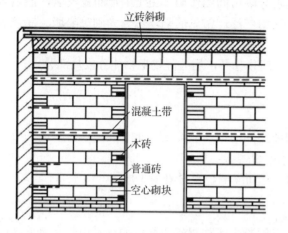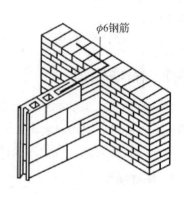

图 7-24 砌块隔墙构造

2. 立筋隔墙

立筋隔墙也称为立柱式、龙骨式隔墙。它以木材、钢材或其他材料构成骨架，把面层钉结、涂抹或粘贴在骨架上形成的隔墙。面层有抹灰面层和人造板面层。

常用的骨架有木骨架、型钢骨架、轻钢骨架、铝合金骨架和石膏骨架等。

立筋隔墙又称骨架隔墙，由骨架和面层组成。

1) 骨架

常用的骨架有木骨架和型钢骨架。近年来，为节约木材和钢材，出现了不少采用工业废料和地方材料及轻金属制成的骨架，如石棉水泥骨架、浇筑石膏骨架、水泥刨花骨架、轻钢和铝合金骨架等，如图 7-25 所示。

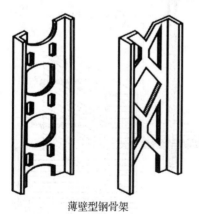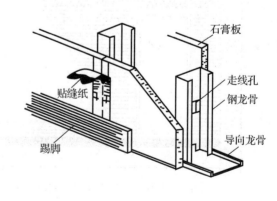

图 7-25 薄壁轻钢骨架

2) 面层

立筋隔墙的面层有抹灰面层和人造板材面层。抹灰面层常用木骨架，即传统的板条灰隔墙；人造板材面层可用木骨架或轻钢骨架，石膏面板多用石膏或轻钢骨架。

3. 板材隔墙

板材隔墙是指单板高度相当于房间净高，面积较大，且不依赖骨架直接装配而成的隔墙。目前，采用的大多为条板，如加气混凝土条板、石膏条板、碳化石灰板、蜂窝纸板、水泥刨花板等，如图 7-26 所示。

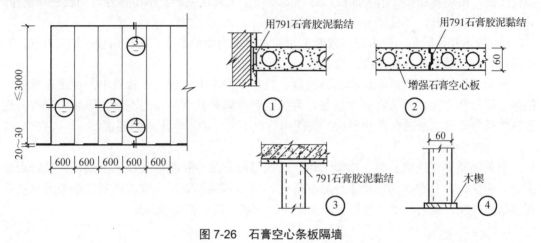

图 7-26　石膏空心条板隔墙

图 7-26 中：①为加气混凝土条板隔墙；②为增强石膏空心板；③为复合板隔墙；④为泰柏板。

7.4.2　隔断

隔断系指分隔室内空间的装饰构件，与隔墙有相似之处，但也有区别，隔断是指专门作为分隔室内空间的立面，隔断在区域中既起到分隔空间的作用，但同时它又不像整面墙体那样将居室完全隔开，而是在隔中有连接、断中有连续，这种虚实结合的特点使隔断成为居住和公共建筑等在设计中常见的一种处理方法，如住宅、办公室、展览馆、餐厅、门诊等装修中一个有很大创作余地的项目，成为企业和建筑设计师展现个性与才华的一个焦点。

现代建筑隔断的类型很多，有地区也叫高隔间。按隔断的固定方式分，有固定式隔断和活动式隔断；按隔断的开启方式分，有推拉式隔断、折叠式隔断、直滑式隔断、拼装式隔断；按隔断的材料分，有木隔断、竹隔断、玻璃隔断、金属隔断等。另外，还有硬质隔断、软质隔断、家具式隔断、屏风式隔断等。

1. 固定式隔断

固定隔断是用于划分和限定建筑室内空间的非承重可拆卸式构件，由饰面板材、骨架材料、密封材料和五金件组成。国外将外墙的贴面墙也列入固定隔断中。

固定式隔断所用材料有木制、竹制、玻璃、金属及水泥制品等，可做成花格、落地罩、飞罩、博古架等各种形式，俗称空透式隔断。以下是几种常见的固定式隔断。

1) 木隔断

木隔断通常有两种：一种是木饰面隔断；另一种是硬木花格隔断。木制隔断经常用于办公。

(1) 木饰面隔断。木饰面隔断一般采用木龙骨上固定木板条、胶合板、纤维板等面板，做成不到顶的隔断。木龙骨与楼板、墙应有可靠的连接，面板固定在木龙骨上后，用木压条盖缝，最后按设计要求罩面或贴面。

另外，还有一种开放式办公室的隔断，高度为 1.7～1.6 m，用高密度板作骨架，防火装饰板罩面，用金属连接件组装而成。这种隔断便于工业化生产，壁薄体轻，面板色泽淡雅、易擦洗、防火性好，并且能节约办公用房面积。

(2) 硬木花格隔断。硬木花格隔断常用的木材多为硬质杂木，它自重轻，加工方便，制作简单，可以雕刻成各种花纹，做工精巧、纤细。

硬木花格隔断一般用板条和花饰组合，花饰镶嵌在木质板条的裁口中，可采用榫接、销接、钉接和胶接，外边钉有木压条，为保证整个隔断具有足够的刚度，隔断中立有一定数量的板条贯穿隔断的全高和全长，其两端与上下梁、墙应有牢固的连接。

2) 玻璃隔断

玻璃隔断是将玻璃安装在框架上的空透式隔断。这种隔断可到顶或不到顶，其特点是空透、明快，而且在光的作用下色彩有变化，可增强装饰效果。玻璃隔断按框架的材质不同有落地玻璃木隔断、铝合金框架玻璃隔断、不锈钢圆柱框玻璃隔断。

2. 活动式隔断

活动隔断又叫活动隔墙，还可以称为移动隔断、移动隔断墙、轨道隔断、移动隔音墙。活动隔断具有易安装、可重复利用、可工业化生产、防火、环保等特点。

移动隔断给人们的工作带来很大的方便，移动隔断是一种根据需要随时把大空间分隔成小空间或把小空间连成大空间、具有一般墙体功能的活动墙，独立空间区域，能起一厅多能、一房多用的作用。

7.5　墙面的装修

墙面装修分为外墙装修和内墙装修。外墙装修主要是为了保护墙体不受风、霜、雪、雨的侵袭，提高墙体的防潮、防水、保温、隔热的能力，同时也起到美化建筑的作用。内墙装修是为了改善室内的卫生条件、物理条件，增加室内的美观。

墙面装修按所用材料和施工方式的不同可分为抹灰类、贴面类、涂料类、裱糊类和铺钉类 5 种类型。

7.5.1　抹灰类墙体饰面

抹灰类墙面装修是以水泥、石灰膏为胶结材料，加入砂或石渣与水拌和成砂浆或石渣浆，如石灰砂浆、混合砂浆、水泥砂浆以及纸筋灰、麻刀灰等作为饰面材料抹到墙面上的一种操作工艺。这种饰面具有耐久性低、易开裂、易变色，且多为手工操作、湿作业施工、工效较低的缺点，但材料多为地方材料、施工方便、造价低廉。因而在大量性建筑中仍得到广泛的应用。

1. 墙面抹灰的组成

为保证抹灰平整、牢固，避免龟裂、脱落，在构造上需分层。抹灰装修一般由底层、中层和面层抹灰组成。

底层的主要作用是与基层黏结，同时对基层作初步找平。底层厚度一般不大于 10 mm。

中层的主要作用是作进一步找平，有时可兼作底层与面层之间的黏结，厚度一般为 5～8 mm。

面层的主要作用是装饰，要求表面平整、色彩均匀、无裂纹。

一般抹灰根据质量要求可分为普通抹灰、中级抹灰和高级抹灰 3 种。

抹灰的总厚度：外墙面抹灰一般为 15～25 mm；内墙抹灰一般为 15～20 mm。

2. 常用抹灰种类、做法及应用

抹灰按照面层材料及做法分为一般抹灰和装饰抹灰。

(1) 一般抹灰常用的有石灰砂浆抹灰、水泥砂浆抹灰、混合砂浆抹灰、纸筋石灰浆抹灰、麻刀石灰浆抹灰。

(2) 装饰抹灰常用的有水刷石面、水磨石面、斩假石面、干黏石面、喷涂面等。

7.5.2 贴面类墙体饰面

贴面类墙面装修是利用人造板、块及天然石料直接粘贴于基层表面或通过构造连接固定于基层上的装修做法。这类装修具有耐久性强、施工方便、装饰效果好等优点，但造价较高，一般用于装修要求较高建筑的室内和室外。

1. 面砖、瓷砖饰面装修

外墙面砖的安装是先在墙体基层上以 15 mm 厚 1∶3 的水泥砂浆打底，再以 5mm 厚 1∶1 水泥石灰砂浆粘贴面砖，如图 7-27 所示。

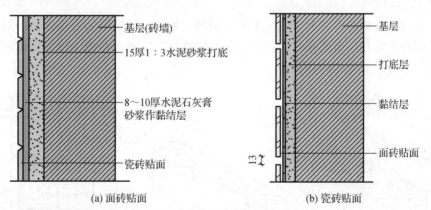

(a) 面砖贴面 — 基层(砖墙)、15厚1∶3水泥砂浆打底、8～10厚水泥石灰膏砂浆作黏结层、瓷砖贴面

(b) 瓷砖贴面 — 基层、打底层、黏结层、面砖贴面、13

图 7-27 面砖、瓷砖装饰构造

2. 锦砖饰面装修

锦砖有陶瓷锦砖和玻璃锦砖之分。由于锦砖尺寸较小，为便于粘贴，出厂前已按各种图案反贴在牛皮纸上。锦砖饰面具有质地坚硬、色调柔和典雅、性能稳定、不褪色和自重

轻等特点。

锦砖饰面构造与粘贴面砖相似，所不同的是在粘贴前先在牛皮纸背面每块瓷片间的缝隙中抹以白水泥浆(加 5%107 胶)，然后将纸面朝外粘贴于 1∶1 的水泥砂浆上，用木板压平，待砂浆结硬后，洗去牛皮纸即可。若发现个别瓷片不正的，可进行局部调整。

3. 天然石材及人造石材墙面装修

1) 天然石材墙面

天然石材墙面包括花岩石、大理石和碎拼大理石墙面等几种做法。它们具有强度高、结构致密、色彩丰富、不易被污染等优点，但由于施工复杂、价格较高等因素，多用于高级装修。花岗石主要用于外墙面，大理石主要用于内墙面。

天然石材贴面装修构造通常采用栓挂法，如图 7-28 所示。

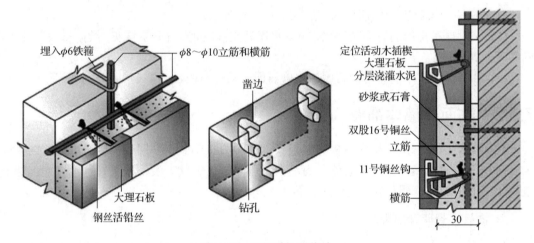

图 7-28 石板贴面类构造

2) 人造石材墙面

人造石材常见的有人造大理石、水磨石板等。人造石材墙面构造与天然石材相同，但不必在预制板上钻孔，而用预制板背面在生产时露出的钢筋，将板用铅丝绑牢在墙面所设的钢筋网上即可，如图 7-29 所示。

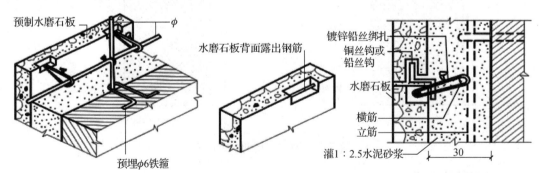

图 7-29 预制水磨石板装修构造

7.5.3　涂料类墙体饰面

涂料类墙面装修是将各种涂料喷刷于基层表面而形成牢固的保护膜，从而起到保护墙面和装饰墙面的一种装修做法。

这类装修做法具有造价低、操作简单、工效高、维修方便等优点，因而应用较为广泛。建筑涂料的种类很多，按其主要成膜物的不同，可分为有机合成涂料和无机涂料两大类。

无机涂料包括石灰浆、大白浆、水泥浆及各种无机高分子涂料等。

有机合成涂料依其稀释剂的不同，可分为溶剂型涂料、水溶型涂料和乳胶涂料。

7.5.4　裱糊类墙体饰面

裱糊类墙面装修是将各类装饰性的墙纸、墙布等卷材类的装饰材料用黏结剂裱糊在墙面上的一种仅适用于室内的装修饰面。

这类装修的材料和花色品种繁多，主要有塑料壁纸、纸基涂塑壁纸、纸基织物壁纸、玻璃纤维印花墙布、无纺墙布等。裱糊类墙面仅适用于室内装修。

墙纸又称壁纸。墙纸的种类很多，依其构成材料和生产方式的不同主要有以下几种。

(1) PVC 塑料墙纸。

(2) 纺织物面墙纸。

(3) 金属面墙纸。

(4) 天然木纹面墙纸。

墙布是以纤维织物直接制成的墙面装饰材料，有玻璃纤维墙布及织锦等。

7.5.5　铺钉类墙体饰面

板材类墙面装修是指利用天然木板或各种人造板，用镶、钉、粘等固定方式对墙面进行的装修处理。

这种做法一般不需要对墙面抹灰，故属于干作业范畴，可节省人工、提高工效。一般适用于装修要求较高或有特殊使用功能的建筑中。

铺钉类装修一般由骨架和面板两部分组成。

1. 骨架

骨架有木骨架和金属骨架之分。

(1) 木骨架由墙筋和横档组成，通过预埋在墙上的木砖钉固到墙身上。

(2) 金属骨架中的墙筋多采用冷轧薄钢板制成槽形断面。为防止骨架与面板受潮而损坏，可先在墙体上刷热沥青一道，再干铺油毡一层，也可在墙面上抹 10 mm 厚混合砂浆，并涂刷热沥青两道。

2. 面板

装饰面板多为人造板，如纸面石膏板、硬木条、胶合板、装饰吸音板、纤维板、彩色钢板及铝合金板等。

石膏板与木骨架的连接一般用圆钉或木螺钉固定，如图 7-30 所示。与金属骨架的连接可先钻孔后用自攻螺钉或镀锌螺钉固定，也可采用黏结剂黏结，如图 7-31 所示。

金属板材与金属骨架的连接主要靠螺栓和铆钉固接。

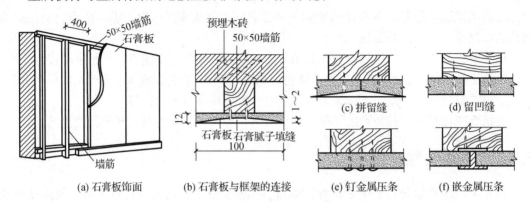

图 7-30 石膏板与木质墙筋的固结方式

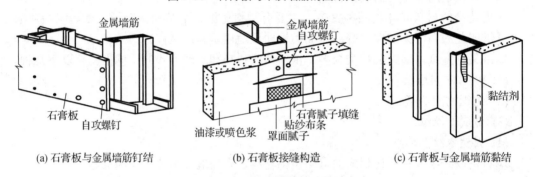

(a) 石膏板与金属墙筋钉结　　(b) 石膏板接缝构造　　(c) 石膏板与金属墙筋黏结

图 7-31 石膏板与金属墙筋的固结方式

　　硬木条或硬木板装修是指将装饰性木条或凹凸形板竖直铺钉于墙筋或横档上。背面可衬以胶合板，使墙面产生凹凸感。其构造如图 7-32 所示。胶合板、纤维板多用圆钉与墙筋或横档固定。为保证面板有微量伸缩的可能，在钉面板时，板与板之间可留出 5～8 mm 的缝隙。缝隙可以是方形、三角形，对要求较高的装修可用木压条或金属压条嵌固，如图 7-32 所示。

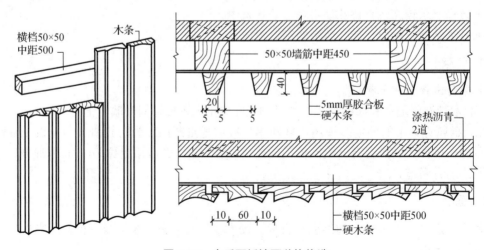

图 7-32 木质面板墙面装饰构造

7.5.6　清水墙面

清水墙是暴露墙体本身材料，不作抹灰和饰面，只对缝隙进行处理的墙面。

1. 清水砖墙面

清水砖墙主要采用烧结普通砖，墙体的砌筑多采用每皮丁顺相间的方式，灰缝要整齐一致，灰缝约占清水墙面积的 1/6，墙面的勾缝采用水泥砂浆，可以在砂浆中掺入一定量的颜料。

2. 清水混凝土墙

清水混凝土墙的墙面不加任何其他饰面材料，而以精心挑选的木质花纹的模板或特制的钢模板浇筑，经设计排列，在许多有曲度的栏板和立柱等工程中应用，浇筑出具有特色的清水混凝土。

思　考　题

7-1　观察你的教室和宿舍的墙体，指出它们的名称。

7-2　砌墙常用的砂浆有哪些？如何选用？

7-3　砖墙的砌筑要求是什么？实心砖墙有哪些砌筑形式？

7-4　绘出混凝土散水的构造。

7-5　墙身防潮层的作用是什么？水平防潮层的做法有哪些？

7-6　试述圈梁和构造柱的作用、设置位置及构造要点。

7-7　什么是附加圈梁？图示其构造。

7-8　墙面装修的作用是什么？常见的做法有哪些？

第 8 章　楼板与楼地面

【知识目标】

(1) 了解楼板的类型、特点。

(2) 熟悉常见楼地面的构造。

(3) 掌握楼地面的构造组成、钢筋混凝土楼板的构造以及阳台和雨篷的构造。

【能力目标】

(1) 会对一般楼地面及细部构造进行处理。

(2) 能够识读并绘制楼地面构造图。

建筑物的使用荷载主要由楼板层和地坪层承受，楼板层主要由面层、结构层、顶棚层、附加层组成。地坪层主要由面层、垫层和基层三部分组成。有些特殊要求的楼地面，当基本层次不能满足使用要求时，需要增设附加层，如找平层、防水层、防潮层、隔热层、保温层等，如图 8-1 所示。

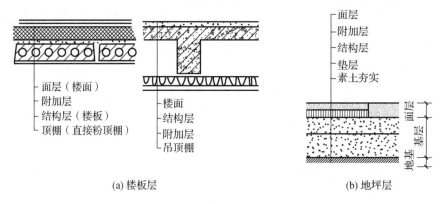

(a) 楼板层　　　　　　　　　　　(b) 地坪层

图 8-1　楼地层的组成

8.1　楼板的类型及特点

楼板是楼板层的结构层，它承受楼面传来的荷载并传给墙或柱，同时楼板还对墙体起水平支承的作用，传递风荷载及地震所产生的水平力，以增加建筑物的整体刚度。因此，要求楼板要有足够的强度和刚度，并有隔声、防火等要求。

根据所采用材料的不同，楼板可分为木楼板、砖拱楼板、钢筋混凝土楼板以及钢衬板承重的楼板等多种形式，如图8-2所示。

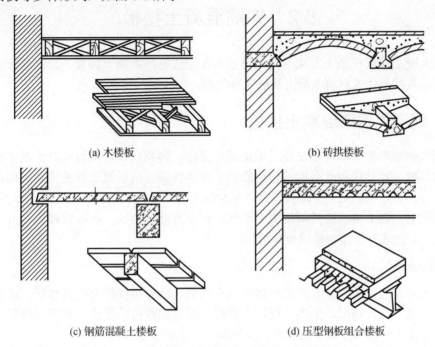

(a) 木楼板　　　　　　　　　　　(b) 砖拱楼板

(c) 钢筋混凝土楼板　　　　　　　(d) 压型钢板组合楼板

图8-2　楼板的类型

8.1.1　木楼板

木楼板是在由木撑形成的足够搁栅之间设置剪刀撑，形成具有足够的整体性和稳定性的骨架，并在木搁栅上铺钉木板形成的楼板。木楼板具有自重轻、构造简单等优点，但其耐火和耐久性均较差，为节约木材，除产木地区外现已极少采用。

8.1.2　砖拱楼板

砖拱楼板是先在墙上或柱上设钢筋混凝土小梁，然后在钢筋混凝土小梁之间用砖砌成拱形结构的楼板。砖拱楼板可节约钢材、水泥和木材，曾在缺乏钢材、水泥的地区采用过。由于它自重大、承载能力差，且对抗震不利，加上施工复杂，现已趋于不用。

8.1.3　钢筋混凝土楼板

钢筋混凝土楼板强度高、刚度好，既耐久又防火，还具有良好的可塑性，且便于工业化生产和机械化施工等特点，是目前我国工业与民用建筑中楼板的基本形式，其应用最广。

8.1.4　压型钢板组合楼板

压型钢板组合楼板是由钢衬板承重的楼板。既起模板作用，又起结构作用，可减少梁数量，也可减轻楼板自重，且施工速度快，在国外高层中得到广泛应用。近年来，由于压型钢板在建筑上的应用，出现了以压型钢板为底模的钢衬板楼板。

8.2 钢筋混凝土楼板

钢筋混凝土楼板按施工方式不同，可分为现浇式钢筋混凝土楼板、预制装配式钢筋混凝土楼板和装配整体式钢筋混凝土楼板 3 种类型。

8.2.1 现浇式钢筋混凝土楼板

现浇式钢筋混凝土楼板是在施工现场通过支模、绑扎钢筋、浇筑混凝土及养护等工序所形成的楼板。这种楼板具有能够自由成型、整体性强、抗震性能好的优点，但模板用量大、工序多、工期长、工人劳动强度大，并且施工受季节影响较大。

现浇钢筋混凝土楼板按其结构类型不同，可分为板式楼板、梁板式楼板、井式楼板、无梁楼板，此外还有压型钢板组合楼板。

1. 板式楼板

将楼板现浇成一块平板，四周直接支承在墙上，这种楼板称为板式楼板。板式楼板的底面平整，便于支模施工，但当楼板跨度大时，需增加楼板的厚度，耗费材料较多，所以板式楼板适用于平面尺寸较小的房间，如厨房、卫生间及走廊等。

按其支承情况和受力特点，板式楼板分为单向板和双向板。当板的长边尺寸 l_2 与短边尺寸 l_1 之比 $l_2/l_1>2$ 时，在荷载作用下，楼板基本上只在 l_1 方向上挠曲变形，而在 l_2 方向上的挠曲很小，这表明荷载基本沿 l_1 方向传递，称为单向板，如图 8-3(a)所示。当 $l_2/l_1≤2$ 时，楼板在两个方面都挠曲，即荷载沿两个方向传递，称为双向板，如图 8-3(b)所示。

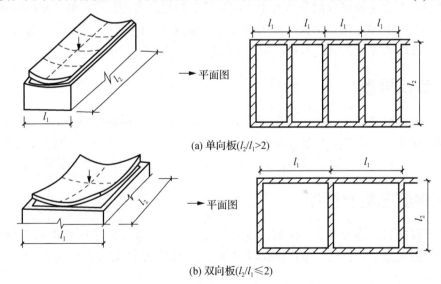

(a) 单向板($l_2/l_1>2$)

(b) 双向板($l_2/l_1≤2$)

图 8-3 楼板的受力及传力方式

2. 梁板式楼板

当房间平面尺寸较大时，为了避免楼板的跨度过大，可在楼板下设梁来增加板的支点。从而减小板跨。这时，楼板上的荷载先由板传给梁，再由梁传给墙或柱。这种由板和梁组成的楼板称为梁板式楼板。根据梁的布置情况，梁板式楼板可分为单梁式楼板和双梁式楼板两种。

1) 单梁式楼板

当房间有一个方向的平面尺寸相对较小时，可以只沿短向设梁直接搁置在墙上，这种梁板式楼板属于单梁式楼板，如图 8-4 所示。单梁式楼板的结构较简单，仅适用于教学楼、办公楼等建筑。

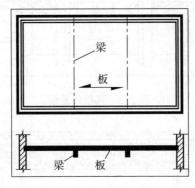

图 8-4 单梁式楼板

2) 双梁式楼板

当房间两个方向的平面尺寸都较大时，在纵横两个方向都设置梁，有主梁和次梁之分。

主梁和次梁的布置应整齐有规律，并考虑建筑物的使用要求、房间的大小形状以及荷载作用情况等，一般主梁沿房间短跨方向布置，次梁则垂直于主梁布置，如图 8-5 所示。除了考虑承重要求外，梁的布置还应考虑经济合理性。一般主梁的经济跨度为 5～8 m，主梁的高度为跨度的 1/18～1/8，主梁的宽度为高度的 1/3～1/2。主梁的间距即为次梁的跨度，次梁的跨度一般为 6～8 m，次梁的高度为跨度的 1/18～1/12，次梁的宽度为高度的 1/3～1/2。次梁的间距即为板的跨度，一般为 1.7～2.7 m，板的厚度一般为 60～80 mm。

3) 井式楼板

当房间的跨度超过 10 m 且平面形状近似正方形时，常在板下沿两个方向设置等距离、等截面尺寸的"井"字梁，这种楼板称井式楼板或井梁式楼板，如图 8-6 所示。井式楼板是一种特殊的双梁式楼板，梁无主次之分，通常采用正交正放或正交斜放的布置形式。

由于其结构形式整齐，具有较强的装饰性，多用于公共建筑的门厅和大厅式的房间。

为了保证墙体对楼板、梁的支承强度，使楼板、梁能够可靠地传递荷载，楼板和梁必须有足够的搁置长度。楼板在砖墙上的搁置长度一般不小于板厚且不小于 110 mm。梁在砖墙上搁置长度与梁高有关，当梁高不超过 500 mm 时，搁置长度不小于 180 mm；当梁高超过 500 mm 时，搁置长度不小于 280 mm。

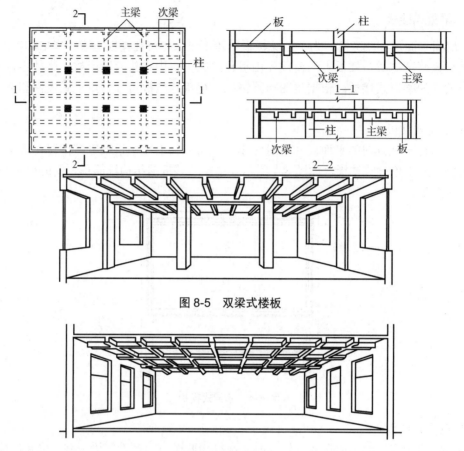

图 8-5 双梁式楼板

图 8-6 井式楼板

3. 无梁楼板

对平面尺寸较大的房间或门厅，有时楼板层也可以不设梁，直接将板支承于柱上，这种楼板称为无梁楼板，如图 8-7 所示。无梁楼板分为无柱帽和有柱帽两种类型，当荷载较大时，为避免楼板太厚，应采用有柱帽无梁楼板，以增加板在柱上的支承面积。当楼面荷载较小时，可采用无柱帽楼板。无梁楼板的柱网应尽量按方形网格布置，跨度在 6 m 左右较为经济，呈方形布置。

由于板的跨度较大，故板厚不宜小于 150 mm，一般为 160～200 mm。

无梁楼板的板底平整，室内净空高度大，采光、通风条件好，便于采用工业化的施工方式，适用于楼面荷载较大的公共建筑(如商店、仓库、展览馆等)和多层工业厂房。

4. 压型钢板组合楼板

压型钢板组合楼板是利用凹凸相间的压型薄钢板做衬板，与现浇混凝土浇筑在一起支承在钢梁上构成的整体型楼板，又称钢衬板组合楼板。

压型钢板组合楼板主要由楼面层、组合板和钢梁三部分组成，如图 8-8 所示。组合板包括混凝土和钢衬板。此外，还可根据需要设置吊顶棚。压型钢板的跨度一般为 2～3 m，铺设在钢梁上，与钢梁之间用栓钉连接。上面浇筑的混凝土厚 100～150 mm。

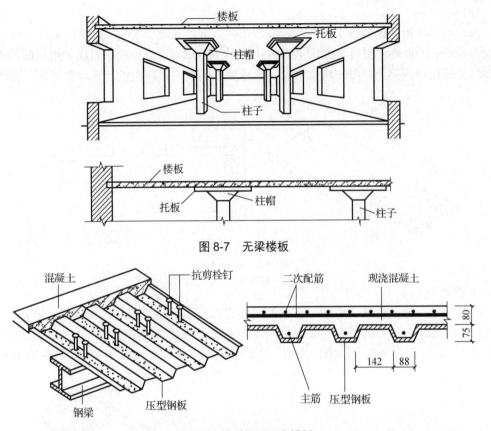

图 8-7 无梁楼板

图 8-8 压型钢板组合楼板

压型钢板组合楼板中的压型钢板承受施工时的荷载,也是楼板的永久性模板。这种楼板简化了施工程序,加快了施工进度,并且具有较强的承载力、刚度和整体稳定性,但耗钢量较大,适用于多、高层的框架或框剪结构建筑中。

压型钢板组合楼板构造形式较多,根据压型钢板形式的不同,有单层钢衬板组合楼板和双层钢衬板组合楼板之分。单层钢衬板组合楼板的构造比较简单,只设单层钢衬板,双层钢衬板组合楼板通常是由两层截面相同的压型钢板组合而成,也可由一层压型钢板和一层平钢板组成。双层压型钢板楼板的承载能力更好,两层钢板之间形成的空腔便于设备管线敷设。

8.2.2 预制装配式钢筋混凝土楼板

预制钢筋混凝土楼板是指在预制构件加工厂或施工现场外预先制作,然后再运到施工现场装配而成的钢筋混凝土楼板。这种楼板可节省模板,减少施工工序,缩短工期,提高施工工业化水平,但由于其整体性能差,所以近年来在实际工程中的应用逐渐减少。

1. 预制板的类型

预制装配式混凝土楼板按构造形式,可分为实心平板、槽形板、空心板。

1) 实心平板

预制实心平板的板面较平整,其跨度较小,一般不超过 2.8 m。板厚为 60~100 mm。宽度为 600~1000 mm。由于板的厚度较小且隔声效果较差,故一般不用作使用房间的楼板,两端常支承在墙或梁上,用作楼梯平台、走道板、隔板、阳台栏板、管沟盖板等,如图 8-9 所示。

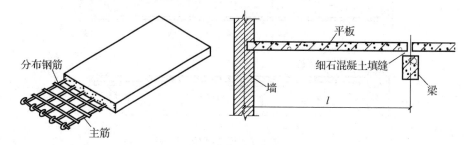

图 8-9 实心平板

2) 槽形板

槽形板是一种梁板结合构件,在板的两侧设有相当于小梁的肋,构成槽形断面,用以承受板的荷载。为便于搁置和提高板的刚度,在板的两端常设端肋封闭。跨度较大的板,为提高刚度,还应在板的中部增设横肋。槽形板有预应力和非预应力两种,如图 8-10 所示。

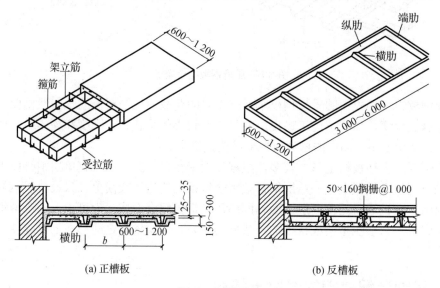

(a) 正槽板

(b) 反槽板

图 8-10 槽形板

槽形板的跨度为 3~7.2 m,板宽为 600~1200 mm,板肋高一般为 150~300 mm。由于板肋形成了板的支点,板跨减小,所以板厚较小,只有 25~35 mm。为了增加槽形板的刚度和便于搁置,板的端部需设端肋与纵肋相连。当板的长度超过 6 m 时,需沿着板长每隔 1000~1500 mm 增设横肋。

3) 空心板

空心板是将楼板中部沿纵向抽孔而形成中空的一种钢筋混凝土楼板。孔的断面形式有圆形、椭圆形、方形和长方形等,由于圆形孔制作时抽芯脱模方便且刚度好,故应用最普遍。空心板有预应力和非预应力之分，一般多采用预应力空心板。

空心板的厚度一般为 110～280 mm，视板的跨度而定，宽度为 500～1200 mm，跨度为 2.8～7.2 m，较为经济的跨度为 2.8～8.2 m，如图 8-11 所示。空心板侧缝的形式与生产预制板的侧模有关，一般有 V 形缝、U 形缝和凹槽缝 3 种。空心板上下表面平整，隔声效果较实心平板和槽形板好，是预制板中应用最广泛的一种类型，但空心板不能任意开洞，故不宜用于管道穿越较多的房间。

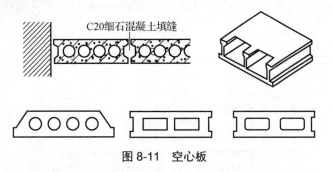

图 8-11　空心板

2. 预制板的安装构造

预制板的布置，首先应根据房间的开间、进深尺寸来确定板的支承方式，然后依据现有板的规格进行合理布置。

板的支承方式有墙承式和梁承式两种。前者用于开间、进深较大的房间；后者多用于小开间的房间。

布置楼板时，尽量减少板的规格、类型，并优先选用宽板，窄板做调剂之用。排板过程中，当楼板排列不够整块数时，可通过调整板缝、在墙边挑砖或增加局部现浇板等解决。当遇上下管线、烟道、通风道穿过楼板时，由于空心板不宜开洞，应尽量将该处楼板现浇。

板缝宽度一般要求不小于 20 mm，缝宽在 20～50 mm 时可用 C20 细石混凝土现浇；缝宽为 50～200 mm 时可用 C20 细石混凝土现浇并在缝中配纵向钢筋，如图 8-12 所示。

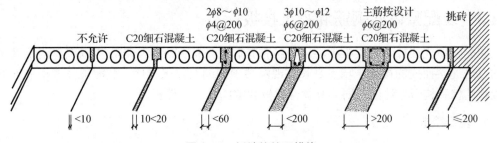

图 8-12　板缝的处理措施

为了保证板与墙或梁有很好的连接，首先应使板有足够的搁置长度。

板在墙上的搁置长度，外墙不应小于 120 mm，内墙不应小于 100 mm，板在梁上的搁置长度不应小于 80 mm；同时，必须在墙或梁上铺约 20 mm 厚的水泥砂浆(俗称坐浆)，以保证板的平稳、传力均匀，如图 8-13 所示。

为了增加建筑的整体刚度，在板的端缝和侧缝处还应用锚固钢筋(又称拉结钢筋)将板与板以及板与墙、梁锚固在一起。

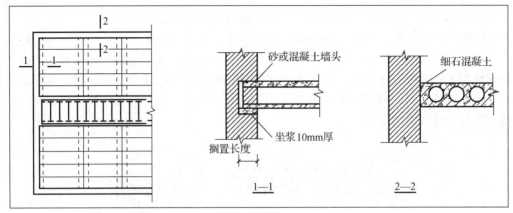

(a) 墙上搁置

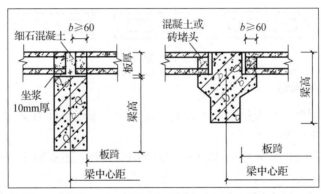

(b) 梁上搁置

图 8-13 预制板在墙上、梁上的搁置

端缝一般以细石混凝土灌注,必要时可将板端留出的钢筋交错搭接在一起,或加钢筋网片后再灌注细石混凝土,以加强连接。

8.2.3 装配整体式钢筋混凝土楼板

装配整体式楼板是将楼板中的部分构件预制,然后到现场安装,再以整体浇筑其余部分的办法连接而成的楼板。特点是兼有现浇与预制的双重优越性。装配整体式钢筋混凝土楼板按结构和构造方法的不同,有叠合楼板和密肋填充块楼板。

1. 叠合楼板

叠合楼板是由预制薄板和现浇钢筋混凝土层叠合而成的装配整体式楼板。

叠合楼板的预制板部分通常采用预应力或非预应力薄板。为了保证预制薄板与叠合层有较好的连接,薄板上表面需做处理。如将薄板表面做刻槽处理、板面露出较规则的三角形结合钢筋等。预制薄板跨度一般为 8~6 m,最大可达到 9 m,板宽为 1.1~1.8 m,板厚通常不小于 50 mm。现浇叠合层厚度一般为 100~120 mm,以不小于薄板厚度的 2 倍为宜。叠合楼板的总厚度一般为 150~250 mm,如图 8-14 所示。

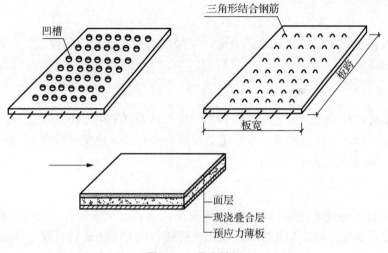

图 8-14 叠合楼板

2. 密肋填充块楼板

密肋填充块楼板的密肋小梁,有现浇和预制两种,如图 8-15 所示。

前者是以陶土空心砖、矿渣混凝土实心块等作为肋间填充块来现浇密肋和面板而成。后者是在预制小梁之间填充陶土空心砖、矿渣混凝土实心块、煤渣空心块上面现浇面层而成。

特点:密肋填充块楼板板底平整,有较好的隔声、保温、隔热效果,在施工常用中空心砖:(a)陶土空心砖,(b)煤渣空心砖。

图 8-15 密肋楼板

8.3　地坪层与楼地面的构造

8.3.1　地坪层的构造

地坪层是指建筑物底层房间与土层的交接处,所起作用是承受地坪上的荷载,并将荷载传给地坪以下土层。

地坪层主要由面层、垫层和基层三部分组成,如图 8-16 所示。有些特殊要求的地面,当基本层次不能满足使用要求时,需要增设附加层,如找平层、防水层、防潮层、保温层。

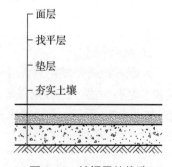

图 8-16 地坪层的构造

1. 面层

面层是人们日常生活直接接触的表面，与楼层的面层在构造和要求上一致，均属室内装修范畴，统称地面。

2. 垫层

垫层是地坪的结构层，起着承重和传力的作用。通常采用 C10 混凝土 60～80 mm 厚，荷载大时可相应增加厚度或配筋。混凝土垫层应设分仓缝，缝宽一般为 5～20 mm；纵缝间距为 3～6 m，横缝间距为 6～12 m。

3. 基层

基层多为垫层与地基之间的找平层或填充层，主要起加强地基、帮助结构层传递荷载的作用。基层可就地取材，如北方可用灰土或碎砖、南方多用碎砖石或三合土，均须夯实。

4. 附加层

附加层是为了满足某些特殊使用功能要求而设置的一些层次，如结合层、保温层、防水层、埋设管线层等。其材料常为 1∶6 的水泥焦渣，也可用水泥陶粒、水泥珍珠岩等。

8.3.2　楼地面构造

1. 整体类地面构造

1) 水泥砂浆地面

水泥砂浆地面简称水泥地面。它构造简单，坚固耐磨，防潮、防水，造价低廉，是目前使用最普遍的一种低档地面，如图 8-17 所示。但水泥砂浆地面热导率大，对不采暖的建筑，在严寒的冬季走上去感到寒冷；再加上它的吸水性差，每当空气中湿度大的黄梅天，容易返潮。此外，它还具有易起灰、不易清洁等问题。

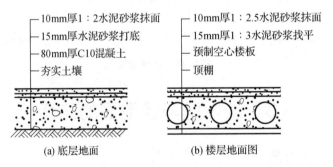

(a) 底层地面　　　(b) 楼层地面图

图 8-17　水泥砂浆地面

2) 水磨石地面

水磨石地面是将用水泥作胶结材料、用大理石或白云石等中等硬度的石屑作骨料而形成的水泥石面层，经磨光打蜡而成。特点是地面坚硬、耐磨、光洁、不透水，装饰效果较好，如图 8-18 所示。造价较水泥砂浆地面高 1～2 倍，常用于卫生间、公共建筑门厅、走廊、楼梯间以及标准较高的房间。

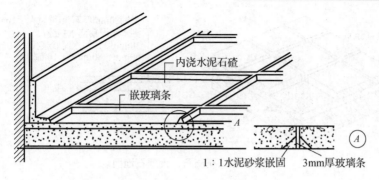

图 8-18　水磨石地面

水磨石地面一般分为两层施工。

先在刚性垫层或结构层上用 10~20 mm 厚 1∶3 的水泥砂浆找平,然后在找平层上按设计图 10 mm 嵌分格条(玻璃条、钢条、铝条等),并用 1∶1 水泥砂浆固定,最后将搅拌好的水泥石屑浆铺入压实,经浇水养护后磨光打蜡。

2. 块材地面

块材地面是利用各种天然或人造的预制块材和板材,通过铺贴形成面层的地面。

特点:易清洁,经久耐用,花色品种多,装饰效果好;但功效低,价格高,属于中高档的地面,用于人流量大、清洁要求和装饰要求高的建筑。

1) 缸砖、瓷砖、陶瓷锦砖地面

缸砖、瓷砖、陶瓷锦砖地面的共同特点是表面致密光洁、耐磨,吸水率低,不变色,属于小型材。铺贴方式为在结构层找平的基础上,用 5~8 mm 厚 1∶1 的水泥砂浆粘贴。砖块间有 3 mm 左右的灰缝,如图 8-19 所示。

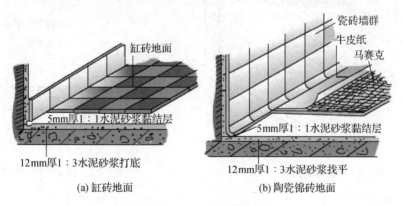

(a) 缸砖地面　　　　　(b) 陶瓷锦砖地面

图 8-19　缸砖瓷砖地面

2) 花岗石板、大理石板地面

花岗石板、大理石板地面如图 8-20 所示。其特点是耐磨性与装饰效果好,但价格昂贵,属于高级地面。

3. 木地面

木地面弹性好,不起尘,易清洁,热导率小,但造价较高,是一种高级地面。

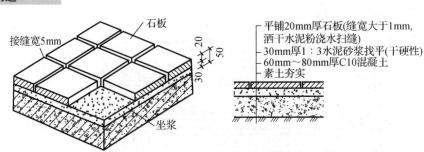

图 8-20　花岗石、大理石地面

木地面按构造方式，可分为空铺式和实铺式两种。

(1) 空铺式木地面。

常用于底层地面，将木地面架空铺设，使板下有足够的空间便于通风，以保持干燥，如图 8-21 所示。

特点：构造复杂、费材料，一般用于要求环境干燥、对地面有较高弹性要求的房间。

(2) 实铺式木地面。

有铺钉式和粘贴式两种做法。铺钉式木地板是在混凝土垫层或楼板上固定小断面和木搁栅，木搁栅断面尺寸一般为 50 mm × 50 mm 或 50 mm × 70 mm，间距为 800～500 mm，然后在木搁栅上铺钉木板材，如图 8-22 所示。

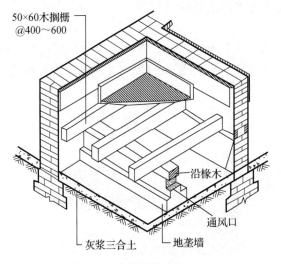

图 8-21　空铺式楼地面

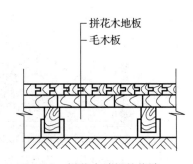

图 8-22　拼花木地板的构造

4. 卷材地面

常见地面卷材有聚氯乙烯塑料地毡、橡胶地毡、各种地毯等，如图 8-23 所示。

特点：卷材地面弹性好，消声性能好，适用于公共建筑和居住建筑。

5. 涂料地面

涂料类地面是利用涂料涂刷而成。它是水泥砂浆或混凝土地面的一种表面处理方式，用以改善水泥砂浆地面在使用和装饰方面的不足。地面涂料品种较多，有溶剂型、水溶型和水乳型等地面涂料。

涂料地面要求水泥地面坚实、平整；涂料与面层黏结牢固，不得有掉粉、脱皮、开裂等现象。同时，涂层的色彩要均匀，表面要光滑、洁净，给人以舒适、明净、美观的感觉。

图 8-23　卷材类地面

8.4　阳台与雨篷

8.4.1　阳台

阳台是建筑物中不可或缺的室内外过渡空间，人们可利用阳台进行晾晒、休息等活动。

1. 阳台的类型

阳台按与外墙的位置关系可分为凸阳台、凹阳台、半凸半凹阳台，如图 8-24 所示。凹阳台实为楼板层的一部分，构造与楼板层相同；而凸阳台的受力构件为悬挑构件，其挑出长度和构造做法必须满足结构抗倾覆的要求。

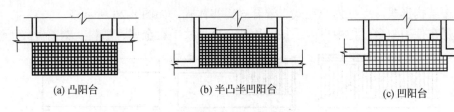

(a) 凸阳台　　　　　(b) 半凸半凹阳台　　　　　(c) 凹阳台

图 8-24　阳台的类型

2. 阳台的设计要求

(1) 安全适用。悬挑阳台挑出长度以 1.2～1.8 m 为宜。低层和多层住宅阳台的栏杆净高不应低于 1.05 m；中高层、高层住宅阳台的栏杆净高不应低于 1.10 m，但也不宜大于 1.2 m。

(2) 坚固耐久。承重结构宜采用钢筋混凝土，金属构件应做防锈处理，表面装修应注意色彩的耐久性和抗污染性。

(3) 排水顺畅。阳台地面标高低于室内地面标高 60 mm 左右，并将地面抹出 5‰排水坡将水导入排气孔，使雨水顺利排出。

3. 阳台的结构布置方式

1) 挑梁式

挑梁式阳台是从横墙上伸出挑梁，阳台板搁置在挑梁上，如图 8-25(a)所示。

特点：结构布置简单，传力直接、明确，阳台长度与房间开间一致。

2) 挑板式

挑板式阳台是直接将阳台板悬挑在墙外的结构形式。当楼板为现浇时宜选择挑板式，悬挑长度一般为 1.2 m 左右，如图 8-25(b)所示。

3) 墙承式

墙承式阳台是将阳台板直接搁置在墙上，由墙来承受阳台传来的荷载，如图 8-25(c)所示。

特点：结构形式稳定、可靠、施工方便，多用于凹阳台。

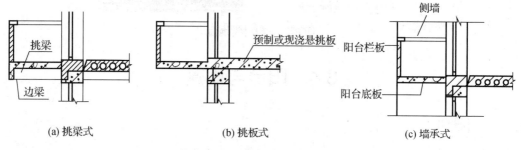

(a) 挑梁式　　　　　　(b) 挑板式　　　　　　(c) 墙承式

图 8-25　阳台的结构布置

4. 阳台的细部构造

1) 阳台栏杆扶手

阳台栏杆的高度一般不宜低于 1.05 m；高层建筑应不低于 1.1 m，栏杆垂直之间的间距不应大于 110 mm。

栏杆按结构形式，可分为空花式、混合式、实体式，如图 8-26 所示。

扶手是在使用阳台过程中供人手扶的构件，栏杆扶手有金属、塑料、钢筋混凝土等。

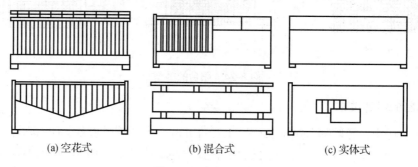

(a) 空花式　　　　　　(b) 混合式　　　　　　(c) 实体式

图 8-26　栏杆的形式

2) 阳台排水

阳台排水有外排水和内排水两种，如图 8-27 所示。

外排水适用于低层和多层建筑，是在阳台外侧设泄水管将水排出，阳台地面向排水口做 1%～2%的坡，排水口内埋设 ϕ80 mm～ϕ50 mm 镀锌钢管或塑料管(称水舌)，外挑长度不少于 80 mm，防雨水溅到下层阳台。

内排水适用于高层建筑，是在阳台内侧设置排水立管和地漏，将雨水直接排入地下管网，保证建筑立面美观。阳台的地面一般要比室内地面低 20～50 mm，并向排水管或地漏处找 0.5%～1%的排水坡。

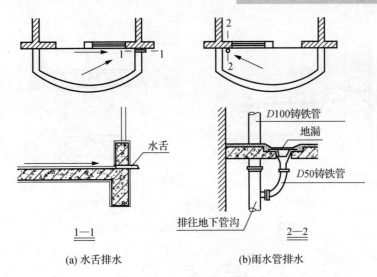

$1—1$　　　　　　　$2—2$

(a) 水舌排水　　　　　　(b)雨水管排水

图 8-27　阳台排水构造

8.4.2　雨篷

雨篷是建筑物入口处位于外门上部用于遮挡雨水、保护门外免受雨水侵害的水平构件，同时对建筑物立面效果起着很重要的作用。

雨篷按材料和结构分，可分为钢筋混凝土雨篷、钢结构雨篷、玻璃采光雨篷、软面折叠多用雨篷等。

1. 钢筋混凝土雨篷

根据结构形式。可分为板式和梁板式。

根据排水情况。可分为自由落水雨篷和有组织排水雨篷。

1) 板式

板式雨篷多用于次要出入口，外挑长度一般为 0.9～1.5 m，板根部厚度应不小于挑出长度的 1/12，雨篷宽度比门洞楣宽 250 mm，顶面距过梁顶面 250 mm 高，底板抹灰可采用 1：2 的水泥砂浆内掺 5%防水剂的防水砂浆，厚度为 15 mm，如图 8-28(a)所示。

2) 梁板式

梁板式雨篷多用在宽度较大的出入口，悬挑梁从建筑物柱挑出，为使底板平整，多做成倒梁式，如图 8-28(b)所示。

2. 钢结构雨篷

钢结构雨篷由支撑系统、骨架系统和面板系统组成。

特点：结构和造型简练、轻巧、灵活，使用广泛。

3. 玻璃采光雨篷

玻璃采光雨篷多采用玻璃-钢结构结合的方式，这种雨篷具有良好的采光效果、质轻、施工便捷的特点。

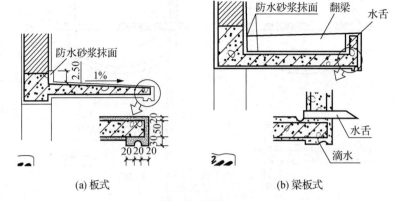

(a) 板式　　　　　　　　　(b) 梁板式

图 8-28　钢筋混凝土雨篷的两种结构形式

思 考 题

8-1　楼板层、地坪层的相同与不同之处有哪些？其基本组成有哪些？

8-2　楼板按施工方法如何分类？各自的特点是什么？

8-3　现浇钢筋混凝土楼板的种类及其传力特点是什么？

8-4　什么是单向板？什么是双向板？

8-5　常见的地面可分为几类？各种地面的构造有何要求？

8-6　雨篷的作用是什么？其构造有哪些？

第9章　楼梯与电梯的构造

【知识目标】

(1) 了解几种常见楼梯间的平面布局和适用条件。

(2) 掌握楼梯的组成和尺度要求。

(3) 掌握钢筋混凝土楼梯构造。

(4) 掌握电梯构造。

(5) 了解台阶与坡道构造。

(6) 了解无障碍设计。

【能力目标】

(1) 能够识读并绘制楼梯构造图。

(2) 会进行楼梯的构造设计。

建筑物各个不同楼层之间的联系需要有上、下交通设施，该项设施有楼梯、电梯、自动扶梯、台阶、坡道及爬梯等。楼梯作为竖向交通和人员紧急疏散的主要交通设施，使用最为广泛。

楼梯设计要求：坚固、耐久、安全、防火；做到上下通行方便，能搬运必要的家具物品，有足够的通行和疏散能力。另外，楼梯还应有一定的美观要求。电梯用于层数较多或有特殊需要的建筑物中，而即使以电梯或自动扶梯为主要交通设施的建筑物，也必须同时设置楼梯，以便紧急疏散时使用。在建筑物入口处，因室内外地面的高差而设置的踏步段，称为台阶。为方便车辆、轮椅通行，也可增设坡道。坡道也可用于多层车库、医疗建筑中的无障碍交通设施。爬梯专用于检修等。

9.1　楼梯概述

楼梯一般由楼梯段、楼梯平台(楼层平台和中间平台)、栏杆(或栏板)扶手三大部分组成。楼梯示意图如图9-1所示。

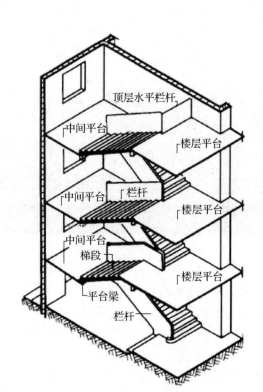

图 9-1 楼梯的组成

9.1.1 楼梯的组成

1. 楼梯段

楼梯段是楼梯的基本组成部分,供建筑物上下楼层之间通行,由若干个踏步所构成的倾斜构件,也称楼梯跑。踏步的水平上表面称为踏面,与踏面垂直的面称为踢板。两个楼梯段之间的空隙称为梯井。楼梯段通常可分为板式梯段和梁板式梯段两种。

考虑到人们连续上楼梯的舒适度,每个楼梯段的踏步数一般不应超过 18 级,同时踏步数也不应少于 3 级。

2. 楼梯平台

楼梯平台是连接两个楼梯段的水平构件,按其所处位置,分为楼层平台和中间平台。楼层平台所起的作用为连接楼面板和楼梯段,分配从楼梯口到达各楼层的人流,其标高与所连接楼面板的标高一致。两楼层之间的平台称为中间平台,其作用是改变楼梯段走向和供行人中途休息。

3. 栏杆(或栏板)扶手

栏杆或栏板是安装在楼梯段和平台的临空边缘的安全防护构件,要求坚固可靠,并保证有足够的安全高度。栏杆或栏板上部供人用手扶持的配件称为扶手。扶手也可附设于墙上,称为靠墙扶手。

楼梯应至少在一侧设扶手,梯段净宽达 3 股人流时应两侧设扶手,达 4 股人流时宜加设中间扶手。

9.1.2　楼梯的类型

楼梯的类型有多种分类方法。

1. 按材料划分

楼梯可分为木楼梯、钢筋混凝土楼梯、钢楼梯及混合材料楼梯。

2. 按楼梯位置划分

楼梯可分为室内楼梯和室外楼梯。

3. 按楼梯使用性质划分

楼梯可分为主楼梯、辅助楼梯、疏散楼梯、消防楼梯。

4. 按楼梯平面形式划分

楼梯平面形式可分为很多种。

1) 直行单跑楼梯

直行单跑楼梯没有中间平台，楼梯段长、方向单一、结构简单，由于踏步数一般不超过 18 级，常用于层高较低的建筑，如图 9-2(a)所示。

2) 直行多跑楼梯

直行多跑楼梯是在楼梯段中间部位增设了中间平台，将单梯段变为多梯段，常设置为双跑梯段。适用于层高较大的建筑，常用于大型的公共建筑中，如体育馆、火车站、展览馆等。直行多跑楼梯给人以直接、顺畅和庄严的感觉，能满足人流快速疏散的需求，如图9-2 (b)所示。

3) 平行双跑楼梯

平行双跑楼梯是民用建筑中最常采用的一种楼梯形式，比直跑楼梯节约占地面积并缩短行走距离，使用方便，如图 9-2(c)所示。

4) 平行双分(平行双合)楼梯

图 9-2(d)所示为平行双分楼梯，这种形式楼梯是在平行双跑楼梯基础上发展起来的，第一跑设置在中间部位，方向为上行；然后在中间平台处往两边分流，各向上一跑至上部楼层。通常在人流多、楼段宽度有较大空间时采用。

图 9-2(e)所示为平行双合楼梯。此种楼梯与平行双分楼梯类似，区别仅在于起步向上的第一跑梯段设置在两侧，至上部楼层的第二跑在中间。

5) 折行双跑楼梯

折行双跑楼梯主要是能较自由地导向人流，其折角可变，可为 90°，也可大于或小于90°，如图 9-2(f)所示。

6) 折行三跑楼梯

折行三跑楼梯造型美观，常布置在公共建筑的门厅处。但存在较大的梯井，不宜用于高层和人流较大的公共建筑中，如图 9-2(g)所示。

在设有电梯的建筑中，常可利用折行三跑楼梯的较大梯井作为电梯间，形成设电梯折行三跑楼梯，常用于层高较大的公共建筑中，如图 9-2(h)所示。

7) 交叉跑(剪刀)楼梯

图 9-2(i)所示为交叉跑楼梯，可认为是由两个直行单跑楼梯交叉并列布置而成，通行的人流量较大，且为上下楼层的人流提供了两个方向，但仅适合层高小的建筑。

当层高较大时，如图 9-2(j)所示的剪刀楼梯，通过设置的中间平台将两边的楼梯连接起来，中间平台解决了两个方向人流的相互通达，适用于层高较大且有楼层人流多向性选择要求的建筑，如商场、多层食堂等。

8) 螺旋形楼梯

如图 9-2(k)所示，螺旋形楼梯通常是围绕一根单柱布置，平面呈圆形。其平台和踏步均为扇形平面，踏步内侧宽度很小，能形成较陡的坡度，但行走时不安全，且构造较复杂，因此螺旋形楼梯不适合作为疏散楼梯，但由于其流线型造型美观，常作为建筑小品布置在庭院或室内。

为了克服螺旋形楼梯内侧坡度过陡的缺点，在较大型的楼梯中，可将其中间的单柱变为群柱或筒体，以改善踏步内侧宽度很小的问题。

9) 弧形楼梯

如图 9-2(l)所示，弧形楼梯与螺旋形楼梯的不同之处在于它围绕一较大的轴心空间旋转，未构成水平投影圆，造型流畅美观，常用于酒店大厅。其结构和施工难度较大，通常采用现浇钢筋混凝土结构。

5. 按楼梯间形式划分

楼梯可分为开敞式楼梯、封闭式楼梯、防烟楼梯等，如图 9-3 所示。

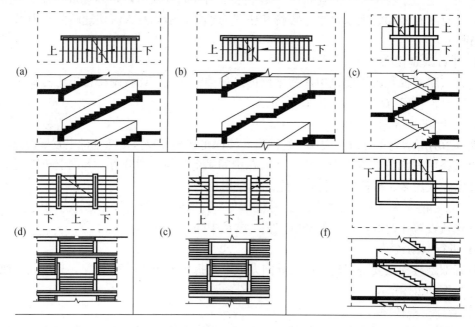

图 9-2 楼梯形式示意图

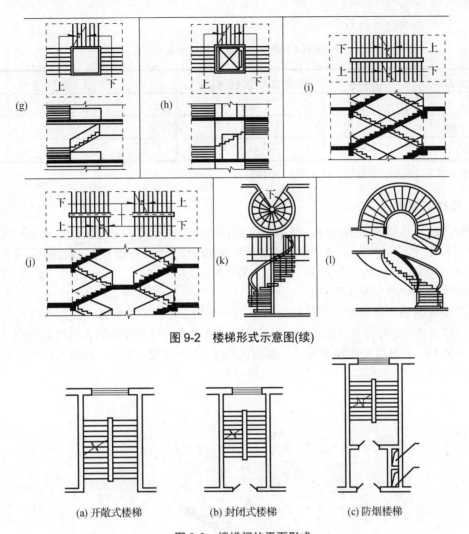

图 9-2 楼梯形式示意图(续)

(a) 开敞式楼梯   (b) 封闭式楼梯   (c) 防烟楼梯

图 9-3 楼梯间的平面形式

9.1.3 楼梯的设置与尺寸

由于楼梯是建筑中重要的垂直交通设施,对建筑的正常使用和安全性负有不可替代的责任。因此,不论是建设管理部门、消防部门还是设计者,都对楼梯的设计给予了足够的重视。

1. 楼梯的设置

楼梯在建筑中的位置应当标志明显、交通便利、方便使用。楼梯应与建筑的出口关系紧密、连接方便,楼梯间的底层一般均应设置直接对外出口。当建筑中设置数部楼梯时,其分布应符合建筑内部人流的通行要求。

除个别的高层住宅之外,高层建筑中至少要设两个或两个以上的楼梯。普通公共建筑一般至少要设两个或两个以上的楼梯,如符合表 9-1 的规定,也可以只设一个楼梯。

设有不少于两个疏散楼梯的一、二级耐火等级的公共建筑,如顶层局部升高时,其高出部分的层数不超过两层,每层建筑面积不超过 200 m²,人数之和不超过 90 人时,可设一

个楼梯。但应另设一个直通平屋面的安全出口。

表 9-1　设置一个疏散楼梯的条件

耐火等级	层　级	每层最大建筑面积/m^2	人　数
一、二级	二、三层	500	第二、三层人数之和不超过 100 人
三级	二、三层	200	第二、三层人数之和不超过 50 人
四级	二层	200	第二层人数之和不超过 30 人

注：本表不适用于医院、疗养院、托儿所、幼儿园。

2. 楼梯的坡度

楼梯的坡度即楼梯段的坡度，是指梯段中各级踏步前缘的假定连线与水平面形成的夹角；也可以采用另一种表示法，即指用踏步的高宽比表示。普通楼梯的坡度范围一般在20°～49°之间，合适的一般为30°左右，最佳坡度为 26°34′。当坡度小于 20°时采用坡道；当坡度大于 49°时采用爬梯。

确定楼梯的坡度应根据房屋的使用性质、行走的方便和节约楼梯间的面积等多方面因素综合考虑。楼梯、爬梯及坡道的坡度范围如图 9-4 所示。对于使用的人员情况复杂且使用较频繁的楼梯，其坡度应比较平缓，一般可采用 1：2 的坡度；反之，坡度可以较大些，一般采用 1：1.9 左右的坡度。

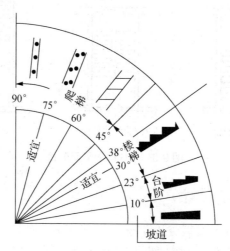

图 9-4　楼梯、爬梯及坡道的坡度范围

3. 楼梯踏步尺寸

楼梯的踏步尺寸包括踏面宽度和踢面高度，如图 9-5(a)所示。在工程实际中，踏步高宽比决定了楼梯的坡度，其比值为 1：2 左右。踏步的尺寸应根据人体的步距及脚长来确定其数值，所确定的踏步宽度和踏步高度应符合下列关系之一：$h + b = 490$ mm；$2h + b = 600 \sim 620$ mm；$600 \sim 620$ mm 为一般人行走时的平均步距。

通常情况下，踏步的高度，成人以 150 mm 左右较适宜，不应高于 179 mm。踏步的宽度以 300 mm 左右为宜，不应窄于 260 mm。对于公共建筑，最常用的楼梯踏步高和宽一般取 150 mm 和 300 mm。为了增加行走舒适度，常将踏步出挑 20～30 mm，使实际宽度增加，如图 9-5(b)和图 9-5(c)所示。

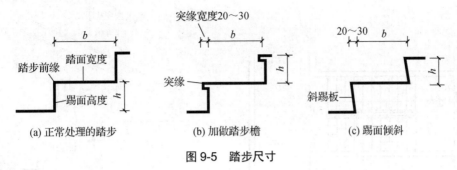

图 9-5　踏步尺寸

4. 楼梯段及平台尺寸

楼梯段和平台构成了楼梯的行走通道，是楼梯设计时需要重点解决的核心问题。由于楼梯的尺度比较精细，因此应当严格按设计意图进行施工。

1) 楼梯段的尺度

梯段的宽度取决于同时通过的人流股数及家具、设备搬运所需空间尺寸。供单人通行的楼梯净宽度应不小于 900 mm，双人通行为 1100～1400 mm，3 人通行为 1690～2100 mm。梯段的净宽是指楼梯扶手中心线至墙面或靠墙扶手中心线的水平距离。

2) 楼梯平台宽度

楼梯平台宽度有中间平台宽度和楼层平台宽度。楼梯平台净宽不应小于楼梯梯段净宽，并不得小于 1200 mm。

当楼梯的踏步数为单数时，休息平台的计算点应在楼梯段较长的一边。楼梯间房间门距踏步宽度应取门扇宽再加 400～600 mm 的通行距离。为方便扶手转弯，休息平台宽度应取楼梯段宽度再加 1/2 踏步宽。

开敞楼梯间的楼层平台已经同走廊连在一起，此时平台净宽可以小于上述规定，使楼梯起步点自走廊边线内退一段距离不小于 900 mm 即可，如图 9-6 所示。

5. 栏杆扶手尺寸

楼梯栏杆(或栏板)扶手的高度是指踏步前缘至扶手顶面的垂直距离，室内楼梯扶手高度不宜小于 900 mm。靠楼梯井一侧水平扶手长度超过 0.9 m 时，其高度不应小于 1090 mm。对于教学楼楼梯，室外楼梯及水平栏杆(或栏板)的高度不应小于 1100 mm。楼梯扶手应采用竖向栏杆，且杆件间净宽不应大于 110 mm。

幼儿园建筑的楼梯应增设幼儿扶手，其高度不应大于 600 mm，以适应儿童的身高，如图 9-7 所示。

6. 楼梯的净空高度

为了满足行人正常通行和舒适度及家具设备的搬运需要，楼梯要有一定的净空高度。楼梯的净空高度包括楼梯段的净高和平台过道处的净高，如图 9-8 所示。

楼梯段的净高是指下层梯段踏步前缘至其正上方梯段下表面的垂直距离，楼梯段间净高不应小于 2200 mm，平台过道处的净高是指平台过道表面至上部结构最低点(如平台梁)的垂直距离，平台过道处的净高不应小于 2000 mm。最低和最高一级踏步前缘线与顶部凸出构件的内边缘线的水平距离不应小于 300 mm。

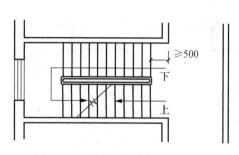

图 9-6　开敞楼梯间楼层平台宽度

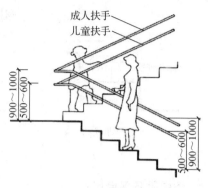

图 9-7　栏杆扶手高度

当楼梯底层中间平台下作为通道时，为了使平台净高满足要求，常采用以下几种处理方法。

(1) 局部降低底层楼梯中间平台下的地面标高，使其低于底层室内标高±0.000 而高于室外地坪标高，以满足净空高度要求，如图 9-9(a)所示。但应注意，降低后的室内地面标高至少应比室外地面高出一级台阶的高度，同时底层的台阶前缘线与顶部平台梁的内边缘之间的水平距离不应小于 300 mm。

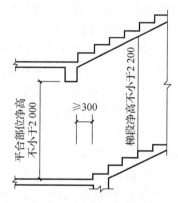

图 9-8　楼梯的净空高度

(2) 将底层变作长短跑梯段，即增加楼梯底层第一跑的踏步数量，抬高底层中间平台，如图 9-9(b)所示。这种方式要求楼梯间有较大进深。

(3) 将上述两种方法结合，即降低楼梯中间平台下的地面标高的同时，也增加楼梯底层第一跑的踏步数量，如图 9-9(c)所示。

(4) 可采用底层用直跑楼梯直接从室外上二层，如图 9-9(d)所示。这种方式常用于住宅建筑，设计时需注意入口处雨篷底面标高的位置，保证净空高度不小于 2200 mm。

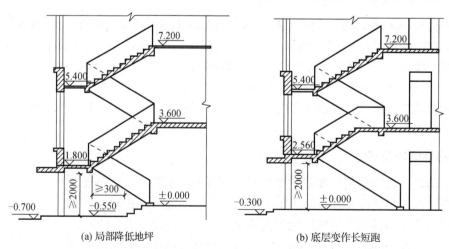

(a) 局部降低地坪　　　　　　　　　　(b) 底层变作长短跑

图 9-9　底层中间平台下作出入口时的处理方式

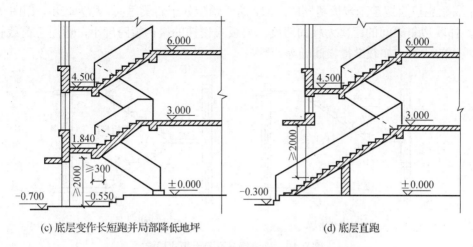

(c) 底层变作长短跑并局部降低地坪　　　　　(d) 底层直跑

图 9-9　底层中间平台下作出入口时的处理方式(续)

9.2　钢筋混凝土楼梯的构造

钢筋混凝土楼梯具有坚固耐久、节约木材、防火性能好、可塑性强等优点，目前已得到广泛应用。按其施工方式，可分为现浇整体式和预制装配式钢筋混凝土楼梯。

9.2.1　现浇整体式钢筋混凝土楼梯

现浇式钢筋混凝土楼梯的楼梯段和平台是同时整体浇筑，能充分发挥钢筋混凝土的可塑性，结构整体性好，刚度大，坚固耐久，利于结构的抗震。但模板耗费较大，施工周期较长，自重较大。适用于较小且抗震要求较高的建筑中，对于螺旋形楼梯、弧形楼梯等特殊异形的楼梯也宜采用。

现浇式钢筋混凝土楼梯按结构形式不同，主要分为板式楼梯和梁板式楼梯。

1. 板式楼梯

板式楼梯是将楼梯段作为一块板考虑，板的两端支承在休息平台的边梁上，休息平台的边梁支承在两侧墙或柱上。板式楼梯的结构简单，板底平整，施工方便。板式楼梯的板跨度在 3 m 以内时比较经济，即平台梁之间的距离。板式楼梯的构造示意如图 9-10(a)所示。

为保证平台过道处的净空高度，可在板式楼梯的平台位置取消平台梁，形成无平台梁的折板式楼梯，如图 9-10(b)所示，此时梯段板的厚度会偏大。折板式楼梯的跨度为梯段水平投影长度与平台深度之和。

2. 梁板式楼梯

梁板式楼梯由踏步板和梯段斜梁组成。楼梯的踏步板支承在斜梁上，斜梁支承在平台梁上，平台梁再支承在墙(或柱)上。梯段斜梁可以在踏步板的下面、上面或侧面。

按斜梁所在部位，可分为梁承式、梁悬臂式等。

1) 梁承式

梯段斜梁一般设两根，设置于踏步板两侧的下部，此时踏步外露，称为明步，如图 9-11(a)

所示；斜梁也可设置于踏步板两侧的上部，这时踏步处于斜梁里面，称为暗步，如图 9-11(b) 所示。梯段边斜梁间的距离为板的跨度。梁板式楼梯的楼梯板跨度小，适用于荷载较大、层高较大的建筑，如教学楼、商场等。

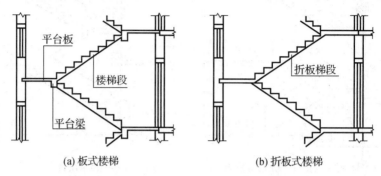

(a) 板式楼梯　　　　　　　　　(b) 折板式楼梯

图 9-10　现浇钢筋混凝土板式楼梯

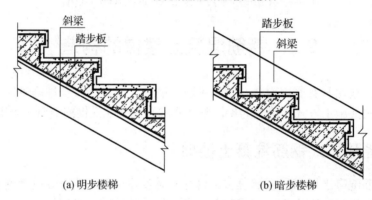

(a) 明步楼梯　　　　　　　　　(b) 暗步楼梯

图 9-11　明步楼梯和暗步楼梯

2) 梁悬臂式

梁悬臂式楼梯通常有两种形式：一种是在踏步板的一侧设斜梁，将踏步板的另一侧搁置在楼梯间墙上，如图 9-12(a)所示；另一种是将斜梁布置在踏步板的中间，踏步板向两侧悬挑，图 9-12(b)所示梯段的踏步板断面形式有平板式、折板式和三角形板式。梁悬臂式楼梯受力较复杂，尤其是像图 9-12(b)所示的单梁式，其外形轻巧、美观，多用于对建筑空间造型有较高要求的情况。

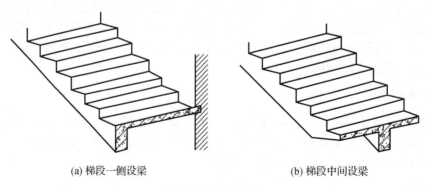

(a) 梯段一侧设梁　　　　　　　　　(b) 梯段中间设梁

图 9-12　梁式楼梯

9.2.2　预制装配式钢筋混凝土楼梯

预制装配式钢筋混凝土楼梯是将楼梯分成休息板、楼梯梁、楼梯段 3 个组成部分。这些构件是在加工厂或施工现场进行预制，施工时将预制构件进行装配、焊接。采用预制装配式钢筋混凝土楼梯可提高建筑工业化施工水平，节约模板，缩短工期，但其整体性及抗震性不及现浇钢筋混凝土楼梯。

根据组成楼梯的构件尺寸及装配的程度，预制装配式钢筋混凝土楼梯可分为小型构件装配式、中型及大型构件装配式。

1. 小型构件装配式楼梯

小型构件装配式楼梯是将楼梯的梯段和平台划分为若干个部分，分别预制成小构件装配而成，其主要预制构件是踏步板、梯段梁、平台梁和平台板等。小型构件装配式楼梯，可分为梁承式、墙承式和悬臂踏步式 3 种。

1) 梁承式楼梯

预制装配梁承式钢筋混凝土楼梯系指梯段由平台梁支承的楼梯构造方式。

预制构件可按梯段(梁板式或板式梯段)、平台梁、平台板三部分进行划分，如图 9-13 所示。

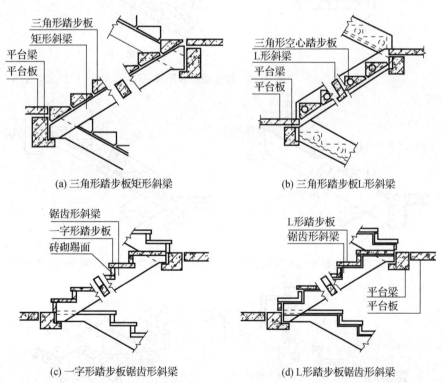

图 9-13　预制装配梁承式楼梯

(1) 梯段。

梁板式梯段：由梯斜梁和踏步板组成。踏步板支承在两侧梯斜梁上，梯斜梁两端支承在平台梁上。由于构件小型化，不需大型起重设备即可安装，施工简便，如图 9-13(a)所示。

板式梯段：为整块或数块带踏步条板，没有梯斜梁。梯段底面平整，结构厚度小，其上、下端直接支承在平台梁上，增大了平台下净空高度，如图 9-13(b)所示。

(2) 踏步板。

钢筋混凝土预制踏步断面形式有一字形、L 形、三角形等，断面形式如图 9-14 所示。

(3) 梯斜梁。

梯斜梁有矩形断面、L 形断面和锯齿形断面 3 种。

锯齿形断面梯斜梁主要用于搁置一字形、L 形断面踏步板。矩形断面和 L 形断面梯斜梁主要用于搁置三角形断面踏步板，梯斜梁的形式如图 9-15 所示。

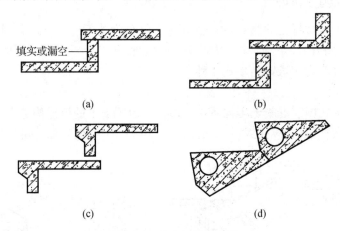

图 9-14 踏步板断面形式

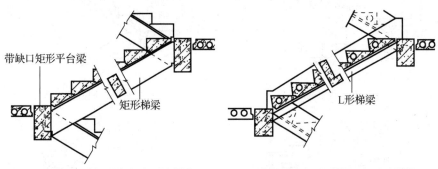

(a) 三角形踏步与矩形梯梁组合(明步楼梯)   (b) 三角形踏步与L形梯梁组合(暗步楼梯)

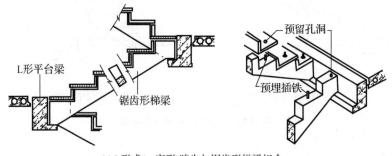

(c) L形或(一字形)踏步与锯齿形梯梁组合

图 9-15 预制梯段斜梁的形式

(4) 平台梁。

为了便于支承梯斜梁或梯段板，减少平台梁占用的结构层高，通常将平台梁做成 L 形截面，梁高度按 $L/12$ 估算(L 为平台梁跨度)，平台梁截面尺寸如图 9-16 所示。

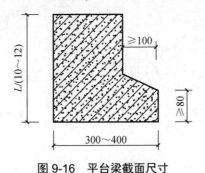

图 9-16　平台梁截面尺寸

(5) 平台板。

平台板可根据需要采用钢筋混凝土空心板、槽板或平板。平台板通常平行于平台梁布置，当垂直于平台梁布置时，常采用平板，如图 9-17 所示。图 9-17(a)中的平台板两端支承在楼梯间侧墙上，与平台梁平行布置，图 9-17(b)所示的平台板与平台梁垂直布置。

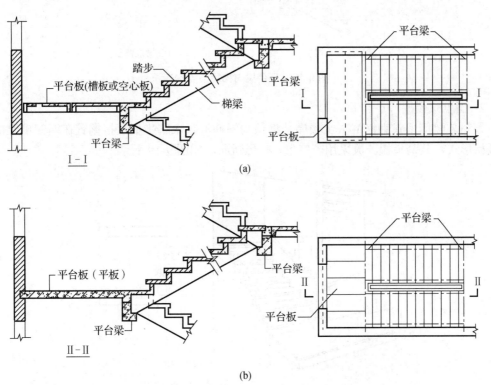

图 9-17　梁承式梯段与平台的结构布置

(6) 平台梁与梯段节点构造。

根据两个梯段的关系，分为齐步梯段和错步梯段。根据平台梁与梯段之间的关系，有埋步和不埋步两种节点构造方式，如图 9-18 所示。

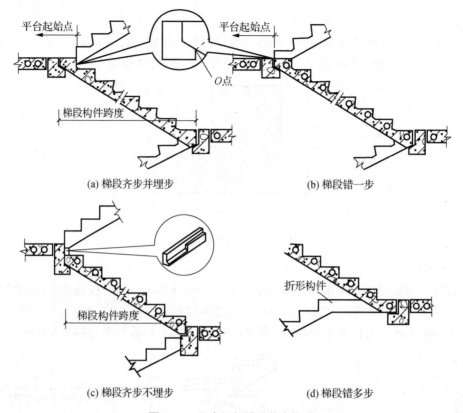

(a) 梯段齐步并埋步　　　　　　　　(b) 梯段错一步

(c) 梯段齐步不埋步　　　　　　　　(d) 梯段错多步

图 9-18　平台梁与梯段节点构造

2) 墙承式楼梯

预制装配墙承式钢筋混凝土楼梯是将预制钢筋混凝土踏步板直接搁置在两侧墙上的一种楼梯形式，其踏步板一般采用一字形、L 形断面，如图 9-19 所示。

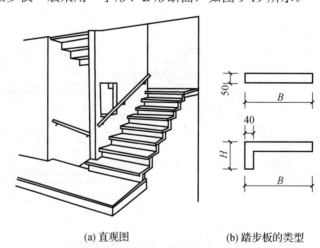

(a) 直观图　　　　　　　　(b) 踏步板的类型

图 9-19　预制装配墙承式楼梯

这种楼梯适用于单向楼梯，对于平行双跑楼梯，由于在梯段之间有墙，使得视线、光线受到阻挡，通常在中间墙上开设观察口，以改善视线和采光。

3) 悬臂式楼梯

预制装配墙悬臂式钢筋混凝土楼梯是将预制钢筋混凝土踏步板一端嵌固于楼梯间侧墙上，另一端形成悬挑的楼梯形式，如图 9-20 所示。用于嵌固踏步板的墙体厚度不应小于240 mm，踏步板的悬臂长度可达 1.9 m，踏步板一般采用 L 形带肋断面形式，其入墙嵌固端一般做成矩形断面，嵌入深度为 240 mm。悬臂踏步式楼梯间整体刚度差，不能用于有抗震设防要求的地区。

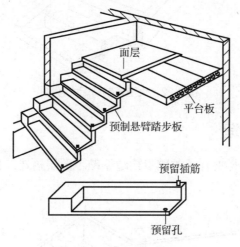

图 9-20　预制装配悬臂式楼梯

2. 中型构件装配式楼梯

中型构件装配式楼梯一般由梯段板和带有平台梁的平台板构成。当起重能力有限时，可将平台梁和平台板分开。这种构造做法的平台板，可以采用预制钢筋混凝土槽形板或空心板，如图 9-21 所示。中型与小型构件装配式楼梯相比，可减少构件数量、加快施工速度。

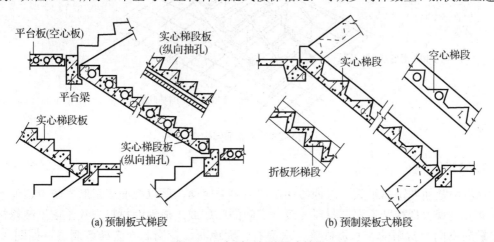

| (a) 预制板式梯段 | (b) 预制梁板式梯段 |

图 9-21　中型预制装配式楼梯

3. 大型构件装配式楼梯

大型构件装配式楼梯是将整个梯段和平台预制成一个整体构件，如图 9-22 所示。

特点：楼梯的装配化程度高，施工速度快，但需有大型吊装设备，常用于预制装配式建筑。

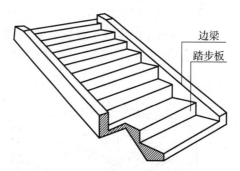

图 9-22　大型预制装配式楼梯

9.2.3　楼梯细部构造

楼梯细部构造是指楼梯的梯段与踏步构造、踏步面层构造及栏杆、栏板构造等细部的处理，如图 9-23 所示。

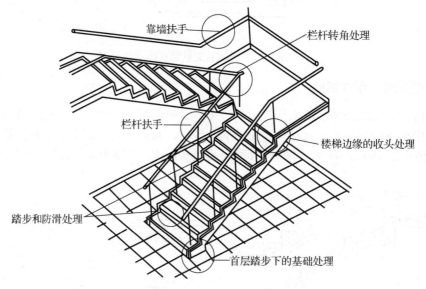

图 9-23　楼梯细部构造

1. 踏步

踏步由踏面和踢面组成。因为楼梯在使用中易磨损，所以踏面应耐磨、防滑、便于清洗，并应美观。楼梯踏步面层材料一般与房间的门厅或走道地面材料一致。依据装修标准与要求的不同，常用的有水泥砂浆、水磨石、大理石、花岗石、缸砖等面层，如图 9-24 所示。

由于踏步踏面行走中，行人容易滑跌，因此在踏面前缘应设置防滑措施，尤其是人流较为密集的公共建筑物的楼梯，同时踏步前缘也是易磨损部位，容易与其他硬物发生碰撞，设置防滑条可以起到有效的防滑及保护作用。常用的防滑条材料有水泥铁屑、金刚砂、金属条(铸铁、铝条、铜条)、陶瓷锦砖及带防滑条缸砖等，如图 9-25 所示。实际工程中防滑条凸出踏步面不能太高，一般凸出踏步面 2~3 mm。

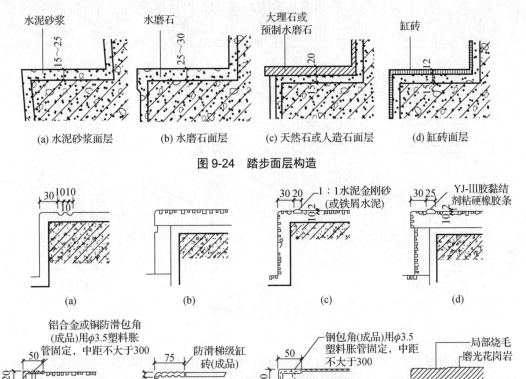

(a) 水泥砂浆面层　　(b) 水磨石面层　　(c) 天然石或人造石面层　　(d) 缸砖面层

图 9-24　踏步面层构造

图 9-25　踏步防滑处理

2. 栏杆与栏板

栏杆和栏板均为保护行人上下楼梯的安全围护措施。设置在楼梯或平台临空的一侧。

1) 栏杆

栏杆多采用方钢、圆钢、钢管或扁钢等材料焊接或铆接而成，并可形成各种图案，既起防护作用，又起装饰作用，如图 9-26 所示。为了确保人身安全，栏杆高度不得小于 900 mm，栏杆垂直杆件的净空隙不应大于 110 mm。

栏杆与梯段及平台必须有可靠的连接，连接方式有锚接、焊接和栓接 3 种。

锚接是在踏步上预留孔洞，然后将钢条插入孔内，预留孔一般为 90 mm×90 mm，插入洞内至少 80 mm，洞内浇注水泥砂浆或细石混凝土嵌固；焊接则是在浇注楼梯踏步时，在需要设置栏杆的部位，沿踏面预埋钢板或在踏步内埋套管，然后将钢条焊接在预埋钢板或套管上；栓接系指利用螺栓将栏杆固定在踏步上，方式可有多种，如图 9-27 所示。

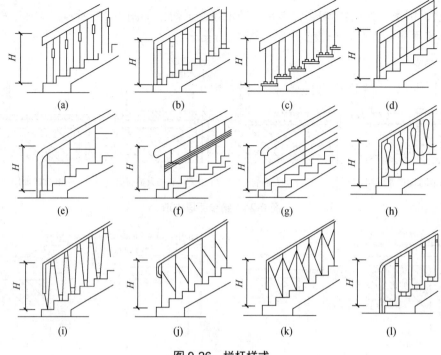

图 9-26 栏杆样式

2）顶层水平栏杆

顶层的楼梯间应加设水平栏杆，以保证人身安全。顶层栏杆靠墙处的做法是将铁板伸入墙内，并弯成燕尾形，然后浇灌混凝土，也可以将铁板焊于柱身铁件上，如图 9-28 所示。

3）栏板

栏板多用钢筋混凝土或加筋砖砌体制作，也有用钢丝网水泥板制作的。

钢筋混凝土栏板有预制和现浇两种，如图 9-29 所示。栏板可节约钢材，无锈蚀问题，比较安全。

4）组合式栏杆

组合式栏杆是将栏杆和栏板相组合而形成的一种栏杆形式。栏杆竖杆作为主要抗侧力构件，栏板则作为防护和美观装饰构件，其栏杆竖杆常采用钢材或不锈钢等材料制作，栏板部分常采用轻质美观材料制作，如木板、塑料贴面板、铝板、有机玻璃板和钢化玻璃板等，如图 9-30 所示。

3. 扶手

扶手位于栏杆或栏板的顶部，通常用木材、塑料、钢管等材料做成。扶手的断面应考虑人的手掌尺寸，并注意断面的美观。硬木扶手、塑料扶手与金属栏杆的连接，通常是在金属栏杆的顶端先焊接一根通长扁钢，然后再用木螺钉将扁钢与扶手连接在一起。扶手与栏杆的连接方法视扶手和栏杆的材料而定；金属扶手与金属栏杆常用焊接连接。栏板上的扶手多采用抹水泥砂浆或水磨石粉面的处理方式，如图 9-31 所示。

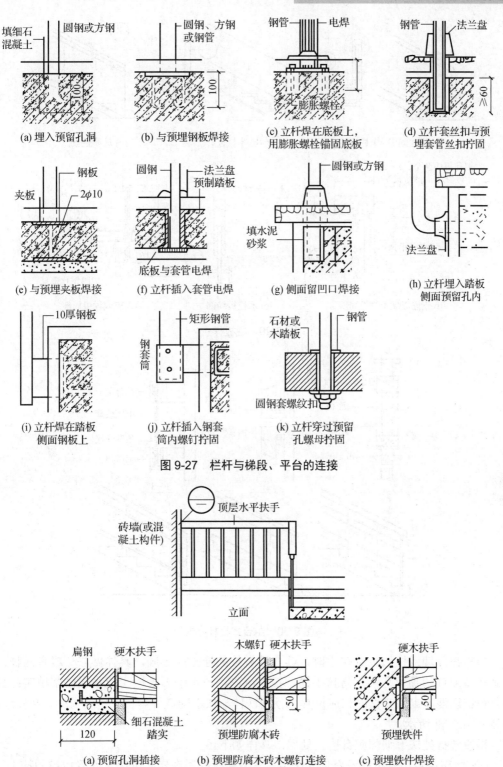

图 9-27　栏杆与梯段、平台的连接

图 9-28　顶层栏杆及扶手入墙做法

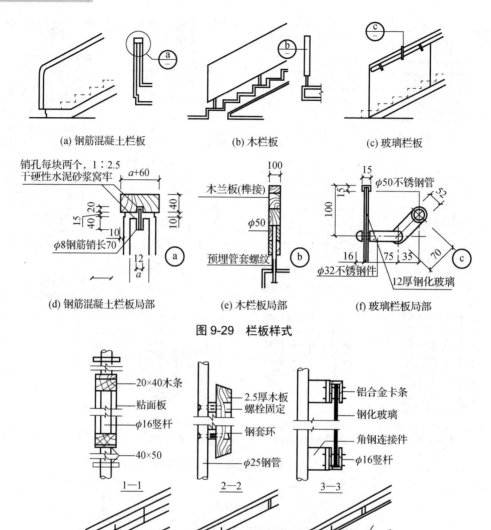

图 9-29　栏板样式

图 9-30　组合式栏杆样式

当需在靠墙或柱边设置扶手时，其与墙和柱的连接应牢固，具体做法一般有两种：一种是在墙或柱边预留孔洞，将扶手铁件插入洞内，再用细石混凝土或水泥砂浆填实；另一种是在钢筋混凝土墙或柱的相应位置上预埋铁件与扶手的铁件焊接，也可用膨胀螺栓连接。具体如图 9-32 所示。

梯段转折处扶手细部应有恰当处理，具体如下。

(1) 如果扶手在转折处没有伸入平台，下跑梯段扶手在转折处需上弯形成鹤颈扶手，也可采用直线转折的硬接方式，如图 9-33(a)所示。

(2) 当上下梯段齐步时，上下扶手在转折处同时向平台延伸半步，使两扶手高度相等，连接自然，但这样做缩小了平台的有效深度，如图 9-33(b)所示。

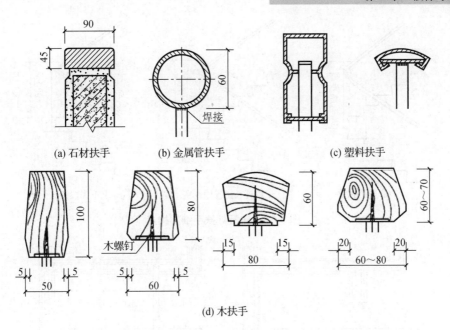

(a) 石材扶手   (b) 金属管扶手   (c) 塑料扶手

(d) 木扶手

图 9-31 扶手样式

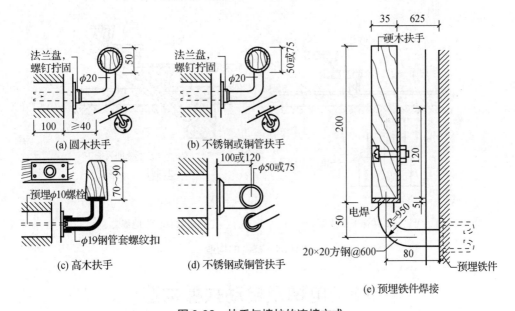

(a) 圆木扶手   (b) 不锈钢或铜管扶手

(c) 高木扶手   (d) 不锈钢或铜管扶手

(e) 预埋铁件焊接

图 9-32 扶手与墙柱的连接方式

(3) 当上下梯段错一步时,扶手在转折处不需向平台延伸即可自然连接。当长短跑梯段错开几步时,将出现一段水平栏杆,如图 9-33(c)所示。

4. 楼梯的基础

首层第一个踏步下应有基础支撑,简称梯基。梯基的做法有两种:一是楼梯直接设砖、石或混凝土基础,如图 9-34(a)所示;另一种是基础与踏步之间加设地基梁,楼梯支承在钢筋混凝土地基梁上,如图 9-34(b)所示。

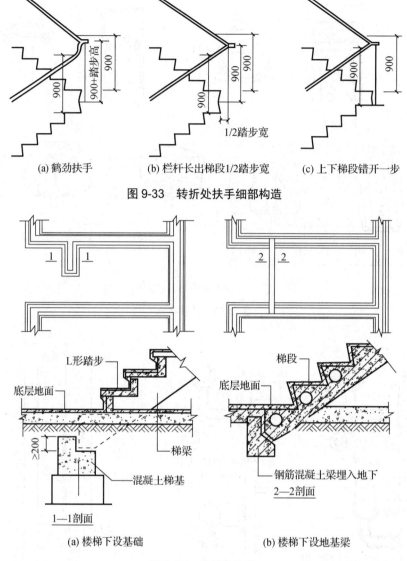

(a) 鹤劲扶手   (b) 栏杆长出梯段1/2踏步宽   (c) 上下梯段错开一步

图 9-33　转折处扶手细部构造

(a) 楼梯下设基础   (b) 楼梯下设地基梁

图 9-34　梯基的构造

9.3　电梯及自动扶梯构造

9.3.1　电梯

电梯是解决垂直交通的另一种措施，它运行速度快，可以节省时间和人力。根据现行《住宅设计规范》(GB 50096—2001)规定：7层及7层以上的住宅或住户入口层楼面距室外设计地面的高度超过16 m以上的住宅必须设置电梯。12层及12层以上的高层住宅，每栋楼设置电梯不应少于2台，其中宜配置1台可容纳担架的电梯。

1. 电梯的类型

按使用性质，电梯可分为乘客电梯、客货电梯、医用电梯、载货电梯、杂物电梯、消防电梯等，如图 9-35 所示。

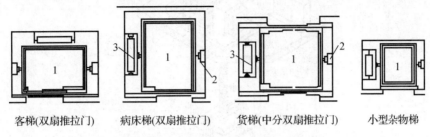

| 客梯(双扇推拉门) | 病床梯(双扇推拉门) | 货梯(中分双扇推拉门) | 小型杂物梯 |

图 9-35　电梯类型与井道平面示意图

1—电梯厢；2—轨道及撑架；3—平衡重

按电梯行驶速度可分为：高速电梯，速度大于 2 m/s；中速电梯，速度在 1.0～2 m/s 之间；低速电梯，速度在 1.0 m/s 以下。

2. 电梯的组成

电梯主要由井道、机房和地坑三大构造部分组成。

1) 电梯井道

电梯井道是电梯运行的通道，井道内包括出入口、电梯轿厢、导轨、导轨撑架、平衡重及缓冲器等，如图 9-36 所示。电梯井道是建筑中各层贯通的垂直通道，易引起火灾及烟雾的蔓延，因此井道四周应为防火结构，井道壁多为钢筋混凝土井壁或框架填充墙井壁。为了降低电梯在运行时产生的振动和噪声(图 9-37)，一般在机房机座下设弹性垫层隔振，在机房与井道间设高为 1.8～1.9 m 的隔声层。为了平时的井道内空气流通及火灾时能迅速排除烟和热空气，应在井道肩部、地坑及高层的中部适当位置等处设置不小于 300 mm × 600 mm 的通风口，上部可以和排烟口结合，排烟口面积不少于井道面积的 3.9%，通风口总面积的 1/3 应经常开启。通风管道可在井道顶板上或井道壁上直接通往室外。

2) 电梯机房

电梯机房一般设置在电梯井道的顶部。机房的平面尺寸须根据机械设备的尺寸安排及管理、维修等需要来决定，高度一般为 2.9～3.9 m。机房楼板应按机器设备要求的部位预留孔洞。

3) 井道地坑

井道地坑在最底层平面标高下不小于 1.4 m，主要是考虑电梯停靠时的冲力，作为轿厢下降时所需的缓冲器安装空间。地坑应注意防水防潮，坑壁应设置有爬梯及检修照明灯具。

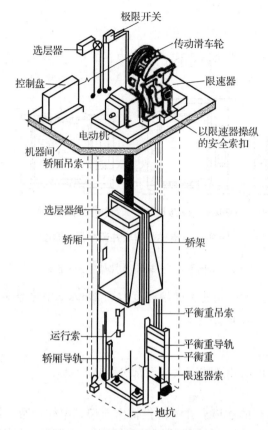

图 9-36　电梯井道内部构造示意图

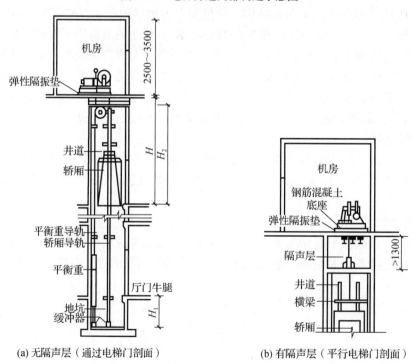

(a) 无隔声层（通过电梯门剖面）　　　(b) 有隔声层（平行电梯门剖面）

图 9-37　电梯机房隔震、隔声处理示意图

9.3.2　扶梯

自动扶梯是人流集中的大型公共建筑常用的建筑设备。在大型商场、展览馆、火车站、航空港等建筑设置自动扶梯，对方便使用者、疏导人流起到很大的作用。有些占地面积大、交通量大的建筑还要设置自动人行道，以解决建筑内部的长距离水平交通问题。一般自动扶梯均可正、逆方向运行，停机时可当作临时楼梯行走。平面布置可单台设置或双台并列。双台并列时往往采取一上一下的方式，以使垂直交通具有连续性。但必须在两者之间留有足够的结构间距，以保证装修的方便及使用者的安全。

1. 自动扶梯的构造

自动扶梯由电动机械牵引，机房悬挂在楼板的下方，踏步与扶手同步，可以正向、逆向运行，在机械停止运转时，自动扶梯可作为普通楼梯使用。

2. 自动扶梯的尺寸

自动扶梯的电动机械装置设置在楼板下面，需占用较大的空间；底层应设置地坑，以供安放机械装置用，并做防水处理。自动扶梯在楼板上应预留足够的安装洞，图 9-38 所示为自动扶梯的基本尺寸。

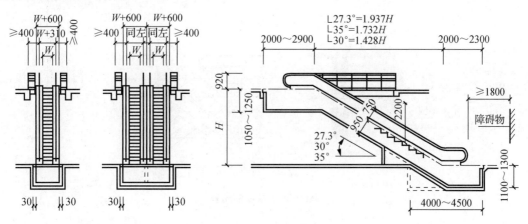

图 9-38　自动扶梯的尺寸

3. 自动扶梯的布置

1) 布置要求

自动扶梯的位置应设在大厅最为明显的位置。自动扶梯的角度有 27.3°、30°、39° 等3 种，但是 30°是优先选用的角度，布置扶梯时应尽可能采用这种角度。

2) 布置方式

自动扶梯一般设在室内，也可以设在室外。根据自动扶梯在建筑中的位置及建筑平面布局，自动扶梯的布置方式主要有以下几种。

(1) 并联排列式。楼层交通乘客流动可以连续，升降两个方向交通均分离清楚，外观豪华，但安装面积大，如图 9-39(a)所示。

(2) 平行排列式。安装面积小，但楼层交通不连续，如图 9-39(b)所示。

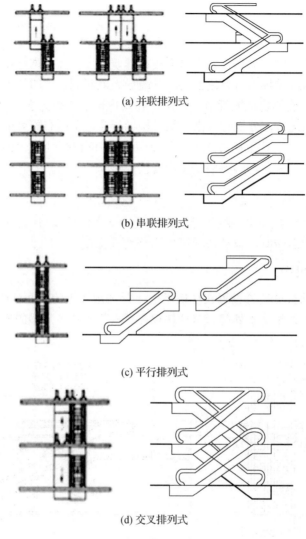

(a) 并联排列式

(b) 串联排列式

(c) 平行排列式

(d) 交叉排列式

图 9-39　扶梯的布置

9.4　室外台阶与坡道

9.4.1　室外台阶的形式和设置

台阶是联系室内外地坪或楼层所存在高度差的交通设施。底层室外台阶要注意防水、防滑，楼层台阶要注意与楼层结构的连接。由于台阶处在建筑物人流较为集中的出入口处，其坡度应较缓。

1. 台阶形式

台阶的平面形式种类较多，应当与建筑的级别、功能及基地周围的环境相适应。常见的台阶形式有单面踏步、两面踏步、三面踏步、单面踏步带花池(花台)等。部分大型公共建筑经常把行车坡道与台阶合并成为一个构件，强调了建筑入口的重要性，提高了建筑的地位，如图 9-40 所示。

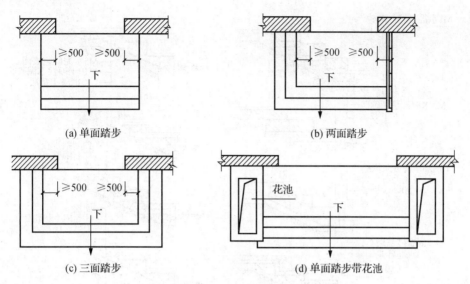

(a) 单面踏步　　　　　　　　　　　(b) 两面踏步

(c) 三面踏步　　　　　　　　　　　(d) 单面踏步带花池

图 9-40　台阶的形式

2. 台阶尺寸与构造

室内台阶踏步宽度不宜小于 300 mm，踏步高度不宜大于 190 mm，并不宜小于 0.10 m。踏步数不应少于 2 级，当高差不足 2 级时，应按坡道设置。人流密集的场所台阶高度超过 1.0 m 并侧面临空时，应有防护设施。室外台阶应考虑室内外高差，其踏步尺寸可略宽于楼梯踏步尺寸。其踏步高一般为 100～190 mm，踏步宽为 300～400 mm。

在台阶与建筑出入口大门之间，常设置平台，起缓冲过渡作用。平台宽度通常要比门洞口每边至少宽出 900 mm，并比室内地面低 20～90 mm，平台深度通常不应小于 1000 mm，并应做 1%～4% 向外的排水坡度，以便排水。

台阶面层需考虑防滑和抗风化问题，其材料应具有防滑和耐久特性，如水泥屑、斩假石、天然石材、防滑砖等。对于人流量大的建筑台阶，还宜在台阶平台处设刮泥槽，刮泥槽的刮齿应垂直于人流方向，如图 9-41 所示。

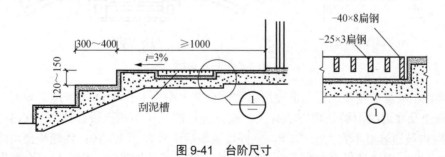

图 9-41　台阶尺寸

台阶的构造与地面构造基本相同，由基层、垫层和面层等构成。基层一般用素土夯实或三合土、或灰土夯实，再按台阶形状做 C19 素混凝土垫层或砖、石垫层。标准较高的或地基土质较差的，还可在垫层下加铺一层碎砖或碎石层。具体构造如图 9-42 所示。

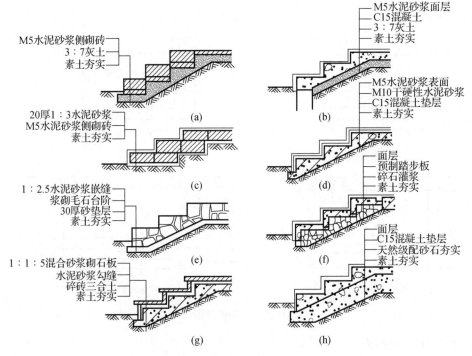

图 9-42 台阶构造示例

9.4.2 坡道

在车辆经常出入或不适宜作台阶的部位,可采用坡道来进行室内和室外的联系。坡道按用途可分为行车坡道和轮椅坡道,行车坡道分为普通行车坡道和回车坡道两种,如图 9-43所示。

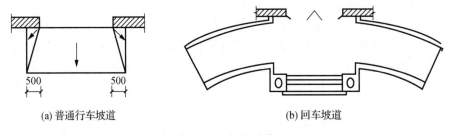

图 9-43 行车坡道

普通行车坡道的宽度应比门洞宽度每边至少要大不少于 900 mm。坡道的坡度与建筑的室内外高差及坡道的面层处理方法有关。根据现行的《民用建筑设计通则》(GB 50352—2005),室内坡道坡度不宜大于 1:8,室外坡道坡度不宜大于 1:10;供轮椅使用的坡道不应大于 1:12,困难地段不应大于 1:8。考虑无障碍设计坡道时,出入口平台深度不应小于 1900 mm。室内坡道水平投影长度超过 19 m 时,宜设休息平台。

坡道两侧宜在 900 mm 高度处设上、下层扶手,两段坡道之间的扶手应保持连贯。坡道起点和终点处的扶手应水平延伸 300 mm 以上。坡道侧面凌空时,在栏杆下端宜设高度不小于 90 mm 的安全挡台。图 9-44 所示为坡道扶手的构造。

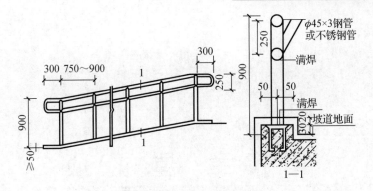

图 9-44 坡道扶手的构造

坡道的构造与台阶基本相同，坡道材料常见的有混凝土或石块等，面层也以水泥砂浆居多，对经常处于潮湿、坡度较陡或采用水磨石作面层的，在其表面必须做防滑处理，如图 9-45 所示。

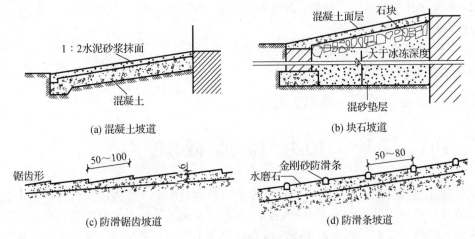

图 9-45 坡道的构造

思 考 题

9-1 楼梯的组成部分有哪些？各组成部分有何要求？

9-2 楼梯的坡度为多少？楼梯踏步尺寸如何确定？

9-3 楼梯段宽度由哪些因素决定？楼梯的净空高度有何规定？

9-4 现浇钢筋混凝土楼梯常见的结构形式有哪些？各有何特点？

9-5 明步楼梯和暗步楼梯各自具有什么特点？

9-6 楼梯踏步的防滑措施有哪些？

9-7 台阶有几种形式？

第 10 章　屋　　顶

【知识目标】

(1) 掌握屋顶的分类和常见屋顶的特点。
(2) 掌握平屋顶的保温、隔热、防水的构造。
(3) 了解屋顶的一般构造。
(4) 了解屋面排水组织的基本原则和适用条件。

【能力目标】

能够识读并绘制屋顶排水图和节点构造。

10.1　屋　顶　概　述

屋顶的建筑功能是围护结构，结构功能是支承承重结构。作为围护构件，其主要功能是用以抵御自然界的风霜雨雪、太阳辐射、气温变化和其他外界不利因素。屋面应根据防火、保温、隔热、隔声、防火等功能的需要，设置不同的构造层次，从而选择合适的建筑材料。屋面工程设计应遵照"保证功能、构造合理、优选用材、美观耐用"的原则。

10.1.1　屋顶的组成与形式

屋顶主要由屋面和支承结构所组成，有些还有各种形式的屋顶防水、保温、隔热、隔声及防火等其他功能防御所需要的各种材料和设施。

屋顶的形式与房屋的使用功能、屋面盖料、结构选型以及建筑造型要求等有关。由于以上各种因素的不同，便形成平屋顶、坡屋顶以及曲面屋顶等多种形式，如图 10-1 所示。

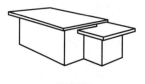　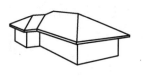　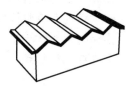

(a) 平屋顶　　　　　　　　(b) 坡屋顶　　　　　　　　(c) 折板

图 10-1　屋顶的形式

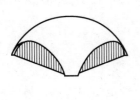
(d) 壳体

(e) 网架

(f) 悬索

图 10-1 屋顶的形式(续)

10.1.2 屋面的基本构造层次

屋面的基本构造层次宜符合如表 10-1 所示的要求。设计人员可根据建筑物的性质、使用功能、气候条件等因素进行组合。

表 10-1 屋面的基本构造层次

屋面类型	基本构造层次(自上而下)
卷材、涂膜屋面	保护层、隔离层、防水层、找平层、保温层、找平层、找坡层、结构层
	保护层、保温层、防水层、找平层、找坡层、结构层
	种植隔热层、保护层、耐根穿刺防水层、防水层、找坡层、结构层、找平层、找坡层、结构层
	架空隔热层、防水层、找平层、保温层、找平层、找坡层、结构层
	蓄水隔热层、隔离层、防水层、找平层、保温层、找平层、找坡层、结构层
瓦屋面	块瓦、挂瓦条、顺水条、持钉层、防水层或防水垫层、保温层、结构层
	沥青瓦、持钉层、防水层或防水垫层、保温层、结构层
金属板屋面	压型金属板、防水垫层、保温层、承托网、支承结构
	上层压型金属板、防水垫层、保温层、底层压型金属板、支承结构
	金属面绝热夹芯板、支承结构
玻璃采光顶	玻璃面板、金属框架、支承结构
	玻璃面板、点支承装置、支承结构

注：① 表中结构层包括混凝土基层和木基层；防水层包括卷材和涂膜防水层；保护层包括块体材料、水泥砂浆、细石混凝土保护层。
② 有隔汽要求的屋面，应在保温层与结构层之间设隔汽层。

10.2 平屋顶的构造

各种屋面的坡度，主要与屋面防水材料的尺寸有关。例如，坡屋顶中的瓦材，每块覆盖面积小，接缝较多，要求屋面有较大的坡度，便于将屋面雨水迅速排除。常用坡度为 1：3～1：2，最少为 1：4，最大可达 1：1。平屋顶要求屋面成为一个封闭的整体，防水材料之间如有接缝，应做到完全密封，以阻止雨水渗漏。因此，排水坡度可以大大降低，一般为 1%～3%。

10.2.1 平屋顶坡度的形成

平屋顶的排水坡度小于 5%，形成坡度有两种方法：一种是结构找坡；另一种是材料找坡。

1. 结构找坡

结构找坡也称搁置坡度。屋顶的结构层根据屋面排水坡度搁置成倾斜，如图 10-2 所示，再铺设防水层等。这种做法不需另加找坡层，荷载少、施工简便、造价低，但不另吊顶棚时，顶面稍有倾斜。房屋平面凹凸变化时应另加局部垫坡，坡度不应小于 3%。

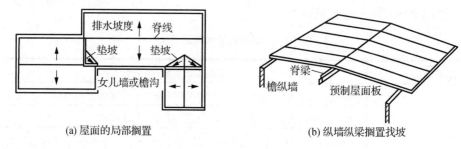

(a) 屋面的局部搁置　　　　　　(b) 纵墙纵梁搁置找坡

图 10-2　平屋顶结构找坡

2. 材料找坡

材料找坡也称填坡或建筑坡度。屋顶结构层可像楼板一样水平搁置，采用质量轻、吸水率低和有一定强度的材料，坡度宜为 2%，如炉渣加水泥或石灰来垫置屋面排水坡度，上面再做防水层，如图 10-3 所示。垫置坡度不宜过大，避免徒增材料和荷载。须设保温层的地区，也可用保温材料来形成坡度。

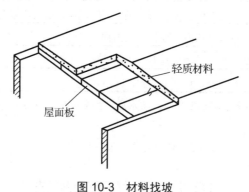

图 10-3　材料找坡

10.2.2 平屋顶的排水方式

屋顶排水可分为无组织排水和有组织排水两类。

1. 无组织排水

无组织排水又称自由落水，是使屋面的雨水由檐口自由滴落到室外地面，这种做法构造简单、经济，因此只要条件允许应尽可能采用。但是雨水自由落下时，会溅湿勒脚。有风时雨水还会冲刷墙面，一般适用于低层和雨水较少的地区。建筑标准要求较高的房屋，绝大多数采用有组织排水。

2. 有组织排水

有组织排水是将屋面划分成若干排水区，按一定的排水坡度把屋面雨水有组织地排到檐沟或雨水口，通过雨水管排泄到明沟中，再通往城市地下排水系统。

有组织排水又可分为有组织外排水和有组织内排水两种。在一般情况下应尽量采用外排水，因为有组织内排水构造复杂，极易造成渗漏。但在多跨房屋的中间跨、高层建筑及寒冷地区为防止水管冰冻堵塞时，可采取内部排水方式，使屋面雨水流入室内雨水管，再由地下水管流至室外排水系统。有组织外排水是民用建筑最常用的方式之一，一般采用檐沟外排水及女儿墙内檐排水两种排水形式。

(1) 檐沟外排水屋面可以根据房屋的跨度和外形需要，做成单坡、双坡或四坡排水，同时在相应的各面设置排水檐沟，如图 10-4 所示。雨水从屋面排至檐沟，沟内垫出不小于 0.5% 的纵向坡度，把雨水引向雨水口经水落管排泄到地面的明沟和集水井。

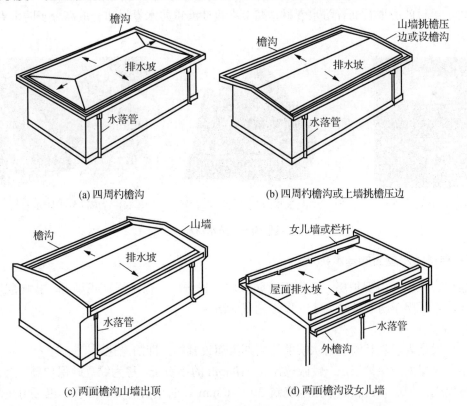

(a) 四周杓檐沟 (b) 四周杓檐沟或上墙挑檐压边

(c) 两面檐沟山墙出顶 (d) 两面檐沟设女儿墙

图 10-4　平屋顶外檐沟排水形式

(2) 大面积、多跨、高层以及特种要求的平屋顶常做成内排水方式，如图 10-5 所示。

雨水经雨水口流入室内水落管，再由地下管道把雨水排到室外排水系统。

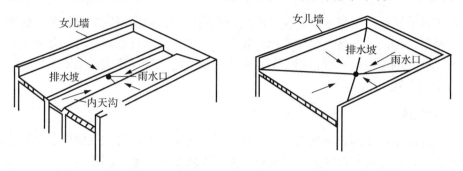

图 10-5　内天沟排水

10.2.3　柔性防水屋面

柔性防水屋面是将柔性的防水卷材或片材用胶结材料粘贴在屋面上，形成一个大面积的封闭防水覆盖层。这种防水层具有一定的延伸性，能较好地适应结构的温度变形，故称柔性防水屋面，也称卷材防水屋面。

1. 防水卷材的类型

防水卷材的类型有沥青防水卷材、高聚物改性沥青防水卷材和合成高分子防水卷材等，如图 10-6 所示。

　(a) 沥青防水卷材　　　　(b) 高聚物改性沥青防水卷材　　　　(c) 合成高分子防水卷材

图 10-6　防水材料

2. 卷材防水屋面的基本构造

卷材防水屋面由保护层、隔离层、防水层、找平层、保温层、找平层、找坡层、结构层组成，它适用于防水等级为Ⅰ～Ⅳ级的屋面防水。

1) 保护层

保护层是为了延长油毡防水层的使用期限而设置的，即防老化。

不上人屋面的保护层，一般撒粒径 3～10 mm 的小石子，称为绿豆砂保护层。上人屋面一般做板块保护层。可在防水层上浇筑 30～40 mm 厚的细石混凝土面层，也可用热沥青粘贴 400 mm × 400 mm × 30 mm C20 预制细石混凝土板，或 20 mm 厚 1：3 的水泥砂浆铺贴细石混凝土板，或 25 mm 厚粗砂铺细石混凝土板。油毡平屋面常用做法如图 10-7 所示。

2) 防水层

防水层由防水卷材和相应的卷材黏结剂分层黏结而成，层数或厚度由防水等级确定。卷材的铺贴方法有冷粘法、热熔法、热风焊接法、自粘法等。卷材可平行或垂直屋顶铺贴。屋面坡度小于 3%时，卷材以平行屋脊铺贴；屋面坡度大于 15%，沥青防水卷材应垂直屋脊铺贴。

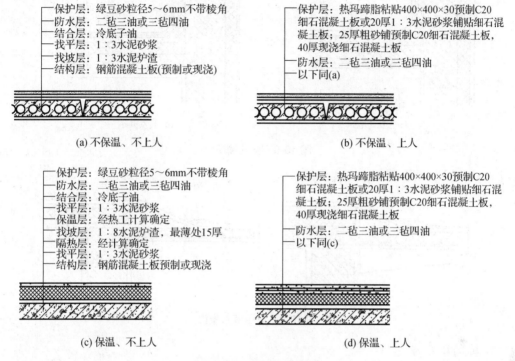

图 10-7　油毡屋面做法

3) 找平层

油毡防水层要求铺设在平整的基层面上；否则会使油毡断裂。当屋面板表面不平时，即应设找平层。找平层一般为 1∶3 水泥砂浆，厚度为 15～20 mm。当在现浇屋面板上铺油毡防水层时，可以不做找平层。卷材、涂膜的基层宜设找平层。

4) 保温层

保温层应根据屋面所需传热系数或热阻选择轻质、高效的保温材料。

5) 结构层

结构层多采用刚度好、变形小的各类钢筋混凝土屋面板。

3. 卷材防水屋面的细部构造

1) 泛水

泛水是屋面防水层与垂直墙交接处的防水处理，如图 10-8 所示。一般用砂浆在转角处做弧形或 45°斜面，卷材粘贴至垂直面不少于 250 mm，以免屋面积水超过卷材而造成渗漏。最后在垂直墙面上应把卷材上口压住，防止卷材张口，造成渗漏。

2) 檐口

自由落水檐口的油毡收头处，由于温度变化，抹灰易空鼓开裂，油毡铺贴到檐口边缘或不铺到边缘，均易脱开渗水。采用油膏嵌实，绿豆砂保护可有所改进，如图 10-9 所示。

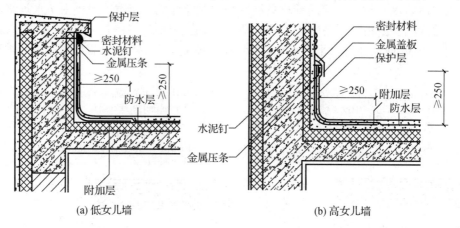

(a) 低女儿墙　　　　　　　　(b) 高女儿墙

图 10-8　女儿墙泛水

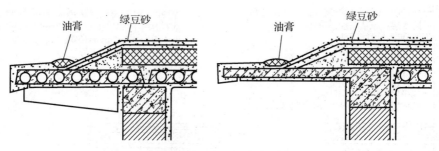

图 10-9　自由落水檐口

3) 檐沟和天沟

檐沟和天沟属于有组织排水檐口。卷材或涂膜防水屋面檐沟如图 10-10 所示。

卷材或涂膜防水屋面檐沟和天沟的防水层下应增设附加层，附加层伸入屋面的宽度不应小于 250 mm，檐沟内转角部位的找平层应做成圆弧形或 45°斜面。

檐沟防水层和附加层应由沟底翻上至外侧顶部，卷材收头应用金属压条钉压，并应用密封材料封严，涂膜收头应用防水涂料多遍涂刷，檐沟外侧下端应做鹰嘴或滴水槽，檐沟外侧高于屋面结构板时，应设置溢水口。

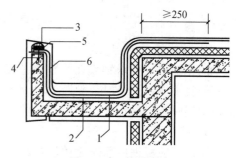

图 10-10　檐沟防水

1—防水层；2—附加层；3—密封材料；
4—水泥钉；5—金属压条；6—保护层

4) 雨水口

雨水口是屋面雨水排至雨水管的交汇点。通常设在檐沟内或女儿墙根处。该处是防水的薄弱环节，要求排水通畅、防水严密，若处理不当极易漏水。在构造上雨水口必须加铺一层油毡，并铺入雨水口内，用油膏嵌缝，雨水口在檐沟内采用铸造铁定型配件，上设搁栅罩或镀锌丝网罩。穿过女儿墙的雨水口，采用侧向铸铁雨水口，其构造(见图 10-11)口四周一般坡度为 2%～3%。

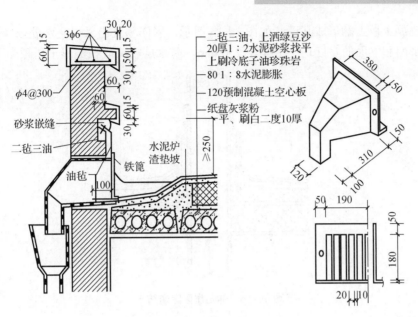

图 10-11　女儿墙雨水口构造

5) 变形缝

屋面变形缝的作用是保证屋盖有自由变形的空间,但屋面变形缝在构造上要满足防止雨水渗入室内的要求。根据变形缝的构造情况分为等高屋面变形缝和高低跨变形缝两种。等高变形缝顶部宜加扣混凝土或金属盖板(见图 10-12);高低跨变形缝在立墙泛水处,应采用有足够变形力的材料和构造做密封处理,如图 10-13 所示。

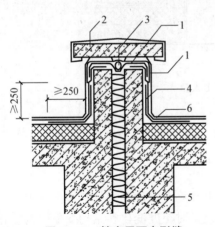

图 10-12　等高屋面变形缝

1—卷材封盖;2—混凝土盖板;3—衬垫材料;
4—附加层;5—不燃保温材料;6—防水层

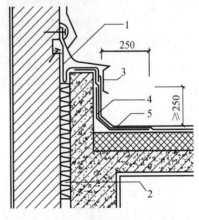

图 10-13　高低跨屋面变形缝

1—卷材封盖;2—不燃保温材料;
3—金属盖板;4—附加层;5—防水层

6) 伸出屋面管道

伸出屋面管道构造如图 10-14 所示,主要是处理好管道与屋面接触面的防水措施。

7) 屋面出入口

不上人屋面应设置屋面垂直出入口(屋面检修孔),检修孔周壁可用砖立砌,若是现浇屋面板可将混凝土板上翻形成孔壁，如图10-15所示。屋面垂直出入口泛水处应增设附加层，附加层在平面和立面的宽度均不应小于250 mm，防水层收头应在混凝土压顶圈下。

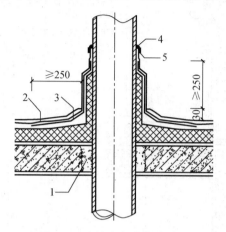

图 10-14　伸出屋面管道防水

1—细石混凝土；2—卷材防水层；3—附加层；4—密封材料；5—金属箍

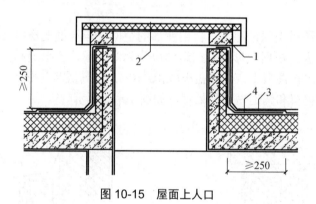

图 10-15　屋面上人口

1—混凝土压顶圈；2—上人孔盖；3—防水层；4—附加层

10.2.4　刚性防水屋面

刚性防水屋面是以防水砂浆抹面或密实混凝土浇捣而成的刚性材料屋面防水层，其施工方便、节约材料、造价经济和维修较为方便。但是对温度变化和结构变形较为敏感，施工技术要求较高，较易产生裂缝而渗漏水，要采取一定的构造措施。

1. 刚性防水屋面的防水构造

1) 防水砂浆防水层

防水砂浆防水层一般采用1∶3水泥砂浆加3%～5%的防水剂，厚度为25～30 mm，分两道抹平。由于砂浆本身干缩变形较大，屋面易发生龟裂、起壳，所以造成渗水的情况较多。目前仅在现浇屋面板上采用，一般不宜用在防水要求高和屋面面积较大的工程；也不宜用在温度变化较大或有振动的工程。

2) 细石混凝土防水层

细石混凝土防水层是通过调整混凝土级配、严格控制水灰比以及加强振动捣实而成。或者在混凝土中掺入一些外加剂(如加气剂、防水剂及膨胀剂等),以提高混凝土的密实性和不透水性,从而达到防水的目的。这是目前广泛采用的一种屋面防水层。细石混凝土防水层通常有两种做法:一种是无隔离层的做法,即在钢筋混凝土屋面板上直接浇捣 35~40 mm 厚的细石混凝土,内可配 $\phi 4$ mm、双向 200 mm × 200 mm 钢筋网;另一种是有隔离层的做法,使基层与防水层脱离,避免因屋面基层变形对防水层的影响。可用砂、黏土砂浆、废机油或水泥纸袋等作隔离层,如图 10-16 所示。

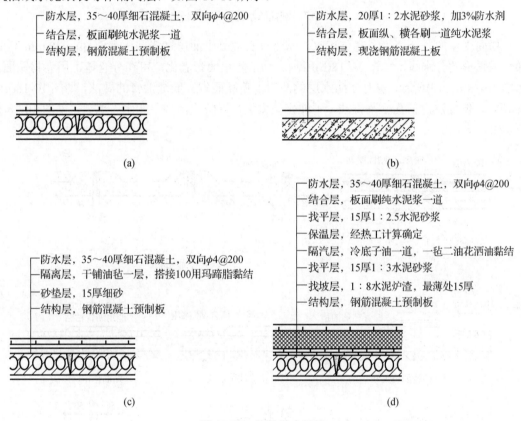

图 10-16 刚性防水屋面

2. 设置分仓缝

分仓缝也称分格缝,是防止屋面不规则裂缝以适应屋面变形而设置的人工缝。分仓缝应设置在屋面温度年温差变形的许可范围内和结构变形的敏感部位,由此可见,分仓缝服务的面积宜控制在 15~25 m² 、间距控制在 3000~5000 mm 为好。在预制屋面板为基层的防水层,分仓缝设置在支座轴线处和支承屋面板的墙和大梁的上部较为有利,长条形房屋,进深在 10 000 mm 以下者可在屋脊设纵向缝;进深大于 10 000 mm 者,最好在坡中某一板缝上再设一道纵向分仓缝,如图 10-17 所示。

分仓缝宽度可做成 20 mm 左右,为了有利于伸缩,缝内不可用砂浆填实,一般用油膏嵌缝,厚度为 20~30 mm,为不使油膏下落,缝内用弹性材料泡沫塑料或沥青麻丝填底,如图 10-18(a)所示。

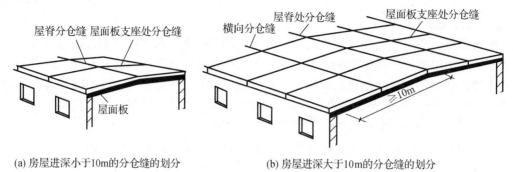

图 10-17　刚性防水分仓缝的划分

横向支座的分仓缝为了避免积水，常将细石混凝土面层抹成凸出表面 30～40 mm 高的梯形或弧形的分水线，如图 10-18(b)所示。为了防止油膏老化，可在分仓缝上用卷材贴面，如图 10-18(c)、(d)所示，也有在防水层的凸口上盖瓦而省去嵌缝油膏的做法，如图 10-18(g)、(h)所示。但要注意盖瓦坐浆方法，不能坐浆太满，以防止出现"爬水"现象，如图 10-18(f)所示。

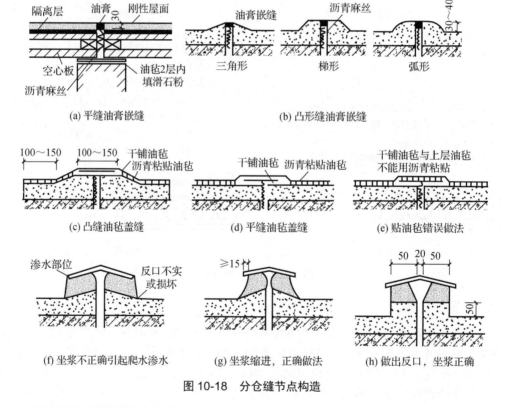

图 10-18　分仓缝节点构造

3. 刚性防水屋面的节点构造

1) 泛水构造

泛水是指屋面防水层与突出构件之间的防水构造。凡屋面防水层与垂直墙面的交接处均须做泛水处理，如山墙、女儿墙和烟囱等部位，一般做法是将细石混凝土防水层直接引申到垂直墙面上。应尽量使泛水和屋面板上的防水层一次浇成，不留施工缝，泛水部位混凝土应拍打密实，加强养护；否则会使立墙与泛水的黏结面以及泛水本身产生裂缝，引起渗漏，如图 10-19 所示。

迎水面泛水高度应不小于 250 mm，非迎水面不小于 180 mm。对高出屋面的管道其泛水高度不小于 150 mm 即可。

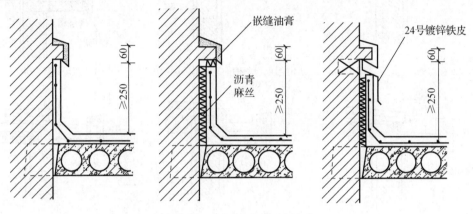

图 10-19 刚性屋面泛水构造

2) 檐口构造

(1) 自由落水挑檐。

可采用挑梁铺面板，将细石混凝土防水层做到檐口，但要做好板和挑梁的滴水线，如图 10-20 所示。也可利用细石混凝土直接支模挑出，除设滴水线外，挑出长度不宜过大，要有负弯矩钢筋并设浮筑层。

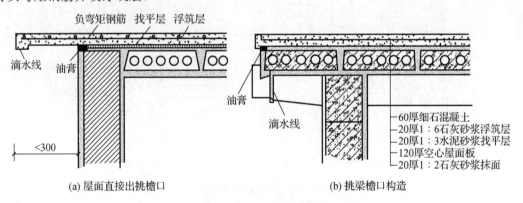

图 10-20 自由落水檐口

(2) 檐沟挑檐。

有现浇檐沟和预制屋面板出挑檐沟两种。采用现浇檐沟要注意其与屋面板之间变形不同可能引起的裂缝渗水，如图 10-21 所示。在屋面板上设浮筑层时，防水层可挑出 50 mm 左右做滴水线，最好用油膏封口。当无浮筑层时，可将防水层直接做到檐沟，并增设构造钢筋。预制屋面板出挑檐口，搁置点须做滑动支座。

(3) 包檐外排水。

有女儿墙的外排水，一般采用侧向排水的雨水口，在接缝处应嵌油膏，最好上面再贴一段卷材或玻璃布刷防水涂料，铺入管内不少于 50 mm，如图 10-22(a)所示。也可加设外檐沟，女儿墙开洞，如图 10-22(b)所示。

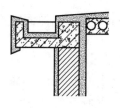

(a) 屋面板与檐沟之间易渗漏的部位

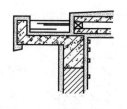

(b) 屋面板与檐沟之间易渗漏的部位

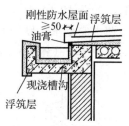

(c) 设浮筑层刚性防水层挑出

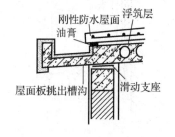

(d) 屋面板出挑檐沟，在支座处设滑动支座，刚性防水层挑出下设浮筑层

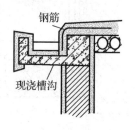

(e) 刚性防水层做到檐沟

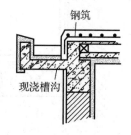

(f) 刚性防水层做到檐沟

图 10-21　檐沟刚性防水构造

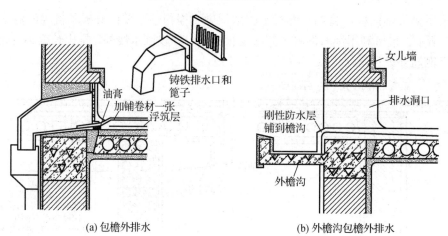

(a) 包檐外排水

(b) 外檐沟包檐外排水

图 10-22　刚性屋面外檐排水

10.3　坡屋顶构造

坡屋顶主要由承重结构、屋面及顶棚等所组成。根据需要还可以设置保温层、隔热层。

10.3.1　承重结构类型

坡屋顶中常用的承重结构有横墙承重、屋架承重和梁架承重。

1. 横墙承重

横墙承重也称为山墙承重、硬山搁檩，是指横墙上部根据屋顶所要求的坡度，砌成三角形，再将承重构件(如檩条)直接搁置在墙上，荷载由承重构件直接传至山墙，如图 10-23 所示。横墙承重构造简单、施工方便。但限于檩条及挂瓦板的跨度，横墙承重适用于开间较小的建筑，如住宅、宿舍、旅馆客房等。

2. 屋架承重

当房屋的内横墙较少时，常将檩条搁在由一组杆件于同一平面内互相结合成整体构件的屋架上，构成屋架承重结构，如图 10-24 所示。这种承重方式可以形成较大的内部空间，多用于要求有较大空间的建筑，如食堂、教学楼等。

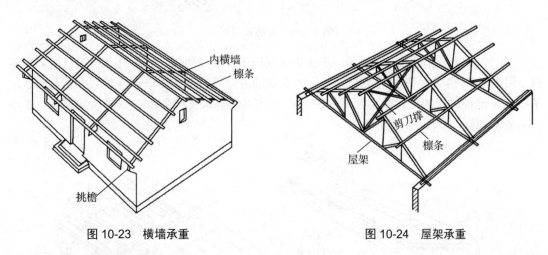

图 10-23 横墙承重   图 10-24 屋架承重

3. 梁架承重

梁架承重是用木材作主要材料，由柱与梁形成的梁架承重体系，是一个整体承重骨架，墙体只起围护和分隔的作用，多用于民间传统建筑中，如图 10-25 所示。这种结构又被称为穿斗结构或立贴式结构。

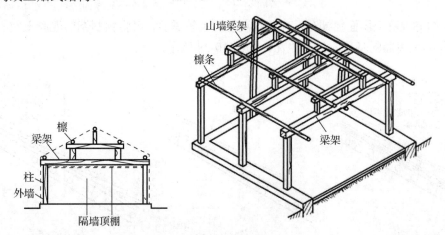

图 10-25 梁架承重

10.3.2　坡屋顶的屋面构造

(1) 冷摊瓦屋面是在椽子上钉挂瓦条后直接挂瓦的一种瓦屋面构造做法，如图 10-26 所示。其特点是简单经济，但瓦缝容易渗漏雨雪，保温效果差。

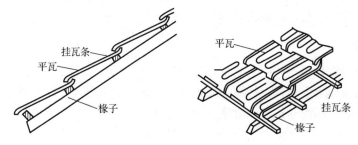

图 10-26　冷摊瓦屋面

(2) 屋面板作基层的平瓦屋面，是在檩条或椽子上钉屋面板，屋面板上满铺一层防水卷材，用顺水条(也称压毡条)将卷材钉牢，顺水条的方向应垂直于檐口，再在顺水条上钉挂瓦条挂瓦。这种做法的优点是由瓦缝渗漏的雨水被阻于防水卷材之上，沿顺水条排除，屋顶保温效果较好，如图 10-27 所示。

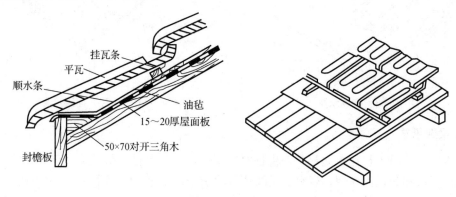

图 10-27　平瓦屋面

(3) 钢筋混凝土屋面板铺瓦，为了保温和防火等需要，可将预制钢筋混凝土空心楼板或槽形板作为瓦屋面的基层，然后盖瓦，如图 10-28 所示。

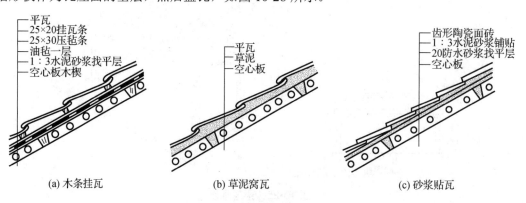

(a) 木条挂瓦　　　　　　　(b) 草泥窝瓦　　　　　　　(c) 砂浆贴瓦

图 10-28　现浇板屋面平瓦屋面

(4) 钢筋混凝土挂瓦板平瓦屋面，是将檩条、屋面板、挂瓦条和斜顶棚几个功能结合成一个预制构件。基本形式有单 T、双 T 和 F 形 3 种，如图 10-29 所示。肋距同挂瓦条间距，肋高按跨度计算决定。挂瓦板与山墙或屋架的固定，可坐浆，用预埋于基层的钢筋套接。这种屋顶构造简单、经济，但易渗水。

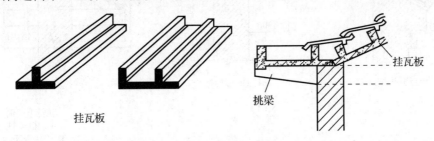

挂瓦板　　挂瓦板　　挑梁

图 10-29　钢筋混凝土挂瓦板平瓦屋面

(5) 金属板屋面。

金属板屋面是指采用压型金属板或金属面绝热夹芯板的建筑屋面。金属板屋面的板材主要包括压型金属板和金属面绝热夹芯板。金属板屋面坡度不宜小于 5%。压型金属板屋面适用于防水等级为一级和二级的坡屋面，金属面绝热夹芯板屋面适用于防水等级为二级的坡屋面。

防水等级为一级的压型金属板屋面不应采用明钉固定方式，应采用大于 180°咬边连接的固定方式；防水等级为二级的压型金属板屋面采用明钉或金属螺钉固定方式时，钉帽应有防水密封措施。

10.3.3　坡屋顶的细部构造

平瓦屋面的檐口构造有两大类，即挑出檐口和女儿墙檐口。

(1) 砖挑檐口：在檐口处将砖逐皮向外挑出 1/4 砖长，直到挑出总长度不大于墙厚的一半时为止，如图 10-30(a)所示。

(2) 屋面板挑檐：屋面板直接挑出，出挑长度不宜大于 300 mm，如图 10-30(b)所示。

(3) 挑檐木挑檐：将挑檐木置于屋架下出挑，如图 10-30(c)所示。

(4) 椽木挑檐：椽木直接出挑，挑出长度不宜过大，一般不大于 300 mm，如图 10-30(d)所示。

(5) 挑檩挑檐，在檐墙外面的檐口下加一檩条，由屋架下弦间加一托木，以平衡挑檐的重量，如图 10-30(e)所示。

(6) 女儿墙檐口，有的坡屋顶将檐墙砌出屋面形成女儿墙，将檐口包住，又称包檐檐口。屋面与女儿墙之间须做檐沟，其构造复杂，容易漏水，应尽量少用，如图 10-30(f)所示。

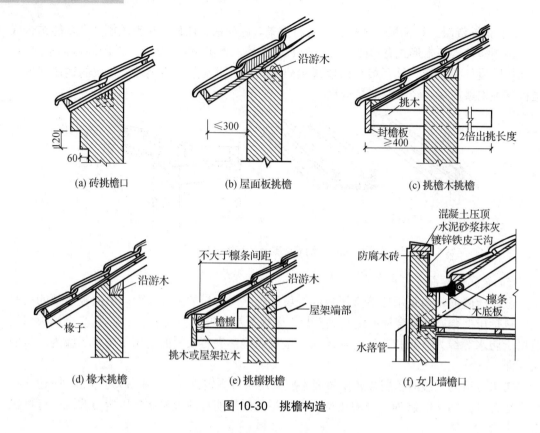

图 10-30　挑檐构造

10.4　屋顶的保温与隔热

设置保温隔热层的目的是防止冬季顶层温度过低或夏季过热。

10.4.1　平屋顶保温与隔热

1. 平屋顶保温

保温层的构造方案和材料做法需根据使用要求、气候条件、屋顶的结构形式、防水处理方法等因素来具体考虑确定。

1) 保温材料

屋面保温材料应选用轻质、多孔、热导率小且有一定强度的材料。按材料的物理特性，保温材料可以分为三大类：一是散料类保温材料，如膨胀珍珠岩、膨胀蛭石、炉渣、矿渣等；二是整浇类保温材料，如水泥膨胀珍珠岩、水泥膨胀蛭石等；三是板块类保温材料，如用加气混凝土、泡沫混凝土、膨胀珍珠岩混凝土、膨胀蛭石混凝土等加工成的保温块材或板材，或采用聚苯乙烯泡沫塑料保温板。

2) 保温层的位置

根据屋顶结构层、防水层和保温层的相对位置不同，可归纳为以下几种情况。

(1) 保温层设在防水层之下、结构层之上。这种形式构造简单，施工方便，是目前应用最广泛的一种形式，如图 10-31(a)所示。当保温层设在结构层之上，并在保温层上直接做防水层时，在保温层下要设置隔蒸汽层。隔蒸汽层的作用是防止室内水蒸气透过结构层，渗入保温层内，使保温材料受潮，影响保温效果。隔蒸汽层的做法通常是在结构层上做找平层，再在其上涂热沥青一道或铺一毡二油。

(2) 保温层与结构层结合。保温层与结构层结合的做法有 3 种：一种是保温层设在槽形板的下面，如图 10-31(a)所示，但这种做法易使室内的水汽进入保温层中降低保温效果；一种是保温层放在槽形板朝上的槽口内，如图 10-31(b)所示；另一种是将保温层与结构层融为一体，如配筋的加气混凝土屋面板，这种构件既能承重，又有保温效果，简化了屋顶构造层次，施工方便，但屋面板的强度低，耐久性差，如图 10-31(c)所示。

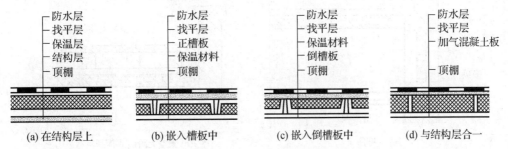

图 10-31　保温层的位置

(3) 保温层设置在防水层之上，又称倒铺保温层。倒铺保温层时，保温材料须选择不吸水、耐气候性强的材料，如聚氨酯或聚苯乙烯泡沫塑料保温板等有机保温材料。其构造层次为保温层、防水层、结构层，如图 10-32 所示。其优点是防水层被覆盖在保温层之下，不受阳光及气候变化的影响，热温差较小，同时防水层不易受到来自外界的机械损伤，延长了使用寿命，但容易受到保温材料的限制。有机保温材料上部应用混凝土、卵石、砖等较重的覆盖层压住。

此外，还有一种保温屋面，即在防水层和保温层之间设空气间层，这样，由于空气间层的设置，室内采暖的热量不能直接影响屋面防水层，故把它称为"冷屋顶保温体系"。这种做法的保温屋顶，无论是平屋顶还是坡屋顶均可采用。

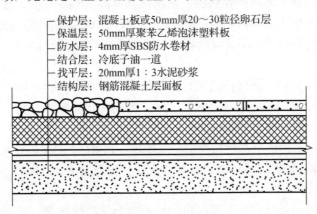

图 10-32　倒铺保温层

2. 平屋面隔热

为减少太阳辐射热直接作用于屋顶表面，常见的屋顶隔热降温措施有通风隔热、蓄水隔热、植被隔热和反射降温隔热等。

1) 通风隔热

通风隔热屋面就是在屋顶中设置通风间层，上层表面遮挡太阳辐射热，利用风压和热压的作用把间层中热空气不断带走，从而达到隔热降温的目的。通风间层通常有两种设置方式：一种是在屋面上的架空通风隔热；另一种是利用顶棚内的空间通风隔热，如图 10-33 所示。

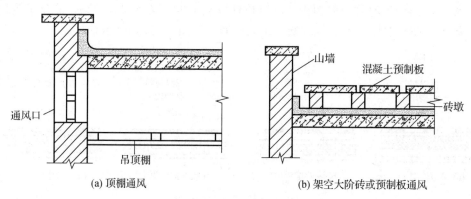

(a) 顶棚通风　　　　　　　　　(b) 架空大阶砖或预制板通风

图 10-33　通风降温屋面

(1) 顶棚通风隔热。

利用顶棚与屋顶之间的空间作通风隔热层，一般在屋面板下吊顶棚，檐墙上开设通风口。

(2) 架空通风隔热。

在屋面防水层上用适当的材料或构件制品作架空隔热层。这种屋面不仅能达到通风降温、隔热防晒的目的，还可以保护屋面防水层。

2) 蓄水隔热

蓄水隔热屋面就是在平屋顶上蓄积一定深度的水，利用水吸收大量太阳辐射和室外气温，将热量散发，以减少屋顶吸收热能，从而达到降温隔热的目的。蓄水隔热屋面的构造与刚性防水屋面基本相同，只是增设了分仓壁、泄水孔、过水孔和溢水孔，如图 10-34 所示。水层对屋面还可以起到保护作用，但使用中的维护费用较高。

3) 植被隔热

在平屋顶上种植植物，利用植物光合作用时吸收热量和植物对阳光的遮挡功能来达到隔热的目的。这种屋面在满足隔热要求时，还能提高绿化面积，有利于美化环境、净化空气，但增加了屋顶荷载，结构处理较复杂。

种植平屋面的基本构造层次包括基层、绝热层、找坡(找平)层、普通防水层、耐根穿刺防水层、保护层、排(蓄)水层、过滤层、种植土层和植被层等。

4) 反射降温隔热

反射降温隔热屋面就是在屋面铺浅色的砾石或刷浅色涂料等，利用浅色材料的颜色和光滑度对热辐射的反射作用，将屋面的太阳辐射热反射出去，从而达到降温隔热的目的。现在，卷材防水屋面采用的新型防水卷材，如高聚物改性沥青防水卷材和合成高分子防水卷材的正面覆盖的铝箔，就是利用反射降温的原理来保护防水卷材的。

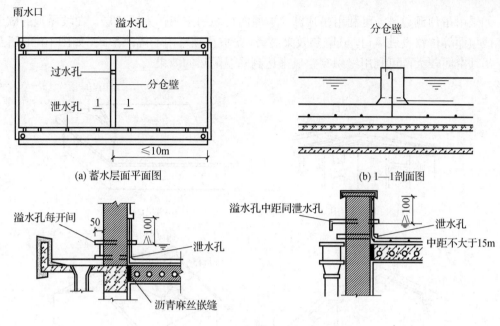

(a) 蓄水层面平面图　　　　　　　　(b) 1—1剖面图

(c) 构造详图

图 10-34　蓄水屋面

10.4.2　坡屋顶的保温与隔热

1. 坡屋顶的保温

坡屋顶的保温层一般布置在瓦材与檩条之间或吊顶棚上面，其构造如图 10-35 所示。保温材料可根据工程具体要求选用松散材料、块状材料或板状材料。在小青瓦屋面中，一般采用基层上满铺一层黏土麦秸泥作为保温层，小青瓦片黏结在该层上，在平瓦屋面中，可将保温层填充在檩条之间；在设有吊顶的坡屋顶中，常常将保温层铺设在吊顶棚之上，可起到保温和隔热双重作用。

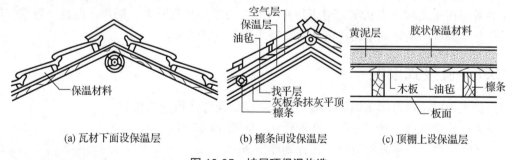

(a) 瓦材下面设保温层　　(b) 檩条间设保温层　　(c) 顶棚上设保温层

图 10-35　坡屋顶保温构造

2. 坡屋顶的隔热

坡屋顶一般利用屋顶通风来隔热，有屋面通风和吊顶棚通风两种做法。采用屋面通风时，应在屋顶檐口设进风口，屋脊设出风口，利用空气流动带走间层的热量，以降低屋顶的温度。

如采用吊顶棚通风，可利用吊顶棚与坡屋面之间的空间作为通风层，在坡屋顶的歇山、山墙或屋面等位置设进风口，其隔热效果显著，是坡屋顶常用的隔热形式，如图 10-36 所示。由于吊顶空间较大，可利用组织穿堂风来达到降温隔热的效果。

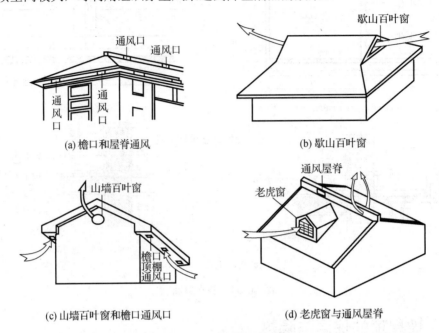

(a) 檐口和屋脊通风　　　　　　　　(b) 歇山百叶窗

(c) 山墙百叶窗和檐口通风口　　　　(d) 老虎窗与通风屋脊

图 10-36　坡屋顶隔热构造

炎热地区将坡屋顶做成双层，由檐口处进风，屋脊处排风，利用空气流动带走一部分热量，以降低瓦底面的温度，也可利用檩条的间距通风。

10.5　顶　　棚

顶棚是屋面和楼板层下面的装修层。对于顶棚的基本要求是光洁、美观，通过反射光照来改善室内采光和卫生状况。对于特殊房间，还需要具有防火、隔声、保温、隐蔽管线等功能。顶棚按构造方式不同，可分为直接式和悬吊式两种。

10.5.1　直接式顶棚

直接式顶棚是指直接在钢筋混凝土楼板下做饰面层而形成的顶棚。

特点：构造简单、施工方便、造价较低，如图 10-37 所示。

直接式顶棚装修常见的有以下几种处理方法。

1. 直接喷刷顶棚

当楼板底面平整时，可直接在楼板底面喷或刷石灰浆、大白浆等涂料，以增加顶棚的反射光照作用。

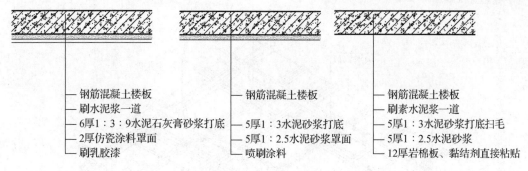

钢筋混凝土楼板	钢筋混凝土楼板	钢筋混凝土楼板
刷水泥浆一道	5厚1:3水泥砂浆打底	刷水泥浆一道
6厚1:3:9水泥石灰膏砂浆打底	5厚1:2.5水泥砂浆罩面	5厚1:3水泥砂浆打底扫毛
2厚仿瓷涂料罩面	喷刷涂料	5厚1:2.5水泥砂浆
刷乳胶漆		12厚岩棉板、黏结剂直接粘贴

图 10-37　直接式顶棚

2. 抹灰顶棚

当楼板底部不够平整或室内装修要求较高时，可在板底进行抹灰装修。顶棚抹灰可用水泥砂浆、混合砂浆、纸筋灰等。可将板底打毛、一次成活，也可分两次抹灰，纸筋灰抹灰是用混合砂浆打底、纸筋灰罩面，应用最为普遍。

3. 粘贴顶棚

对一些装修要求较高或有保温、隔热、吸声要求的建筑物，可在顶棚上直接粘贴装饰墙纸、泡沫塑料板等。

10.5.2　悬吊式顶棚

悬吊式顶棚简称吊顶，在现代建筑中，为提高建筑物使用功能和观感，可将空调管、火灾报警、自动喷淋、烟感器、广播设备等管线安装在顶棚上，所以常需借助吊顶来解决，如图 10-38 所示。

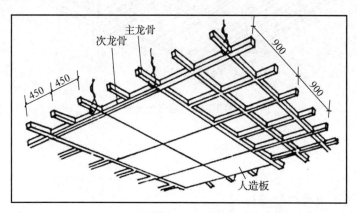

图 10-38　悬吊式顶棚

吊顶无论采用何种形式，均是由吊筋、龙骨和板材三部分构成，根据造型、防火等要求选用。

常见龙骨形式有木龙骨、轻钢龙骨、铝合金龙骨等，如图 10-39 及图 10-40 所示。

板材常用的有各种人造木板、石膏板、吸声板、矿棉板、铝板、彩色涂层薄钢板、不锈钢板等。

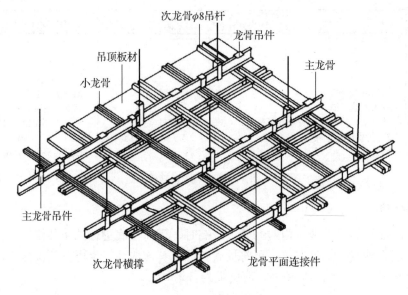

次龙骨φ8吊杆
龙骨吊件
主龙骨
吊顶板材
小龙骨
主龙骨吊件
次龙骨横撑
龙骨平面连接件

图 10-39　轻钢龙骨

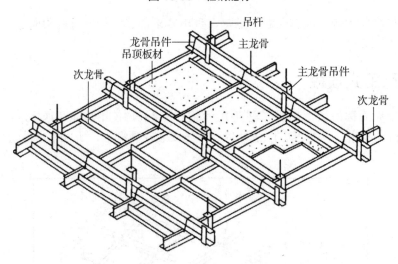

吊杆
龙骨吊件
吊顶板材
主龙骨
次龙骨
主龙骨吊件
次龙骨

图 10-40　铝合金龙骨

思 考 题

10-1　屋顶外形有哪些形式?

10-2　屋顶由哪几部分组成? 其作用分别是什么?

10-3　屋顶坡度是如何形成的? 屋顶的排水方式有哪几种?

10-4　卷材防水屋面变形缝的设置及构造如何?

10-5　刚性防水屋面的构造层次有哪些? 如何提高刚性防水层的防水性能?

10-6　平屋顶的隔热降温措施有哪些?

10-7　坡屋顶的保温与隔热有哪些措施?

第11章 门 与 窗

【知识目标】

(1) 了解门窗作用、门窗类型、门窗尺度。

(2) 掌握平开门窗构造。

(3) 掌握铝合金门窗、塑钢门窗、彩钢板门窗、特种门窗构造。

(4) 掌握建筑遮阳措施。

【能力目标】

(1) 能够从建筑施工图中读出窗、门的相关信息。

(2) 能根据建筑功能和使用要求选择窗与门的类型和遮阳类型。

(3) 具备协调窗与门洞口尺寸和加工尺寸关系的能力。

(4) 会根据窗与门的类型、墙体的类型选择门窗的固定方式。

门窗是建筑的重要组成部分，称之为建筑的"眼睛"。随着我国房地产业的迅猛发展，建筑门窗也迎来了自己的黄金时代。近20年来，我国建筑门窗的生产规模不断扩大，已经形成多元化、多层次的产品结构体系，建成了以门窗专用材料、专用配套附件、专用工艺设备、多品种协同发展的产业化生产体系，中国已经成为全世界最大的门窗生产国之一。

门和窗是房屋建筑中两个不可缺少的围护构件。门的主要作用是交通联系，并兼采光和通风；窗的主要作用是采光、通风和眺望。在不同的情况下，门和窗还有分隔、保温、隔热、隔声、防水、防火、防尘、防辐射及防盗等功能。对门的基本要求是功能合理、坚固耐用、开启方便、关闭紧密、便于维修。

门窗对建筑立面构图及室内装饰效果的影响也较大，它的尺度、比例、形状、位置、数量、组合以及材料和造型的运用，都影响着建筑的艺术效果。

11.1 门的类型与构造

11.1.1 门的类型

常用门窗的材料有木、钢、铝合金、塑料、玻璃等。

门的开启方式是由使用方式要求决定的，按开启方式分类，通常有以下几种，如图11-1

所示。

(1) 平开门：水平方向开启的门，如图 11-1(a)所示。铰链安在侧边，有单扇、双扇以及向内开、向外开之分。

特点：构造简单、开关灵活，制作安装和维修均较方便。它是建筑中使用最广泛的门。

(2) 弹簧门：形式同平开门，稍有不同的是，弹簧门的侧边用弹簧铰链或下面用地弹簧转动，开启后能自动关闭，如图 11-1(b)所示。多数为双扇玻璃门，能内外弹动。少数为单扇或单向弹动门，如纱门。

特点：制作简单、开启灵活、使用方便(弹簧门的构造和安装比平开门稍复杂)。适用于人流出入较频繁或有自动关闭要求的场所。此时，门上一般都安装玻璃，以免相互碰撞。

(3) 推拉门：可以在上、下轨道上滑行的门，如图 11-1(c)所示。推拉门有单扇和双扇之分，可以藏在夹墙内或贴在墙面外，占地少，受力合理，不易变形。

特点：制作简单、开启时所占空间较少，但构造较复杂。适用于两个空间需要扩大联系的多种大小洞口的民用及工业建筑。在人流众多的地方，还可以采用光电管或触动式设施使推拉门自动启闭。

(4) 折叠门：为多扇折叠，可以拼合折叠推移到侧边的门，如图 11-1(d)所示。传动方式简单者可以同平开门一样，只在门的侧边装铰链；复杂者在门的上边或下边需装轨道及转动五金配件。

特点：开启时所占空间少，五金较复杂，安装要求高。适用于两个空间需要扩大联系的各种大小洞口，由于其结构复杂，目前已少采用。

(5) 转门：为三或四扇连成风车形，在两个固定弧形门套内旋转的门，如图 11-1(e)所示。

特点：使用时可以减少室内冷气或暖气的损失，但制作复杂，造价较高。常作为公共建筑及有空气调节器房屋的外门。同时，在转门的两旁应另设平开门或弹簧门，以作为不需要空气调节器的季节或有大量人流疏散的场合。

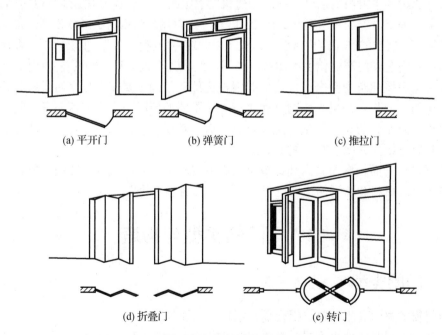

(a) 平开门　　　　　(b) 弹簧门　　　　　(c) 推拉门

(d) 折叠门　　　　　(e) 转门

图 11-1　门的开启方式

11.1.2　平开门的组成和尺度

平开门主要由门框、门扇、亮子和五金零件等组成，如图 11-2 所示。

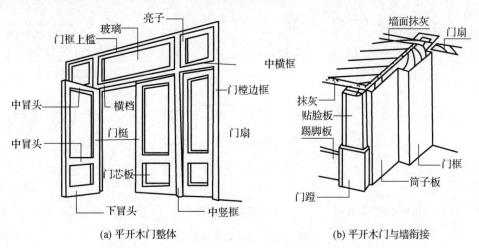

(a) 平开木门整体　　　　　　　(b) 平开木门与墙衔接

图 11-2　平开门的组成

平开门的尺度可根据交通、运输及疏散要求来确定。一般情况下，门的宽度为 800～1000 mm(单扇)、1200～1800 mm(双扇)。门的高度一般不宜小于 2100 mm，有亮子时可适当增高 300～600 mm。对于大型公共建筑，门的尺度可根据需要另行确定。

1. 门框

1) 门框的断面形状和尺寸

门框又称门樘，其主要作用是固定门扇和腰窗并与门洞间相联系，一般由两根边框和上槛组成，有腰窗的门还有中横档；多扇门还有中竖梃，外门及特种需要的门有些还有下槛。门框的断面形状与构造如图 11-3 所示。

2) 门框的安装

(1) 塞口法：在墙砌好后再安装门框，采用塞口时洞口的高、宽尺寸应比门框尺寸大 10～30 mm。

(2) 立口法：在砌墙前即用支撑先立门框后砌墙，框与墙的结合紧密，但是立樘与砌墙工序交叉，施工不便，如图 11-4 所示。

3) 门框与墙的关系

门框在墙洞中的位置有门框内平、门框居中和门框外平 3 种情况。门框的墙缝处理与窗框相似，但应更牢固。门窗靠墙一边开防止因受潮而变形的背槽，并做防潮处理。门框外侧的内外角做灰口，缝内填弹性密封材料，如图 11-5 所示。

2. 门扇

木门扇主要由上冒头、中冒头、下冒头、门框及门心板等组成。按门板的材料，木门又有全玻璃门、半玻璃门、镶板门、夹板门、纱门、百叶门等类型，如图 11-6 所示。

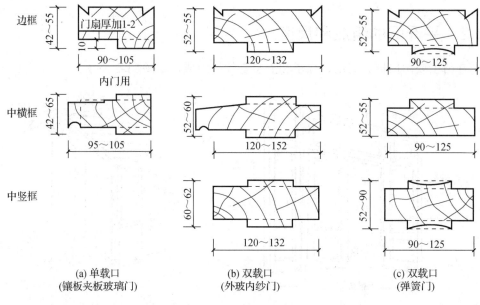

(a) 单载口
(镶板夹板玻璃门)

(b) 双载口
(外玻内纱门)

(c) 双载口
(弹簧门)

图 11-3　木门框断面尺寸

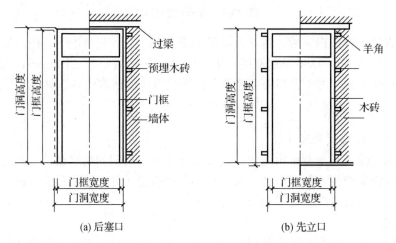

(a) 后塞口

(b) 先立口

图 11-4　木门框安装方式

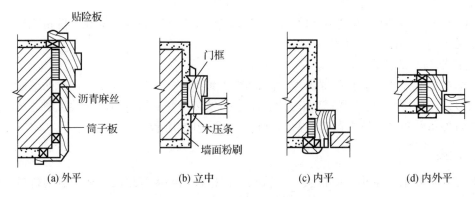

(a) 外平

(b) 立中

(c) 内平

(d) 内外平

图 11-5　门框在洞口中的位置

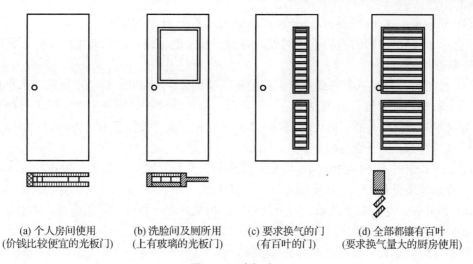

(a) 个人房间使用　　　(b) 洗脸间及厕所用　　　(c) 要求换气的门　　　(d) 全部都镶有百叶
(价钱比较便宜的光板门)　(上有玻璃的光板门)　　(有百叶的门)　　　(要求换气量大的厨房使用)

图 11-6　木门扇

1) 夹板门

夹板门门扇由骨架和面板组成,骨架通常采用(32～35) mm × (34～36) mm 的木料制作。

2) 镶板门

镶板门门扇由骨架和门芯板组成。骨架一般由上冒头、下冒头及边梃组成,有时中间还有中冒头或竖向中梃。门芯板可采用木板、胶合板、硬质纤维板及塑料板、玻璃等。

3. 门的五金零件

门的五金零件主要有铰链、插销、门锁和拉手等均为工业定型产品,形式多种多样。在选型时,铰链需特别注意其强度,以防止其变形影响门的使用;拉手需结合建筑装修进行选型。

11.2　窗的类型与构造

11.2.1　窗的类型

窗的开启方式主要取决于窗扇转动的五金连接件中铰链的位置及转动方式,通常有以下几种,如图 11-7 所示。

(1) 固定窗:不能开启的窗,如图 11-7(a)所示。一般将玻璃直接装在窗框上,尺寸可较大。

特点:构造简单,制作方便。只能用作采光或装饰用。

(2) 平开窗:这是一种可以水平开启的窗,有外开、内开之分,如图 11-7(b)所示。

特点:构造简单,制作、安装和维修均较方便。在一般建筑中使用最为广泛。

(3) 悬窗:根据转动铰链或转轴的位置不同可以分为上悬窗、中悬窗和下悬窗,如图 11-7(c)～(e)所示。上悬窗一般向外开启,铰链安装在窗扇的上边,防雨效果好,常用于高窗和门上的亮子。中悬窗的铰链安装在窗扇中部,窗扇开启时,上部向内,下部向外,有利于防雨通风,常用于高窗。下悬窗铰链安装在窗扇的下边,一般向内开。

(4) 立转窗：这是一种可以绕竖轴转动的窗，如图 11-7(f)所示。

特点：竖轴沿窗扇的中心垂线而设，略偏于窗扇的一侧。通风效果好，但不够严密，防雨防寒性能差。

(5) 推拉窗：分可以左右或垂直推拉的窗，如图 11-7(g)和图 11-7(h)所示。水平推拉窗需上下设轨槽，垂直推拉窗需设滑轮和平衡重。推拉窗开关时不占室内空间，但推拉窗不能全部同时开启，可开面积最大不超过 1/2 的窗面积。水平推拉窗扇受力均匀，所以窗扇尺寸可以做得较大，但五金件较贵。

特点：开启时不占室内空间，窗扇和玻璃的尺寸均可较平开窗大，但推拉窗不能全部开启，通风效果受到影响。在实际工程中大量采用。

(6) 百叶窗：主要用于遮阳、防雨及通风，但采光差。百叶窗可用金属、木材、玻璃、钢筋混凝土等制作，有固定式和活动式两种形式。

特点：造型独特，具有良好的透气性能。

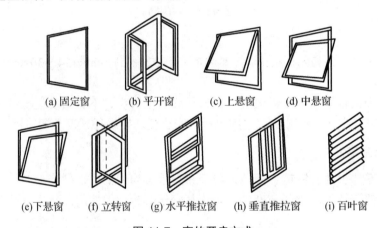

(a) 固定窗　　(b) 平开窗　　(c) 上悬窗　　(d) 中悬窗

(e)下悬窗　　(f) 立转窗　　(g) 水平推拉窗　　(h) 垂直推拉窗　　(i) 百叶窗

图 11-7　窗的开启方式

11.2.2　窗的组成与尺度

1. 组成

窗主要由窗框、窗扇、五金零件等三部分组成。图 11-8 所示为窗的组成示意图。

(1) 窗框又称窗樘。其主要作用是与墙连接并通过五金零件固定窗扇。窗框由上槛、中槛、下槛、边框用合角全榫拼接成框。一般尺度的单层窗窗樘的厚度常为 40～50 mm，宽度为 110～95 mm，中竖梃双面窗扇需加厚一个铲口的深度 10 mm，中横档除加厚 10 mm 外，若要加披水，一般还要加宽 20 mm 左右。

(2) 窗扇。平开玻璃窗一般由上、下冒头和左、右边梃榫接而成，有的中间还设窗棂。窗扇厚度为 35～42 mm，一般为 40 mm。上、下冒头及边梃的宽度视木料材质和窗扇大小而定，一般为 50～60 mm，下冒头可较上冒头适当加宽 10～25 mm，窗棂宽度为 211～40 mm。

玻璃常用厚度为 3 mm，较大面积可采用 5 mm 或 6 mm。为了隔声保温等需要，可采用双层中空玻璃；需遮挡或模糊视线可选用磨砂玻璃或压花玻璃；为了安全可采用夹丝玻璃、钢化玻璃以及有机玻璃等；为了防晒可采用有色、吸热和涂层、变色等种类的玻璃。

纱窗窗扇用料较小，一般为 30 mm × 50 mm～35 mm × 65 mm。

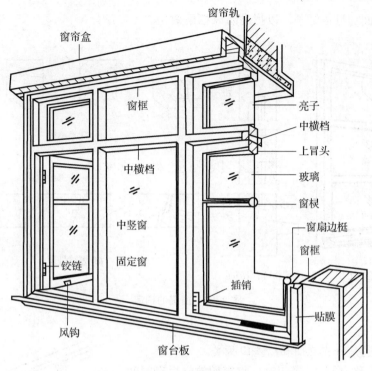

图 11-8　窗的组成

(3) 五金零件一般有铰链、插销、窗钩、拉手和铁三角等。铰链又称合页、折页，是连接窗扇和窗框的连接件，窗扇可绕铰链转动；插销和窗钩是固定窗扇的零件；拉手为开关窗扇用。

2. 尺度

窗的尺度应根据采光、通风与日照的需要来确定，同时兼顾建筑造型和《建筑模数协调标准》(GB/T 50002—2013)等的要求。为确保窗的坚固、耐久，应限制窗扇的尺寸，一般平开木窗的窗扇高度为 800～1200 mm，宽度不大于 500 mm；上下悬窗的窗扇高度为 300～600 mm；中悬窗窗扇高度不大于 1200 mm，宽度不大于 1000 mm；推拉窗的高宽均不宜大于 1500 mm。目前，各地均有窗的通用设计图集，可根据具体情况直接选用。

11.2.3　窗的构造

1. 木窗

1) 木窗的断面形状和尺寸

木窗窗框的断面形状与尺寸主要由窗扇的层数、窗扇厚度、开启方式、窗洞口尺寸及当地风力大小来确定，一般多为经验尺寸，可根据具体情况确定。

窗扇的厚度为 35～42 mm，上、下冒头和边梃的宽度为 50～60 mm，下冒头若加披水板，应比上冒头加宽 10～25 mm。窗芯宽度一般为 211～40 mm。为镶嵌玻璃，在窗扇外侧要做裁口，其深度为 8～12 mm，但不应超过窗扇厚度的 1/3。其构造如图 11-9 所示。窗料的内侧常做装饰性线脚，既少挡光又美观。两窗扇之间的接缝处，常做高低缝的盖口，也可以一面或两面加钉盖缝条，以提高防风挡雨效果。

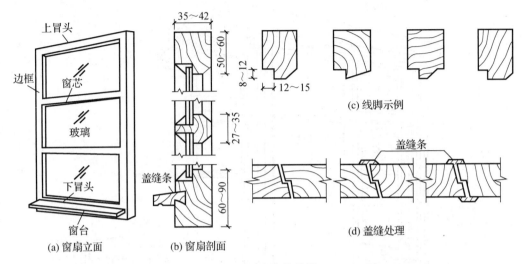

图 11-9　窗扇的构造

2) 窗的安装

窗的安装也是分先立口和后塞口两类。

(1) 立口又称立樘子，施工时先将窗樘放好后砌窗间墙。上下档各伸出约半砖长的木段(羊角或走头)，在边框外侧每 500～1100 mm 设一木拉砖(木鞠)或铁脚砌入墙身，如图 11-10 所示。这种方法的特点：窗樘与墙的连接紧密，但施工不便，窗樘及其临时支撑易被碰撞，故较少采用。

(2) 塞口又称塞樘子或嵌樘子，在砌墙时先留出窗洞，以后再安装窗樘。为了加强窗樘与墙的联系，窗洞两侧每 500～1100 mm 砌入一块半砖大小的防腐木砖(窗洞每侧应不少于两块)，安装窗樘时用长钉或螺钉将窗樘钉在木砖上，也可在樘子上钉铁脚，再用膨胀螺栓钉在墙上或用膨胀螺栓直接把樘子钉于墙上。

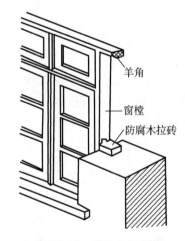

图 11-10　窗的立口安装

为了抗风雨，外侧须用砂浆嵌缝，也可加钉压缝条或油膏嵌缝，寒冷地区应用纤维或毡类如毛毡、矿棉、麻丝或泡沫塑料绳等垫塞。塞樘子的窗樘每边应比窗洞小 10～20 mm。

一般窗扇都用铰链、转轴或滑轨固定在窗樘上。通常在窗樘上做铲口，深 10～12 mm，也有钉小木条形成铲口。为提高防风雨能力，可适当提高铲口深度(约 15 mm)或钉密封条，或在窗樘留槽，形成空腔的回风槽。

外开窗的上口和内开窗的下口，一般须做披水板及滴水槽以防止雨水内渗，同时在窗樘内槽及窗盘处做积水槽及排水孔将渗入的雨水排除。

窗框在墙中的位置，一般是与墙内表面平，安装时窗框突出砖面 20 mm，以便墙面粉刷后与抹灰面平。框与抹灰面交接处，应用贴脸板搭盖，以阻止由于抹灰干缩形成缝隙后风透入室内，同时可增加美观。贴脸板的形状及尺寸与门的贴脸板相同。当窗框立于墙中时，应内设窗台板，外设窗台。窗框外平时，靠室内一面设窗台板。

2. 铝合金窗

铝合金窗是以铝合金型材来做窗框和扇框，具有重量轻、强度高、耐腐蚀、密封性较好、便于工业化生产的优点，但普通铝合金窗的隔声和热工性能差，如果采用断桥铝合金窗技术，热工性能就会得到改善。

铝合金窗多采用水平推拉式的开启方式，窗扇在窗框的轨道上滑动开启。窗扇与窗框之间用尼龙密封条进行密封，并可以避免金属材料之间相互摩擦。玻璃卡在铝合金窗框料的凹槽内，并用橡胶压条固定，如图 11-11 和图 11-12 所示。

铝合金窗一般采用塞口的方法安装，固定时，窗框与墙体之间采用预埋铁件、燕尾铁脚、膨胀螺栓、射钉固定等方式连接，如图 11-13 所示。为了便于铝合金窗的安装，一般先在窗框外侧用螺钉固定钢质锚固件，安装时与洞口四周墙中的预埋铁件焊接或锚固在一起。玻璃应嵌固在铝合金窗料中的凹槽内，并加密封条。

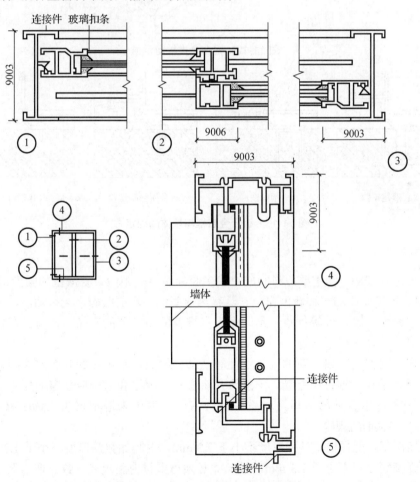

图 11-11　110 系列铝合金窗节点

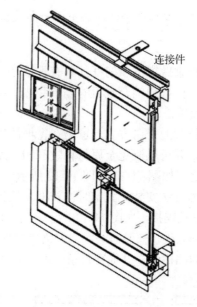

连接件

图 11-12 铝合金推拉窗示意

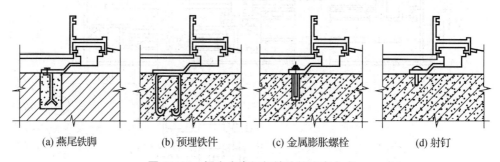

(a) 燕尾铁脚   (b) 预埋铁件   (c) 金属膨胀螺栓   (d) 射钉

图 11-13 铝合金窗框与墙体的固定方式

3. 塑钢窗

塑钢窗是以 PVC 为主要原料制成空腹多腔异型材，中间设置薄壁加强型钢(简称加强筋)，经加热焊接而成的一种新型窗。它具有热导率低、耐弱酸碱、无须油漆，并有良好的气密性、水密性、隔声性等优点，是国家重点推荐的新型节能产品，目前已在建筑中被广泛推广采用。

塑钢窗由窗框、窗扇、窗的五金零件等三部分组成，塑钢窗的开启方式同其他材料窗相同，主要有平开、推拉和上悬、中悬等开启方式。窗框和窗扇应视窗的尺寸、用途、开启方法等因素选用合适的型材，材质应符合《门、窗用未增塑聚氯乙烯(PVC-U)型材》(GB/T 8814—2004)的规定。

一般情况下，型材框扇外壁厚度不小于 2.3 mm，内腔加强筋厚度不小于 1.2 mm，内腔加衬的增强型钢厚度不小于 1.2 mm，且尺寸必须与型材内腔尺寸一致。增强型钢及紧固件应采用热镀锌的低碳钢，其镀膜厚度不小于 12 μm。固定窗可选用 50 mm、60 mm 厚度系列型材，平开窗可选用 50 mm、60 mm、80 mm 厚度系列型材，推拉窗可选用 60 mm、80 mm、90 mm、100 mm 厚度系列型材。平开窗扇的尺寸不宜超过 600 mm × 1500 mm，推拉窗的窗扇尺寸不宜超过 900 mm × 1800 mm。

塑钢窗一般采用后立口安装，在墙和窗框间的缝隙应用泡沫塑料等发泡剂填实，并用玻璃胶密封。安装时可用射钉或塑料、金属膨胀螺钉固定，也可用预埋铁件固定，如图 11-14 所示。

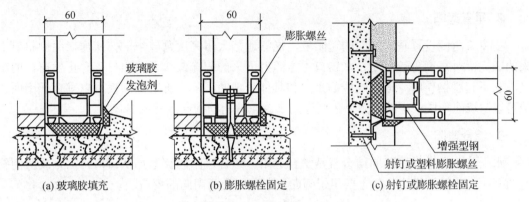

(a) 玻璃胶填充　　　(b) 膨胀螺栓固定　　　(c) 射钉或膨胀螺栓固定

图 11-14　塑钢窗的安装

11.3　建筑遮阳构造

建筑遮阳是为防止直射阳光照入室内，以减少太阳辐射热，避免夏季室内过热，或产生眩光以及保护室内物品不受阳光照射而采取的一种建筑措施。建筑遮阳包括建筑外遮阳、窗遮阳、玻璃遮阳、建筑内遮阳等。

用于遮阳的方法很多，结合规划及设计，确定好朝向，采取必要的绿化，巧妙地利用挑檐、外廊、阳台等是最好的遮阳；简易活动遮阳是利用苇席、布篷竹帘等措施进行遮阳，简易遮阳简单、经济、灵活，但耐久性差。

设置耐久的遮阳板即构件遮阳，如在窗口悬挂窗帘、设置百叶窗，或者利用门窗构件自身的遮光性以及窗扇开启方式的调节变化，不仅可以有效遮阳，还可起到挡雨和美观作用，故应用较广泛。

窗户遮阳板按其形状和效果而言，可分为水平遮阳、垂直遮阳、综合遮阳及挡板遮阳 4 种基本形式，如图 11-15 所示。

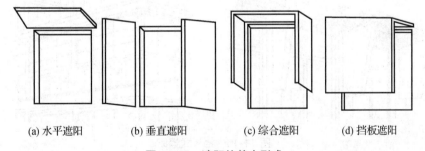

(a) 水平遮阳　　　(b) 垂直遮阳　　　(c) 综合遮阳　　　(d) 挡板遮阳

图 11-15　遮阳的基本形式

1. 水平遮阳

在窗口上方设置一定宽度的水平方向的遮阳板，能够遮挡太阳高度角较大时从窗口上

方照射下来的阳光,适用于南向及其附近朝向的窗口或北回归线以南低纬度地区的北向及其附近的窗口。水平遮阳板既可做成实心板,也可做成格栅或百叶板,较高大的窗口可在不同高度设置双层或多层水平遮阳板,以减少板的出挑宽度。

2. 垂直遮阳

在窗口两侧设置垂直方向的遮阳板,能够遮挡太阳高度角较小的、从窗口两侧斜射下来的阳光;对高度角较大的、从窗口上方照射下来的阳光或接近日出日落时正射窗口的阳光,它不起遮挡作用。根据光线的来向和具体处理的不同,垂直遮阳板可以垂直于墙面,也可以与墙面形成一定的夹角。主要适用于偏东偏西的南向或北向窗口。

3. 综合遮阳

水平遮阳和垂直遮阳的结合就是综合遮阳。综合遮阳能够遮挡从窗口正上方或两侧斜射的光线,遮挡效果均匀。主要用于南向、东南向及西南向的窗口。

4. 挡板遮阳

这种遮阳板是在窗口正前方一定距离设置与窗户平行方向的垂直挡板。由于封堵窗口以外,能够遮挡太阳高度较小的、正射窗口的阳光。主要适用于东西向以及近朝向的窗口。

遮阳板一般采用混凝土板,也可以采用钢构架石棉瓦、压型金属板等构造。建筑立面上设置遮阳板时,为兼顾建筑造型和立面设计要求,遮阳板布置宜整齐有规律。建筑通常将水平遮阳板或垂直遮阳板连续设置,形成较好的立面效果,如图 11-16 所示。

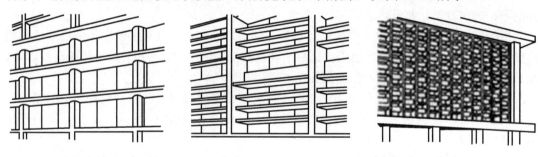

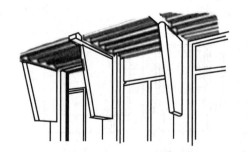

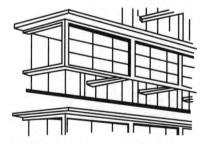

图 11-16 挡板式遮阳

思 考 题

11-1　窗、门各有哪些类型？在建筑中的作用分别是什么？

11-2　窗和门的组成部分分别有哪些？

11-3　木门窗框的安装有哪两种方式？各有什么特点？

11-4　铝合金门窗框与墙体之间的缝隙如何处理？其构造如何？

11-5　塑钢门窗框与墙体之间的缝隙如何处理？其构造如何？

11-6　金属门窗与洞口的连接方式有哪几种？

第 12 章 变 形 缝

【知识目标】

(1) 掌握变形缝的分类、特点和工作状态。
(2) 掌握伸缩缝、沉降缝的构造特点以及常用的构造做法。
(3) 了解防震缝的一般知识。
(4) 了解后浇带的构造做法。

【能力目标】

(1) 掌握伸缩缝、沉降缝、防震缝的构造。
(2) 掌握后浇带的构造。

12.1 变形缝的设置与构造

12.1.1 变形缝的类型

在工程实践中，常会遇到不同大小、不同体型、不同层高以及建在不同地质条件上的建筑物，某些建筑由于受温度变化、地基不均匀沉降以及地震等因素影响，结构内部产生附加应力和变形，轻则产生裂缝，重则倒塌，影响使用安全，为避免这种情况的发生，除了加强房屋的整体刚度以外，在设计时有意在建筑物的敏感部位留出一定的缝隙，把它分成若干独立的单元，允许其自由变形而不造成建筑物的破损，这些缝隙即变形缝。

变形缝是伸缩缝、沉降缝和防震缝的总称。根据建筑物在外界因素作用下常会产生变形，导致开裂甚至破坏，变形缝是针对这种情况而预留的构造缝。变形缝可分为伸缩缝、沉降缝、抗震缝 3 种。

12.1.2 伸缩缝的设置原则

建筑构件因温度和湿度等因素的变化会产生胀缩变形，称伸缩缝。为此，通常在建筑物适当的部位设置垂直缝隙，自基础以上将房屋的墙体、楼板层、屋顶等构件断开，将建筑物分离成几个独立的部分。为克服过大的温度差而设置的缝，基础可不断开，从基础顶面至屋顶沿结构断开。缝宽一般为 20～30 mm。

1. 伸缩缝的设置原则

伸缩缝的设置间距与结构所用材料、结构类型、施工方式、建筑所处环境和位置有关。伸缩缝应设在因温度和收缩变形可能引起应力集中、砌体产生裂缝可能性最大的地方。表12-1 和表 12-2 对砌体结构和钢筋混凝土结构建筑的伸缩缝最大设置间距做出了规定。

表 12-1　砌体房屋伸缩缝的最大间距

屋盖或楼盖类别		间距/m
整体式或装配式钢筋混凝土结构	有保温层或隔热层的屋盖、楼盖	50
	无保温层或隔热层的屋盖	40
装配式有无檩体系钢筋混凝土结构	有保温层或隔热层的屋盖、楼盖	60
	无保温层或隔热层的屋盖	50
装配式有檩体系钢筋混凝土结构	有保温层或隔热层的屋盖	75
	无保温层或隔热层的屋盖	60
瓦材屋盖、木屋盖或楼盖、轻钢屋盖		100

注：① 对烧结普通砖、多孔砖、配筋砌块砌体房屋取表中数值；对石砌体、蒸压灰砂砖、蒸压粉煤灰砖和混凝土砌块房屋取表中数值乘以 0.12 的系数。当有实践经验并采取有效措施时，可不遵守本表规定。

② 在钢筋混凝土屋面上挂瓦的屋盖应按钢筋混凝土屋盖采用。

③ 按本表设置的墙体伸缩缝，一般不能同时防止由于钢筋混凝土屋盖的温度变形和砌体干缩变形引起的墙体局部裂缝。

④ 屋高大于 5m 的烧结普通砖、多孔砖、配筋砌块砌体结构单层房屋，其伸缩缝间距可按表中数值乘以 1.3 计算。

⑤ 温差较大且变化频繁地区和严寒地区不采暖的房屋及构筑物墙体的伸缩缝的最大间距，应按表中数值予以适当减小。

⑥ 墙体的伸缩缝应与结构的其他变形缝相重合，在进行立面处理时，必须保证缝隙的伸缩作用。

表 12-2　钢筋混凝土结构伸缩缝最大间距

结构类别		室内或土中/m	露天/m
排架结构	装配式	100	70
框架结构	装配式	75	50
	现浇式	55	35
剪力墙结构	装配式	65	40
	现浇式	45	35
挡土墙、地下室墙壁等类结构	装配式	40	30
	现浇式	30	20

注：① 装配整体式结构房屋的伸缩缝间距宜按表中现浇式的数值取用。

② 框架-剪力墙结构或框架-核心筒结构房屋的伸缩缝间距可根据结构的具体布置情况取表中框架结构与剪力墙结构之间的数值。

③ 当屋面无保温或隔热措施时，框架结构、剪力墙结构的伸缩缝间距宜按表中"露天"栏的数值取用。

④ 现浇挑檐、雨罩等外露结构的伸缩缝间距不宜大于 12 m。

⑤ 排架结构柱高(从基础顶面算起)低于 12 m 时，宜适当减小伸缩缝间距；经常处于高温作用下的结构、采用滑模类施工工艺的剪力墙结构，宜适当减小伸缩缝间距。

2. 伸缩缝的结构处理

1) 砖混结构

砖混结构的墙和楼板及屋顶的伸缩缝结构布置，既可采用单墙也可采用双墙承重方案，如图 12-1 所示。

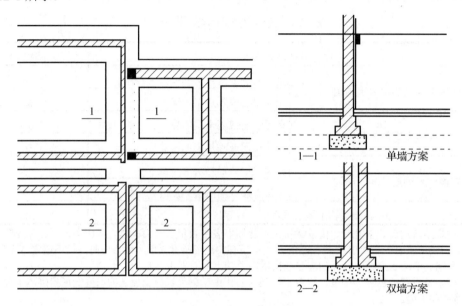

图 12-1　砖墙承重方案

2) 框架结构

框架结构的墙和楼板及屋顶的伸缩缝结构一般采用悬臂梁方案，如图 12-2(a)所示；也可采用双梁双柱方式，如图 12-2(b)所示，但施工较复杂。

3. 伸缩缝的构造

1) 砖墙伸缩缝的构造

伸缩缝因墙厚的不同，可做成平缝、错口缝和凹凸缝，如图 12-3 所示。主要视墙体材料、厚度及施工条件而定。

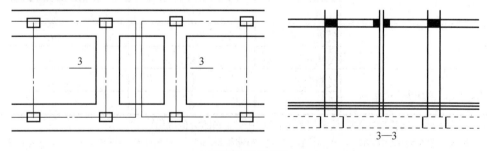

(a) 框架悬臂梁方案

图 12-2　框架结构方案

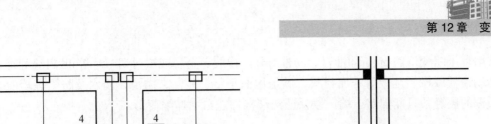

(b) 框架双梁双柱方案

图 12-2　框架结构方案(续)

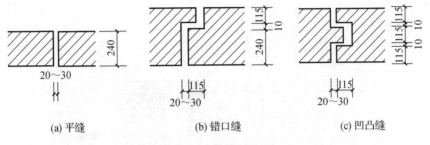

(a) 平缝　　　　　　　(b) 错口缝　　　　　　　(c) 凹凸缝

图 12-3　砖墙伸缩缝

　　外墙伸缩缝位于露天，为保证其沿水平方向自由伸缩，并防止雨雪对室内的渗透，需对伸缩缝进行嵌缝和盖缝处理，缝内应填具有防水、防腐蚀性的弹性材料，如沥青麻丝、橡胶条、塑料条或金属调节片等。缝口可用镀锌铁皮、彩色薄钢板、铅皮等金属调节片做盖缝处理。对内墙或外墙内侧的伸缩缝，应尽量从室内美观角度考虑，通常以装饰性本板或金属调节盖板予以遮挡，通常盖缝板条一侧固定，以保证结构在水平方向的自由伸缩。内墙及外墙伸缩缝构造如图 12-4 所示。

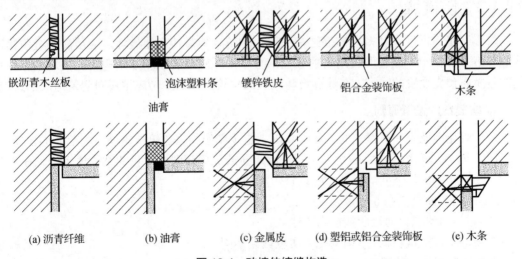

(a) 沥青纤维　　　(b) 油膏　　　(c) 金属皮　　　(d) 塑铝或铝合金装饰板　　　(e) 木条

图 12-4　砖墙伸缩缝构造

2) 楼地板层伸缩缝构造

楼地板层伸缩缝的位置和缝宽大小应与墙体、屋顶变形缝一致，如图 12-5 所示。缝内

常用可压缩变形的材料(如油膏、沥青麻丝、橡胶、金属或塑料调节片等)做封缝处理，上铺活动盖板或橡塑地板等地面材料，满足地面平整、光洁、防滑、防水及防尘等功能要求。顶棚的盖缝条只能固定一端，以保证两端构件能自由伸缩变形。

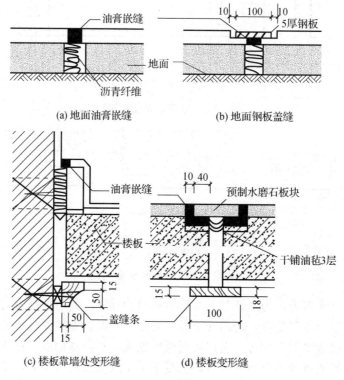

图 12-5　楼地板伸缩缝构造

12.1.3　防震缝

防震缝是地震区设计多层砖混结构房屋，为防止地震使房屋破坏，应用防震缝将房屋分成若干形体简单、结构刚度均匀的独立部分，为减轻或防止相邻结构单元由地震作用引起的碰撞而预先设置的间隙。在地震设防地区的建筑必须充分考虑地震对建筑造成的影响。

1. 防震缝的设置原则

为了避免因地震造成建筑的破坏，我国制定了相应的《建筑抗震设计规范》(GB 50011—2010)。对多层砌体房屋，应优先采用横墙承重或纵横墙混合承重的结构体系。凡在 6 级设防地区的建筑物，下列情况之一应设置防震缝。

(1) 建筑立面高差在 6 m 以上。

(2) 建筑有错层，而错层楼层高差较大。

(3) 建筑物相邻各部分结构刚度、质量截然不同。

在多层砖混结构建筑中，防震缝的宽度按设防烈度不同采用 50～70 mm。在多层钢筋混凝土框架结构建筑中，当其高度小于 15 m 时，缝宽为 70 mm；当建筑高度大于 15 m 时，按不同设防烈度随建筑高度增高，参见表 12-3。

表 12-3 不同设防烈度时建筑高度增高与缝宽的关系

地区设防烈度	建筑每增高高度/m	缝宽从 70/mm 起增宽/mm
6	5	20
7	4	20
8	3	20
9	2	20

防震缝两侧均匀设置墙体,以加强两侧建筑物的刚度。防震缝在地面以下的基础可不设缝。防震缝在与伸缩缝、沉降缝同时设置时,可将缝合并,其缝设置的构造应满足各种缝的要求。

2. 防震缝的构造

防震缝的构造及要求与伸缩缝相似,基础以上断开,基础可不断开。前者比后者缝宽,如图 12-6 所示。在施工时,必须确保缝宽符合要求。防震缝应与伸缩缝、沉降缝统一布置,并满足防震缝的设计要求。要充分考虑盖缝条的牢固性以及应变能力。

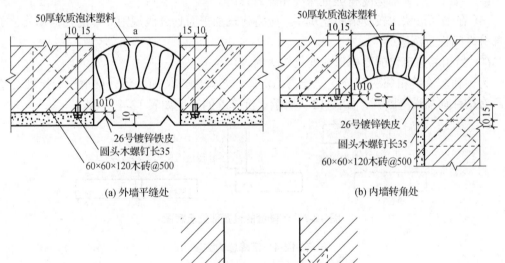

(a) 外墙平缝处 (b) 内墙转角处

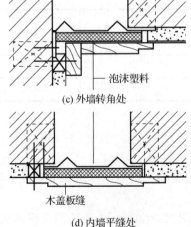

(c) 外墙转角处

(d) 内墙平缝处

图 12-6 墙体防震缝

在施工过程中不能让砂浆、碎砖或其他硬杂物掉入防震缝内，不能将墙缝作成错口或凹凸口。外墙变形缝应做到不透风、不渗水，其嵌缝材料必须具有防水、防腐、耐久等性能以及一定的弹性。

12.1.4　沉降缝

为防止建筑物各部分由于地基不均匀沉降引起房屋破坏所设置的垂直缝称为沉降缝。

1. 沉降缝的设置

沉降缝是为了预防建筑物各部分由于不均匀沉降引起的破坏而设置的变形缝，凡属于下列情况之一应考虑设置沉降缝。

(1) 当建筑物建造在不同的地基上时。

(2) 当同一建筑物相邻部分高度相差在两层以上或部分高度差超过 10 m 以上时。

(3) 当建筑物部分的基础底部压力值有较大差别时。

(4) 原有建筑物和扩建建筑物之间。

(5) 当相邻的基础宽度和埋置深度相差悬殊时。

(6) 在平面形状比较复杂的建筑中，应将建筑物平面划分成规则简单的几何单元，在各个部分之间设置沉降缝。

(7) 当相邻建筑物的结构形式变化较大时。

为了使沉降缝相邻两部分建筑能自由沉降，沉降缝部位的墙体、楼地层、屋顶及基础等所有构件都需设缝断开，如图 12-7 所示。沉降缝的宽度如表 12-4 所示。

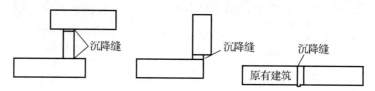

图 12-7　沉降缝的设置部位示意图

表 12-4　沉降缝的宽度

房屋层数	沉降缝宽度/m
二～三	50～80
四～五	80～120
五层以上	≥120

2. 沉降缝的构造

1) 基础沉降缝

基础沉降缝应断开以避免因不均匀沉降造成的相互干扰。常见砖墙条形基础处理方案有 3 种。

(1) 双墙偏心基础，如图 12-8(a)所示，此法基础整体刚度大，但基础偏心受力，在沉降时产生一定的挤压力。

(2) 挑梁基础，如图 12-8(b)所示，对沉降量大的一侧墙基不做处理，而另一侧用悬挑基础梁，梁上做轻质隔墙，挑梁两端设构造柱。当沉降缝两侧基础埋深相差较大或新旧建筑毗连时，宜用该方案。

(3) 双墙交叉基础，如图 12-8(c)所示，基础不偏心受力，因而地基受力与双墙偏心基础及挑梁基础相比较，将大有改进。

2) 墙身、楼底层、屋顶沉降缝

墙身沉降缝与相应基础沉降缝方案有关。

(1) 采用偏心基础时，其上为双承重墙，如图 12-8(a)所示。

(2) 采用挑梁基础时，其上为一承重墙和一轻质隔墙，如图 12-8(b)所示。

(3) 采用交叉基础时，墙体为承重或非承重双墙，如图 12-8(c)所示。

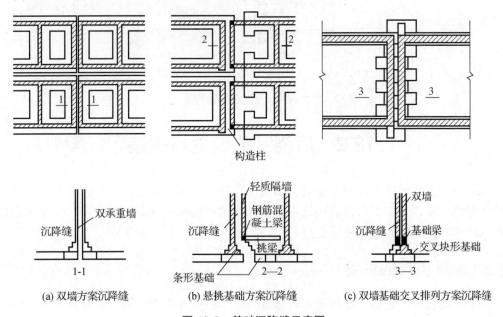

(a) 双墙方案沉降缝　　(b) 悬挑基础方案沉降缝　　(c) 双墙基础交叉排列方案沉降缝

图 12-8　基础沉降缝示意图

墙身及楼底层沉降缝构造与伸缩缝构造基本相同，如图 12-9 所示，但要求建筑物的两个独立单元能自由沉降，所以金属盖缝调节片不同于伸缩缝。

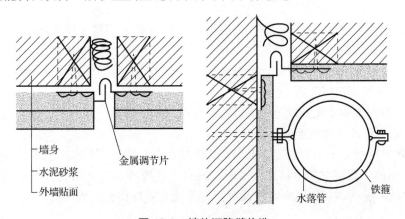

图 12-9　墙体沉降缝构造

屋顶沉降缝的构造应充分考虑屋顶沉降对屋面防水材料及泛水的影响,如图 12-10 所示。

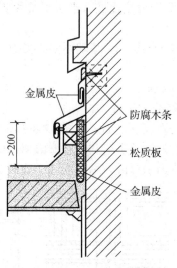

图 12-10 屋顶沉降缝构造

12.2 后浇带的设置与构造

后浇带是指在现浇整体钢筋混凝土结构中,在施工期间留置的临时性温度、收缩和沉降的变形缝。后浇带的留设及其位置皆由设计确定。后浇带分沉降后浇带、收缩后浇带、温度后浇带和伸缩后浇带 4 种类型。

12.2.1 后浇带的设置

后浇带的设置应遵循"抗放兼备、以放为主"的设计原则。因为普通混凝土存在开裂问题,设置后浇缝的目的就是将大部分的约束应力释放,然后用膨胀混凝土填缝以抗衡残余应力。

(1) 后浇带的留置宽度一般为 700～1000 mm,现常见的有 1200 mm、1000 mm、1200 mm 等 3 种。

(2) 后浇带的接缝形式有平直缝、阶梯缝、槽口缝和 X 形缝 4 种形式。

(3) 后浇带内的钢筋,有全断开再搭接、不断开另设附加筋的规定。

(4) 后浇带混凝土的补浇时间,有的规定不少于 14 d,有的规定不少于 42 d,有的规定不少于 60 d,有的规定封顶后 21 d。

(5) 后浇带的混凝土配制及强度,有的要求原混凝土提高一级强度等级,也有的要求用同等级或提高一级的无收缩混凝土浇筑。

(6) 养护时间规定不一致,有 7 d、14 d 或 21 d 等几种时间要求。上述差异的存在给施工带来诸多不便,有很大的可伸缩性,所以只有认真理解各专业规范的不同和根据本工程的特点、性质,灵活、可靠地应用规范规定,才能有效地保证工程质量。

12.2.2 后浇带的构造

1. 地下室底板后浇带

底板后浇带下部须设基槽，做成后的基槽表面须比底板底面低 250 mm 以上，两边放坡不大于 45°，上部宽度各大出后浇带 150 mm 以上。底板后浇带下部须设防水附加层，防水附加层宽度需在两边各大出后浇带 300 mm 以上，如图 12-11 所示。

1) 后浇带基槽

底板下后浇带基槽做法除在混凝土垫层上部增加一层防水附加层外，其余顺序与底板下部做法相同，防水附加层宽度需在两边各大出后浇带 300 mm 以上。

2) 浇筑底板混凝土

浇筑底板混凝土前，须在后浇带处安装具有一定强度的密目钢板网以阻挡底板混凝土流失，浇筑底板混凝土时须保证钢板网处混凝土密实。

3) 清理后浇带

清理干净底板与后浇带接合处的浮浆和垃圾并湿润 24 h 以上；清理干净后浇带内钢筋上的附着物；清理干净后浇带基槽内的垃圾和积水。

4) 浇筑后浇带混凝土

后浇带混凝土的抗渗和抗压等级不得低于底板混凝土；后浇带混凝土须选用具有补偿收缩作用的微膨胀混凝土。后浇带混凝土须一次浇筑完成，不得留设施工缝。

5) 养护

后浇带混凝土浇筑完成后应及时养护，养护时间不少于 28 d。

工艺流程：后浇带基槽—浇筑底板混凝土—清理后浇带—浇筑后浇带混凝土—养护。

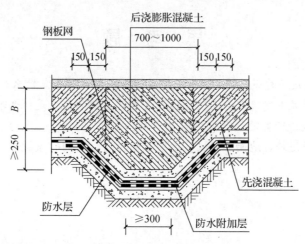

图 12-11 地下室底板后浇带

2. 地下室外墙后浇带

(1) 外墙后浇带两侧须按施工缝做法预埋钢板止水带，浇筑外墙混凝土前在后浇带两侧安装具有一定强度的阻挡混凝土流失的密目钢板网，钢板网与钢板止水带焊接并固定牢固。

(2) 外墙后浇带外部须设防水附加层，防水附加层宽度需在两边各大出后浇带 300 mm

以上。

(3) 外墙后浇带模板应加固牢靠，防止胀模及漏浆。

(4) 外墙后浇带混凝土尽可能与地下室顶板后浇带混凝土同时浇筑。

(5) 墙体表面缺陷处理及螺杆孔封闭处理后，施工防水附加层，附加层验收合格后再施工防水层。

(6) 为及时进行地下室外墙侧回填土施工，可先完成大面外墙防水施工后，在后浇带两侧各 1 m 位置先砌 240 mm 实心砖墙分隔。待外墙后浇带混凝土完成后，后浇带位置外墙防水与大面先行施工的防水在分隔墙内做好搭接，如图 12-12 所示。

工艺流程：埋设钢板止水带—浇筑外墙混凝土—后浇带清理—支模板—浇筑后浇带混凝土—防水附加层—防水层—防水保护层。

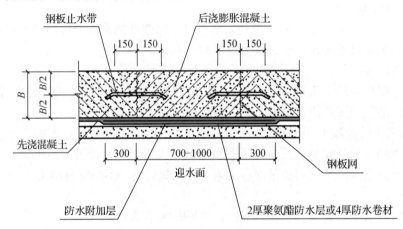

图 12-12　地下室外墙后浇带做法

思　考　题

12-1　在什么情况下建筑需要设沉降缝？设置沉降缝的要求是什么？缝宽一般是多少？

12-2　在什么情况下建筑需要设抗震缝？设置抗震缝的要求是什么？缝宽一般是多少？

12-3　对变形缝进行盖缝处理时应当注意哪些问题？

12-4　变形缝通过墙、地面、楼板、屋顶等部位时，它们的盖缝部位都是怎么处理的？

第3篇　建筑施工图的识读

　　"建筑施工图的识读"讲述建筑施工图常用符号、建筑材料及配件的图例符号，重点介绍一般建筑施工图的图示特点、阅读方法与步骤。本篇是制图理论与建筑施工图识读的应用。

第 13 章　建筑制图的基本知识

【知识目标】

了解建筑制图的基本知识、制图工具的使用。

【能力目标】

正确使用绘图工具绘制建筑施工图纸。

13.1　建筑制图的基本知识

1. 图纸幅面规格

图纸幅面及图框尺寸，应符合表 13-1 的规定。一般 A0～A3 图纸宜横式使用，必要时也可立式使用，其布置形式如图 13-1 所示。

表 13-1　幅面及图框尺寸　　　　　　　　　　　　　　　(mm)

尺寸代号 ＼ 截面代号	A0	A1	A2	A3	A4
$b×l$	841×1189	594×841	420×594	297×420	210×297
c		10			5
a			25		

2. 图线

(1) 线型及线宽。

图线的宽度 b 应根据图样的复杂程度和比例选用，如图 13-2 所示，并且符合表 13-2 的规定。

(2) 画线时应注意的问题。

① 在同一张图纸内，相同比例的各图样，应选用相同的线宽组。

② 相互平行的图线，其间隙不宜小于其中粗线的宽度，且不宜小于 0.7 mm。

③ 虚线、点划线或双点划线的线段长度和间隔，宜各自相等。

④ 如图形较小，画点划线或双点划线有困难时，可用实线代替。

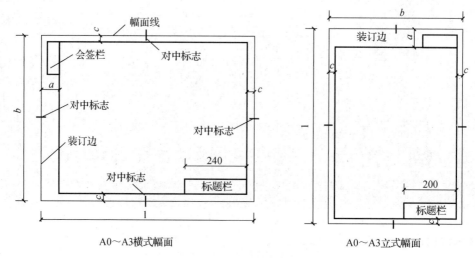

A0～A3横式幅面   A0～A3立式幅面

图 13-1 图纸幅面及图框尺寸

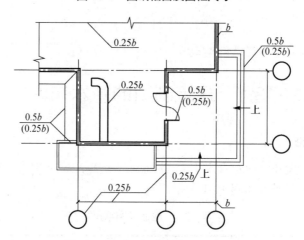

图 13-2 平面图图线宽度选用示例

表 13-2 图线

名 称	线 型	线 宽	用 途
粗实线		b	① 建筑平面图和剖面图中被剖切的主要建筑构造(包括构配件)的轮廓线 ② 建筑立面图或室内立面图的外轮廓线 ③ 建筑构造详图中被剖切的主要部分轮廓线和外轮廓线 ④ 建筑构配件详图中构配件的外轮廓线 ⑤ 平、立、剖面图的剖切符号
中实线		$0.5b$	① 平、剖面图中被剖切的次要建筑构造(包括构配件)的轮廓线 ② 建筑平、立、剖面图中建筑构配件的轮廓线 ③ 建筑构造详图及建筑构配件详图中的一般轮廓线

续表

名　称	线　型	线　宽	用　途
细实线	——————————	0.25b	小于 0.5b 的图形线、尺寸线、尺寸界线、图例线、索引符号、引出线、标高符号、较小图形中的中心线等
中虚线	- - - - - - - -	0.5b	① 建筑构造及建筑构配件不可见的轮廓线 ② 平面图中的起重机(吊车)轮廓线 ③ 拟扩建的建筑物轮廓线
细虚线	- - - - - - - -	0.25b	小于 0.5b 的不可见轮廓线
粗单点长划线	—— · —— · ——	b	起重机(吊车)轨道线
细单点长划线	—— · —— · ——	0.25b	中心线、对称线、定位轴线
折断线	——⌇——	0.25b	不需要画全的断开界线
波浪线	∿∿∿	0.25b	不需要画全的断开界线 构造层次的断开界线

注：地平线的线宽可用 1.4b。

⑤ 点划线或双点划线的两端不应是点，点划线与点划线交接或点划线与其他图线交接时，应是线段交接。

⑥ 虚线与虚线交接或虚线与其他图线交接时，应是线段交接。虚线为实线段的延长线时，不得与实线连接。

⑦ 图线不得与文字、数字或符号重叠、混淆，当不可避免时，应首先保证文字等的清晰。

3. 图样画法

(1) 平面图。

平面图的方向宜与总图方向一致。平面图的长边宜与横式幅面图纸的长边一致。在同一张图纸上绘制多于一层的平面图时，各层平面图宜按层数由低向高的顺序从左至右或从下至上布置。

平面图应在建筑物的门窗洞口处水平剖切俯视(屋顶平面图应在屋面以上俯视)，图内应包括剖切面及投影方向可见的建筑构造以及必要的尺寸、标高等，如需要表示高窗、洞口、通气孔、槽、地沟及起重机等不可见部分，则应以虚线绘制。

在平面图上应注写房间的名称或编号。编号注写在直径为 6 mm 细实线绘制的圆圈内，并在同一张图纸上列出房间名称表。在建筑物±0.000 标高的平面图上应绘制指北针，并放在明显位置，所指的方向应与总图一致。

(2) 立面图。

立面图应包括投影方向可见的建筑外轮廓线和墙面线脚、构配件、墙面做法及必要的尺寸和标高等。

在立面图上，相同的门窗、阳台、外檐装修、构造做法等可在局部重点表示，绘出其完整图形，其余部分只画轮廓线。外墙表面分隔线应表示清楚。应用文字说明各部位所用面材及色彩。

有定位轴线的建筑物，宜根据两端定位轴线号编注立面图名称(如①～⑩立面图、④～Ⓕ立面图)。无定位轴线的建筑物可按平面图各面的朝向确定名称。

(3) 剖面图。

剖面图的剖切部位应根据图纸的用途或设计深度，在平面图上选择能反映全貌、构造特征以及有代表性的部位剖切。剖切符号可用阿拉伯数字、罗马数字或拉丁字母表示。

剖面图内应包括剖切面和投影方向可见的建筑构造、构配件以及必要的尺寸、标高等。

建筑平面图、立面图、剖面图中的尺寸分为总尺寸、定位尺寸、细部尺寸 3 种。绘图时，应根据设计深度和图纸用途确定所需注写的尺寸。标注平面图各部位的定位尺寸时，注写与其最邻近的轴线间的尺寸；标注剖面图各部位的定位尺寸时，注写其所在层次内的尺寸。

在建筑平面图、立面图、剖面图上，宜标注室内外地坪、楼地面、地下层地面、阳台、平台、檐口、屋脊、女儿墙、雨篷、门、窗、台阶等处的标高。平屋面等不易标明建筑标高的部位可标注结构标高，并予以说明。结构找坡的平屋面，屋面标高可标注在结构板面最低点，并注明找坡坡度。

不同比例的平面图、剖面图，其抹灰层、楼地面、材料图例的省略画法，应符合下列规定。

① 比例大于 1∶50 时，应画出抹灰层与楼地面、屋面的面层线，并宜画出材料图例。

② 比例等于 1∶50 时，宜画出楼地面、屋面的面层线，抹灰层的面层线应根据需要而定。

③ 比例小于 1∶50 时，可不画出抹灰层，但宜画出楼地面、屋面的面层线。

④ 比例为 1∶100～1∶200 时，可画简化的材料图例(如砌体墙涂红、钢筋混凝土涂黑等)，但宜画出楼地面、屋面的面层线。

⑤ 比例小于 1∶200 时，可不画材料图例，剖面图的楼地面、屋面的面层线可不画出。

4. 字体

图样及说明中的汉字宜采用长仿宋体，宽度与高度的关系应符合表 13-3 的规定。

表 13-3　长仿宋体字高、字宽的关系　　　　　　　　　　　　　　　(mm)

字　高	20	14	10	7	5	3.5
字　宽	14	10	7	5	3.5	2.5

5. 比例

图样的比例应为图形与实物相对应的线性尺寸之比。比例宜注写在图名的右侧，字的基准线应取平；比例的字高宜比图名的字高小一号或二号，如图 13-3 所示。

平面图　1∶100　　　　⑥ 1∶20

图 13-3　比例的注写

6. 符号

1) 剖切符号

(1) 剖视的剖切符号。

剖视的剖切符号应由剖切位置线及投射方向线组成，均应以粗实线绘制，且不应与其他图线相接触。剖切位置线的长度宜为 6～10 mm；投射方向线应垂直于剖切位置线，长度应短于剖切位置线，宜为 4～6 mm。编号宜采用阿拉伯数字，按顺序由左至右、由下至上连续编排，并应注写在剖视方向线的端部。需要转折的剖切位置线，应在转角的外侧加注与该符号相同的编号，如图 13-4(a)所示。

建筑剖面图的剖切符号宜注在±0.000 标高的平面图上。

(2) 断面的剖切符号。

断面的剖切符号应只用剖切位置线表示，并应以粗实线绘制，长度宜为 6～10 mm。编号所在的一侧应为该断面的剖视方向，如图 13-4(b)所示。

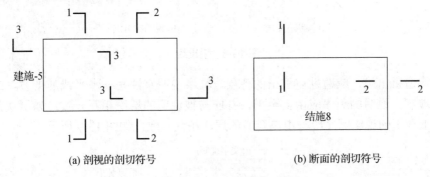

(a) 剖视的剖切符号　　　　　　(b) 断面的剖切符号

图 13-4　剖切符号

2) 索引符号与详图符号

(1) 索引符号。

图中的某一局部或构件，如需另见详图，应以索引符号索引。索引符号是由直径为 10 mm 的圆和水平直径组成，圆及水平直径均应以细实线绘制，如图 13-5 所示。

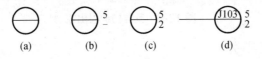

(a)　　　(b)　　　(c)　　　(d)

图 13-5　索引符号

索引符号如用于索引剖视详图，应在被剖切的部位绘制剖切位置线，并以引出线引出索引符号，引出线所在的一侧应为投射方向，如图 13-6 所示。

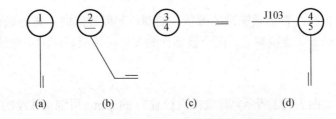

(a)　　　(b)　　　(c)　　　(d)

图 13-6　用于索引剖面详图的索引符号

（2）详图符号。

详图的位置和编号应以详图符号表示。详图符号的圆应以直径为 14 mm 粗实线绘制，如图 13-7 所示。

(a) 与被索引图样同在一张图纸内的详图符号　　(b) 与被索引图样不在同一张图纸内的详图符号

图 13-7　详图符号

3）引出线

引出线应以细实线绘制，宜采用水平方向的直线、与水平方向成 30°、45°、60°、90° 的直线，或经上述角度再折为水平线，如图 13-8 所示。

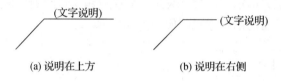

(a) 说明在上方　　　　　　　　(b) 说明在右侧

图 13-8　引出线

多层构造引出线，应通过被引出的各层。文字说明宜注写在水平线的上方，或注写在水平线的端部，说明的顺序应由上至下，并应与被说明的层次相互一致；如层次为横向排序，则由上至下的说明顺序应与由左至右的层次相互一致，如图 13-9 所示。

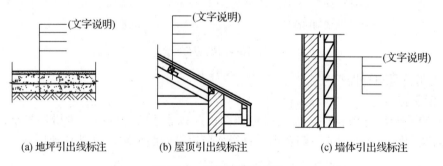

(a) 地坪引出线标注　　　(b) 屋顶引出线标注　　　(c) 墙体引出线标注

图 13-9　多层构造引出线

4）对称符号与连接符号

（1）对称符号。

对称符号由对称线和两端的两对平行线组成。对称线用细点画线绘制，平行线用细实线绘制，如图 13-10 所示。

（2）连接符号。

连接符号应以折断线表示须连接的部位。两部位相距过远时，折断线两端靠图样一侧应标注大写拉丁字母表示连接编号。两个被连接的图样必须用相同的字母编号，如图 13-11 所示。

5）指北针

指北针的形状如图 13-12 所示，其圆的直径宜为 24 mm，用细实线绘制；指针尾部的宽度宜为 3 mm，指针头部应注"北"或"N"字样。

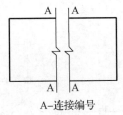

图 13-10 对称符号   图 13-11 连接符号   图 13-12 指北针

7. 定位轴线

定位轴线应用细点画线绘制，端部的圆用细实线绘制，直径为 8～10 mm。平面图上定位轴线的编号，宜标注在图样的下方与左侧。横向编号应用阿拉伯数字从左至右顺序编写；竖向编号应用大写拉丁字母从下至上顺序编写，如图 13-13 所示。拉丁字母的 I、O、Z 不得用作轴线编号。如字母数量不够使用时，可增用双字母或单字母加数字注脚，如 A_A、B_A、…、Y_A 或 A_1、B_1、…、Y_1。

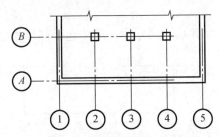

图 13-13 定位轴线编号顺序

组合较复杂的平面图中定位轴线也可采用分区编号，编号的注写形式应为"分区号-该分区编号"，如图 13-14 所示。

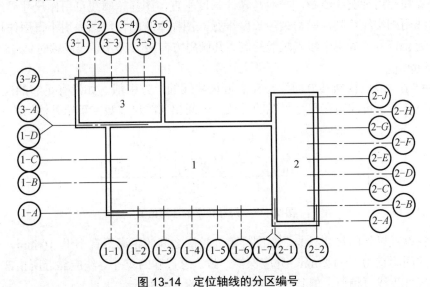

图 13-14 定位轴线的分区编号

折线形平面图中定位轴线的编号可按图 13-15 所示的形式编写。

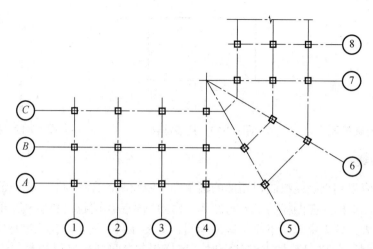

图 13-15　折线形平面定位轴线的编号

8. 尺寸标注

图样上的尺寸，包括尺寸界线、尺寸线、尺寸起止符号和尺寸数字，如图 13-16 所示。

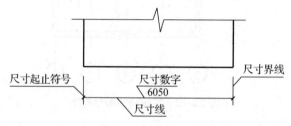

图 13-16　尺寸的组成

尺寸界线应用细实线绘制，一般与被注长度垂直，图样轮廓线可用作尺寸界线。

尺寸线用细实线绘制，应与被注长度平行，图样本身的任何图线均不得用作尺寸线。

尺寸起止符号一般用中粗斜短线绘制，其倾斜方向应与尺寸界线成顺时针 45°角，长度宜为 2～3 mm。

尺寸数字一般应依据其方向注写在靠近尺寸线的上方中部。如没有足够的注写位置，最外边的尺寸数字可注写在尺寸界线的外侧，中间相邻的尺寸数字可错开注写，如图 13-17所示。

图 13-17　尺寸数字的注写位置

图样轮廓线以外的尺寸界线，距图样最外轮廓之间的距离不宜小于 10 mm。平行排列的尺寸线的间距宜为 7～10 mm，并应保持一致。总尺寸的尺寸界线应靠近所指部位，中间分尺寸的尺寸界线可稍短，但其长度应相等，如图 13-18 所示。

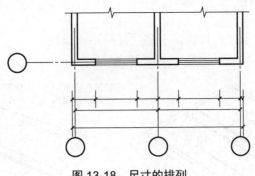

图 13-18　尺寸的排列

9. 标高

标高符号应以直角等腰三角形表示，用细实线绘制，如图 13-19(a)所示，如标注位置不够，也可按图 13-19(b)所示形式绘制。标高符号的尖端应指至被注高度的位置，尖端一般应向下，也可向上，如图 13-19(c)所示。

标高数字应以 m 为单位，注写到小数点后第三位。在总平面图中，可注写到小数点后第二位。零点标高应注写成±0.000，正数标高不注"+"，负数标高应注"-"，如 3.000、-0.600。标高数字应注写在标高符号的左侧或右侧。在图样的同一位置需表示几个不同标高时，标高数字可按图 13-19(d)所示的形式注写。

总平面图室外地坪标高符号，宜用涂黑的三角形表示，如图 13-19(e)所示。

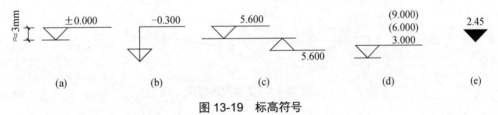

图 13-19　标高符号

13.2　制图工具及其使用

1. 图板、丁字尺

(1) 图板：作用是绘图的垫板。要求表面光洁，左边为导边，必须平直。

(2) 丁字尺，如图 13-20 所示，又称 T 形尺，由互相垂直的尺头和尺身构成，为画水平线和配合三角板作图的工具。丁字尺一般有 600 mm、900 mm、1200 mm 等 3 种规格。其正确使用方法如下。

① 应将丁字尺尺头放在图板的左侧，并与边缘紧贴，可上、下滑动使用。

② 只能在丁字尺尺身上侧画线，画水平线必须自左至右。

③ 画同一张图纸时，丁字尺尺头不得在图板的其他各边滑动，也不能用来画垂直线。

④ 过长的斜线可用丁字尺来画。

⑤ 较长的直平行线组也可用具有可调节尺头的丁字尺来作图。

⑥ 应保持工作边平直、刻度清晰准确、尺头与尺身连接牢固，不能用工作边来裁切

图纸。

⑦ 丁字尺放置时宜悬挂，以保证丁字尺尺身不被磕碰。

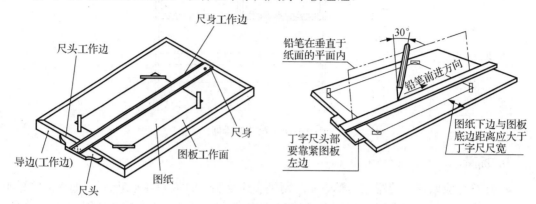

图 13-20　丁字尺

图板一般总是与丁字尺配合使用，将丁字尺尺头内侧紧靠图左侧导边上下移动，自左向右画水平线，如图 13-21 所示。

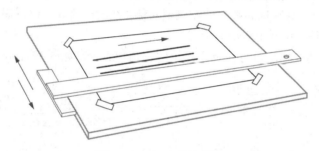

图 13-21　丁字尺的使用

2. 三角板

三角板一般一副有两块，一块两角均为 45°，另一块两角分别为 30° 和 60°。另外，还有一种可调角度的三角尺。

(1) 三角板与丁字尺配合使用，可画出垂直线。画垂直线时，画线须自下向上。三角尺必须紧靠丁字尺尺身，如图 13-23 所示。

(2) 利用两种角度的三角板组合，可画出 15° 及其倍数的各种角度，如图 13-22 所示。

(3) 两个三角板配合使用，也可画出各种角度的平行线，如图 13-23 所示。

(4) 单块三角板不能独立来画平行线组。

图板、丁字尺和三角板组合自左向右、自下而上画一组垂直线，如图 13-23 所示。

3. 圆规和分规

(1) 圆规用来画圆和圆弧。

圆规为画圆及画圆周线的工具。其形状不一，通常有大、小两类。圆规中一侧是固定针脚，另一侧是可以装铅及直线笔的活动脚。另外，有画较小半径圆的弹簧圆规及小圈圆规(或称点圆规)。弹簧圆规的规脚间有控制规脚宽度的调节螺钉，以便于量取半径，使其所能画圆的大小受到限制；小圈圆规是专门用来作半径很小的圆及圆弧的工具。使用圆规时

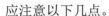

应注意以下几点。

① 在画圆时，应使针尖固定在圆心上，尽量不使圆心扩大，而影响到作图的准确度。

② 在画圆时，应依顺时针方向旋转，规身略可前倾。

③ 画大圆时，针尖与铅笔尖要垂直于纸面。

④ 画过大的圆时，需另加圆规套杆进行作图，以保证作图的准确性。

⑤ 画同心圆时，应遵循先画小圆再画大圆的次序。

⑥ 如遇直线与圆弧相连时，应遵循先画圆弧后画直线的次序。

⑦ 圆及圆弧线应一次画完。

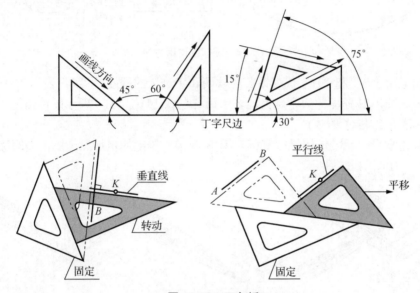

图 13-22　三角板

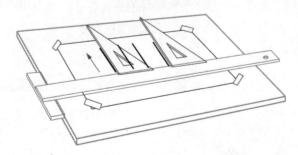

图 13-23　图板、丁字尺和三角板的组合

(2) 分规用来截取线段、等分直线或圆周以及从尺上量取尺寸。

画圆时，应尽量使钢针和铅芯都垂直于纸面，钢针的台阶与笔尖应平齐，分规的两脚全是钢针，用来量取尺寸或等分线段，如图 13-24 所示。

4. 铅笔

(1) 作图前要将铅笔削尖，作图时应保持尖的铅笔头，以确保图线的均匀一致。

(2) 作图时，将笔向运笔方向稍倾，并在运笔过程中轻微地转动铅笔，使铅芯能相对均匀地磨损，避免铅芯的不均匀磨损，保证所绘线条的质量。

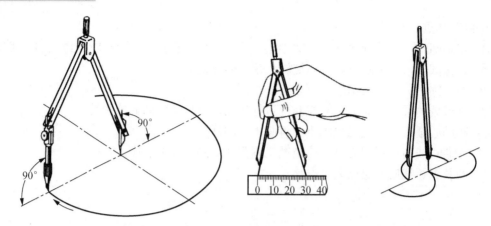

图 13-24 圆规的使用方法

绘图铅笔用"B"和"H"代表铅芯的软硬和字迹黑的程度。"B"表示软性铅笔(以石墨的含量来区分)，B前面的数字越大，表示铅芯越软(黑)；"H"表示硬性铅笔，H前面的数字越大，表示铅芯越硬(淡)。

画图时通常用 H 和 2H 铅笔画底稿，用 B 或 HB 铅笔加粗加深全图，书写文字时一般用 HB 铅笔，如图 13-25 所示。

(a) 铅芯的修磨　　　　(b) 削磨成圆锥状　　　　(c) 削磨成四棱柱状

图 13-25 铅笔的磨削方法

5. 比例尺

可直接按比例尺尺面上的数值截取或读出刻线的长度，如图 13-26 所示。

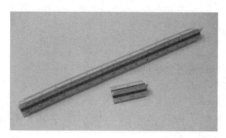

图 13-26 比例尺

6. 曲线板

曲线板是用来绘制曲率半径不同的非圆曲线的工具(图)。绘制非圆曲线时，可用曲线板或由可塑性材料和柔性金属芯条制成的柔性曲线尺来绘制。

(1) 作图时，为保证线条流畅、准确，应先按相应的作图方法定出所需画的曲线上足够数量的点，然后用曲线板连接相关点而成。

(2) 具体的用法及步骤如图 13-27 所示。

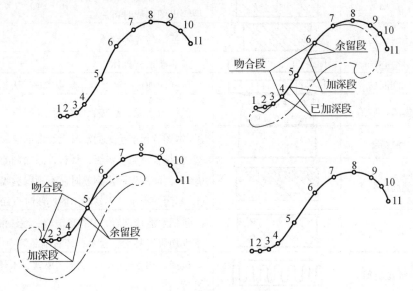

图 13-27　曲线板的作图方法

① 按相应的作图法作出曲线上一些点。

② 用铅笔徒手把各点依次连成曲线。

③ 找出曲线板与曲线相吻合的线段，并画出该线段。

④ 按同样的方法找出下一段，相邻曲线段之间应留一小段共同段作为过渡，即应有一小段与已画曲线段重合，以保证最后画成的曲线圆润、流畅。

13.3　常用建筑材料图例

常用建筑材料应按表 13-4 所示图例绘制。

表 13-4　常用图例

序号	名　称	图　例	备　注
1	自然土壤		包括各种自然土壤
2	夯实土壤		
3	砂、灰土		靠近轮廓线绘较密的点
4	砂砾石、碎砖三合土		
5	石材		
6	毛石		

续表

序号	名　称	图　例	备　注
7	普通砖	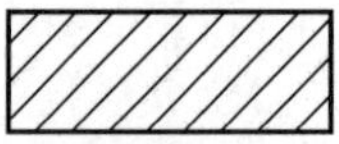	包括实心砖、多孔砖、砌块等砌体。断面较窄不易绘出图例线时可涂红
8	耐火砖	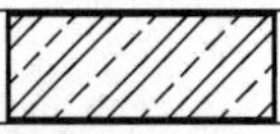	包括耐酸砖等砌体
9	空心砖	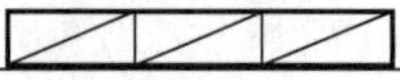	指非承重砖砌体
10	饰面砖		包括铺地砖、马赛克、陶瓷锦砖、人造大理石等
11	焦渣、矿渣	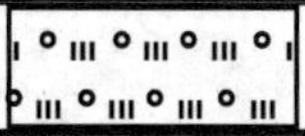	包括与水泥、石灰等混合而成的材料
12	混凝土	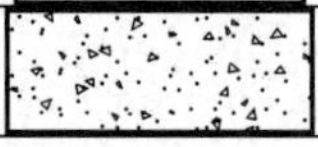	① 本图例指能承重的混凝土及钢筋混凝土 ② 包括各种强度等级、骨料、添加剂的混凝土
13	钢筋混凝土	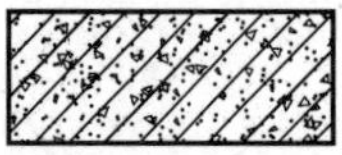	③ 在剖面图上画出钢筋时，不画图例线 ④ 断面图形小，不易画出图例线时可涂黑
14	多孔材料	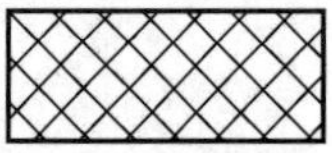	包括水泥珍珠岩、沥青珍珠岩、泡沫混凝土、非承重加气混凝土、软木、蛭石制品等
15	纤维材料	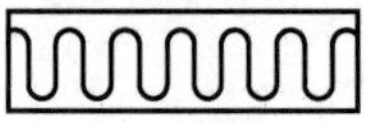	包括矿棉、岩棉、玻璃棉、麻丝、木丝板、纤维板等
16	泡沫塑料材料	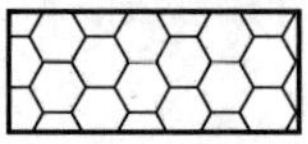	包括聚苯乙烯、聚乙烯、聚氨酯等多孔聚合物类材料
17	木材		① 上图为横断面，上左图为垫木、木砖或木龙骨 ② 下图为纵断面
18	胶合板	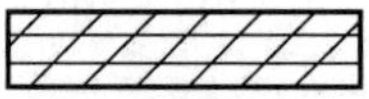	应注明为×层胶合板
19	石膏板	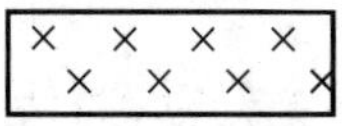	包括圆孔、方孔石膏板、防水石膏板等
20	金属	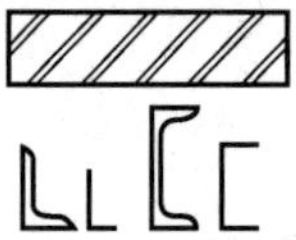	① 包括各种金属 ② 图形小时可涂黑
21	网状材料		① 包括金属、塑料网状材料 ② 应注明具体材料名称
22	液体	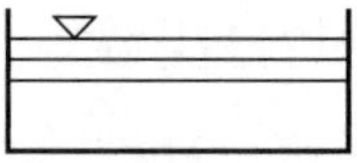	应注明具体液体名称
23	玻璃	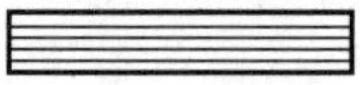	包括平板玻璃、磨砂玻璃、夹丝玻璃、钢化玻璃、中空玻璃、加层玻璃、镀膜玻璃等
24	橡胶		
25	塑料	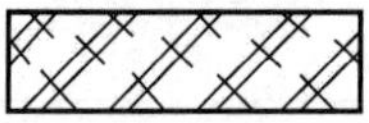	包括各种软、硬塑料及有机玻璃等

续表

序号	名　称	图　例	备　注
26	防水材料		构造层次多或比例大时，采用上面图例
27	粉刷		本图例采用较稀的点
28	毛石混凝土		

思　考　题

13-1　画图线时应注意哪些问题？

13-2　平面图的方向如何确定？

13-3　剖面图绘制包括哪些内容？

13-4　剖切符号的组成及绘制需注意的事项是什么？

13-5　各种绘图工具的使用注意事项有哪些？

第 14 章　房屋建筑工程图的基本知识

【知识目标】

了解建筑施工图的基础知识和基本规定。

【能力目标】

正确识读建筑施工图纸内容。

14.1　房屋建筑工程图的产生、分类及特点

1. 工程图的产生

房屋施工图是指将一幢房屋的内外形状和大小，以及各部分的结构、构造、装修、设备等内容，按照国家标准的规定，用正投影方法详细地表达出来的图，是表达设计思想、指导工程施工的重要技术依据。

根据房屋工程的复杂程度，工程图分为两阶段设计和三阶段设计两种。

(1) 初步设计阶段：设计人员根据任务书、业主要求和有关政策性文件、地质条件等进行初步设计，画出简单的方案图。报业主征求意见，并报规划、消防等部门进行审批。

主要任务：根据建设单位提出的设计任务和要求，进行调查研究、搜集资料，提出设计方案。

内容包括：简略的总平面布置图及房屋的平、立、剖面图；设计方案的技术经济指标；设计概算和设计说明等。

(2) 施工图设计阶段：在已经批准的方案图的基础上，综合建筑、结构、设备等专业之间的配合、协调和调整要求，从施工要求角度予以具体化，为施工提供技术依据。

主要任务：满足工程施工各项具体技术要求，提供一切准确可靠的施工依据。

内容包括：指导工程施工的所有专业施工图、详图、说明书、计算书及整个工程的施工预算书等。

(3) 技术设计阶段：项目较复杂时，在初步设计和施工图设计之间增加的技术设计阶段，形成三阶段设计；在初步设计基础上，进一步确定各专业间的具体技术问题，使各专业之间取得统一，达到相互配合协调的目的。

2. 建筑工程图的种类和作用

1) 图纸目录

图纸目录的主要内容包括列出全套图纸的目录、类别、各类图纸的图名和图号。其目的是为了便于查找图纸。

2) 施工总说明

施工总说明主要叙述工程概况和施工总要求，内容包括工程设计依据、设计标准、施工要求等。

3) 建筑施工图(简称建施)

建筑施工图主要表示房屋建筑的总体布局，房屋的平面布置、外观形状、构造做法及所用材料等内容。

这类施工图有首页图、建筑总平面图、平面图、立面图、剖面图以及墙身、楼梯、门、窗详图等。

4) 结构施工图(简称结施)

结构施工图主要表示房屋承重构件的布置、类型、规格及其所用材料、配筋形式和施工要求等内容。

这类施工图有基础平面图、基础详图、楼层及屋盖结构平面图、楼梯结构图和各构件的结构详图等(梁、柱、板)。

5) 设备施工图(简称设施)

设备施工图主要表示室内给水排水、采暖通风、电气照明、通信等设备的布置、安装要求和线路敷设等内容。

这类施工图有给水排水、采暖通风、电气照明等设备的平面布置图、系统图和施工详图。

3. 建筑工程图的编排顺序

① 房屋施工图(按专业顺序编排)。

② 首页图(图纸目录、设计总说明)、建筑施工图、结构施工图、设备施工图。

③ 各专业施工图(按图纸内容主次关系系统排列)。

④ 基本图在前，详图在后；总体图在前，局部图在后。

⑤ 主要部分在前，次要部分在后；布置图在前，构件图在后；先施工的图在前，后施工的图在后等。

4. 房屋施工图的特点

(1) 按正投影原理绘制。

房屋施工图一般按三面正投影图的形成原理绘制。

(2) 绘制房屋施工图采用的比例。

建筑施工图一般采用缩小的比例绘制，同一图纸上的图形最好采用相同的比例。

(3) 房屋施工图图例、符号应严格按照国家标准绘制。

14.2　建筑工程图的有关规定

1. 常用的比例

建筑专业制图选用比例，如表 14-1 所示。

表 14-1　常用比例

图　名	比　例
总平面图、管线图、土方图	1∶500、1∶1000、1∶2000
建筑物或构筑物的平面图、立面图、剖面图	1∶50、1∶100、1∶150、1∶200、1∶300
建筑物或构筑物的局部放大图	1∶10、1∶20、1∶25、1∶30、1∶50
配件及构造详图	1∶1、1∶2、1∶5、1∶10、1∶15、1∶20、1∶30、1∶50

2. 定位轴线

确定建筑物承重构件位置的线叫定位轴线，各承重构件均需标注纵、横两个方向的定位轴线，非承重或次要构件应标注附加轴线，如图 14-1 所示。

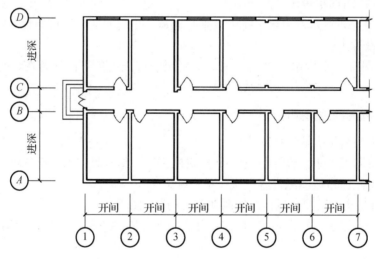

图 14-1　定位轴线

房屋施工图中的定位轴线是设计和施工中定位、放线的重要依据。

凡承重的墙、柱子、大梁、屋架等构件，都要画出定位轴线并对轴线进行编号，以确定其位置。

对于非承重的分隔墙、次要构件等，有时用附加轴线(分轴线)表示其位置，也可注明它们与附近轴线的相关尺寸以确定其位置。

定位轴线应用细单点长划线绘制，轴线末端画细实线圆圈，直径为 8～10 mm。

定位轴线圆的圆心，应在定位轴线的延长线或延长线的折线上，且圆内应注写轴线编号。

当建筑平面图比较复杂时，定位轴线也可以采用分区编号，如图 14-2 所示。

表示方法：分区号-该分区编号。

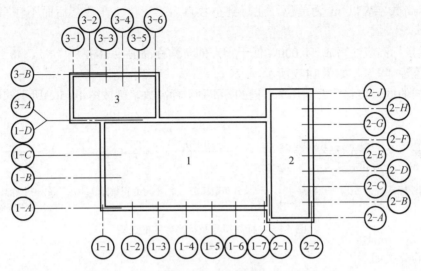

图 14-2 定位轴线

平面图上定位轴线的编号，宜标注在图样的下方与左侧。

在两轴线之间，有的需要用附加轴线表示，附加轴线用分数编号，如图 14-3 所示。

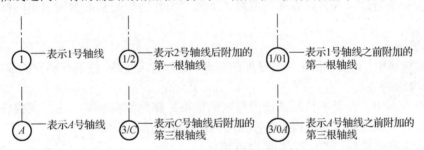

图 14-3 附加轴线的编号

对于详图上的轴线编号，若该详图同时适用多根定位轴线，则应同时注明各有关轴线的编号，如图 14-4 所示。

图 14-4 详图的轴线编号

3. 标高图例及代号

① 标高是标注建筑物各部位高度的另一种尺寸形式，如图 14-5 所示。

② 标高符号按图 14-5(a)、(b)所示形式用细实线画出。

③ 短横线是需标注高度的界线，长横线之上或之下注出标高数字，如图 14-5(c)、(d)

所示。

④ 总平面图上的标高符号，宜用涂黑的三角形表示，具体画法如图 14-5(a)所示。

⑤ 标高数字应以 m 为单位，注写到小数点后第三位。在数字后面不注写单位，如图 14-5 所示。

⑥ 零点标高应注写成±0.000，低于零点的负数标高前应加注"−"号，高于零点的正数标高前不注"+"，如图 14-5 所示。

当图样的同一位置需表示几个不同的标高时，标高数字可按图 14-5(e)所示的形式注写。

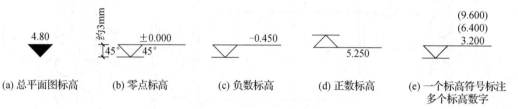

(a) 总平面图标高　(b) 零点标高　(c) 负数标高　(d) 正数标高　(e) 一个标高符号标注
　　　　　　　　　　　　　　　　　　　　　　　　　　　　　　　　　　　多个标高数字

图 14-5　标高符号及标高数字的注写

标高的分类如下。

1) 相对标高

凡标高的基准面是根据工程需要自行选定而引出的，称为相对标高。

2) 绝对标高

根据我国的规定，凡是以青岛的黄海平均海平面作为标高基准面而引出的标高，称为绝对标高。

3) 建筑标高

在相对标高中，凡是包括装饰层厚度的标高，称为建筑标高，注写在构件的装饰层面上。

4) 结构标高

在相对标高中，凡是不包括装饰层厚度的标高，称为结构标高，注写在构件的底部，是构件的安装或施工高度。结构标高分为结构底标高和结构顶标高。

建筑标高和结构标高的标注如图 14-6 所示。

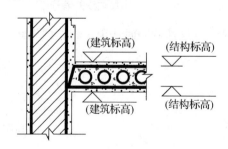

图 14-6　建筑标高和结构标高

4. 索引符号和详图符号

(1) 索引符号。规范规定：图样中的某一局部或构件，如需另见详图，应以索引符号索引。索引符号是由直径为 10 mm 的圆和水平直径组成，圆和水平直径均应以细实线绘制。

索引符号按下列规定编写。

① 索引出的详图，如与被索引的详图同在一张图纸内，应在索引符号的上半圆中用阿

拉伯数字注明该详图的编号，并在下半圆中间画一段水平细实线，如图 14-7(a)所示。

② 索引出的详图，如与被索引的详图不在同一张图纸内，应在索引符号的上半圆中用阿拉伯数字注明该详图的编号，在索引符号的下半圆中用阿拉伯数字注明该详图所在图纸的编号。数字较多时，可加文字标注，如图 14-7(b)所示。

③ 索引出的详图，如采用标准图，应在索引符号水平直径的延长线上加注该标准图册的编号，如图 14-7(c)所示。

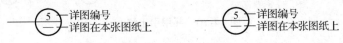

(a) 索引的详图在同一张图纸

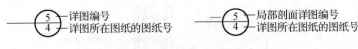

(b) 索引的详图不在同一张图纸

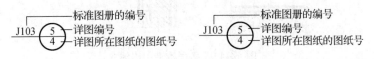

(c) 索引的详图在标准图集

图 14-7　详图索引符号

(2) 详图的位置和编号，应以详图符号表示。详图符号的圆应以直径为 14 mm 粗实线绘制。详图应按下列规定编号。

① 图与被索引的图样同在一张图纸内时，应在详图符号内用阿拉伯数字注明详图的编号，如图 14-8(a)所示。

② 详图与被索引的图样不在同一张图纸内时，应用细实线在详图符号内画一水平直径，在上半圆中注明详图编号，在下半圆中注明被索引的图纸的编号，如图 14-8(b)所示。

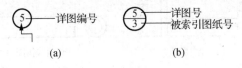

图 14-8　详图位置和编号

5. 引出线

对图样中某些部位由于图形比例较小，其具体内容或要求无法标注时，常用引出线注出文字说明或详图索引符号。

(1) 引出线用细实线绘制，并宜用与水平方向成 30°、45°、60°、90° 的直线或经过上述角度再折为水平的折线，如图 14-9 所示。

图 14-9　引出线

(2) 同时引出几个相同部分的引出线，宜相互平行，也可画成集中于一点的放射线，如图 14-10 所示。

图 14-10　共用引出线

(3) 为了对多层构造部位加以说明，可以用引出线表示，如图 14-11 所示。

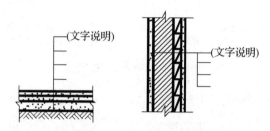

图 14-11　多层构造引出线

6. 图形折断符号

在工程图中，为了将不需要表明或可以节缩的部分图形删去，可采用折断符号画出。

(1) 直线折断：当图形采用直线折断时，其折断符号为折断线，它经过被折断的图面，如图 14-12(a)所示。

(2) 曲线折断：对圆形构件的图形折断，其折断符号为曲线，如图 14-12(b)所示。

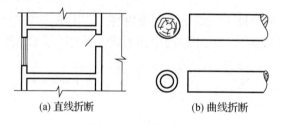

(a) 直线折断　　　　　　　(b) 曲线折断

图 14-12　折断符号

7. 对称符号

当房屋施工图的图形完全对称时，可只画该图形的一半，并画出对称符号，以节省图纸篇幅，如图 14-13 所示。

8. 坡度标注

在房屋施工图中，其倾斜部分通常加注坡度符号，一般用箭头表示，如图 14-14 所示。

9. 连接符号

对于较长的构件，当其长度方向的形状相同或按一定规律变化时，可断开绘制，断开处应用连接符号表示，如图 14-15 所示。

图 14-13　对称符号

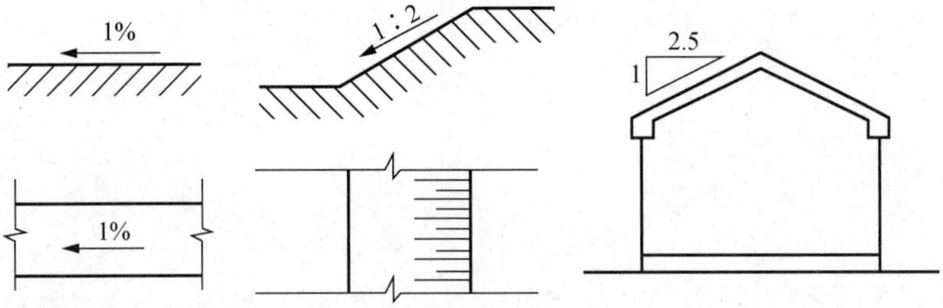

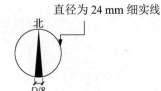

图 14-14　坡度标注

10. 指北针

在总平面图及底层建筑平面图上，一般都画有指北针，以指明建筑物的朝向，如图 14-16 所示。

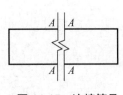

图 14-15　连接符号

图 14-16　指北针符号

11. 风向频率玫瑰图

风向频率玫瑰图又叫作风玫瑰图，是一种根据当地多年平均统计所得的各个方向吹风次数的百分数，并按一定比例绘制的图形，如图 14-17 所示。

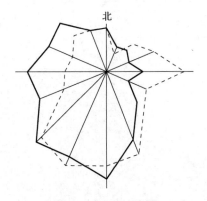

图 14-17　风玫瑰图

思 考 题

14-1 简述建筑工程图的种类、特点及作用。

14-2 标高的分类有哪些?

14-3 定位轴线的应用有哪些?

第 15 章　建筑施工图

【知识目标】

了解建筑施工图的基本组成和识读特点。

【能力目标】

正确识读并绘制建筑施工图纸。

15.1　施工图首页

施工图首页一般由图纸目录、设计总说明、构造做法表及门窗表组成。

1. 图纸目录

图纸目录放在一套图纸的最前面，说明本工程的图纸类别、图号编排、图纸名称和备注等，以方便图纸的查阅。

表 15-1 是某住宅楼的施工图图纸目录。该住宅楼共有建筑施工图 12 张，结构施工图 4 张，电气施工图 2 张。

表 15-1　图纸目录

图别	图号	图纸名称	备注	图别	图号	图纸名称	备注
建施	01	设计说明、门窗表		建施	10	1-1 剖面图	
建施	02	车库平面图		建施	11	大样图一	
建施	03	一～五层平面图		建施	12	大样图二	
建施	04	六层平面图		结施	01	基础结构平面布置图	
建施	05	阁楼层平面图		结施	02	标准层结构平面布置图	
建施	06	屋顶平面图		结施	03	屋顶结构平面布置图	
建施	07	①～⑩轴立面图		结施	05	柱配筋图	
建施	08	⑩～①轴立面图		电施	01	一层电气平面布置图	
建施	09	侧立面图		电施	02	二层电气平面布置图	

2. 设计总说明

主要说明工程的概况和总的要求。内容包括：工程设计依据(如工程地质、水文、气象资料)；设计标准(建筑标准、结构荷载等级、抗震要求、耐火等级、防水等级)；建设规模(占地面积、建筑面积)；工程做法(墙体、地面、楼面、屋面等的做法)及材料要求。

下面是某住宅楼设计说明举例。

① 本建筑为某房地产公司经典生活住宅小区工程 9 栋，共 6 层，住宅楼底层为车库，总建筑面积 3263.36 m²，基底面积 538.33 m²。

② 本工程为二类建筑，耐火等级为二级，抗震设防烈度为六度。

③ 本建筑定位见总图；相对标高±0.000 相对于绝对标高值见总图。

④ 本工程合理使用 50 年；屋面防水等级为Ⅱ级。

⑤ 本设计各图除注明外，标高以 m 为单位计，平面尺寸以 mm 为单位计。

⑥ 本图未尽事宜，请按现行有关规范规程施工。

⑦ 墙体材料及做法：砌体结构选用材料除满足本设计外，还必须配合当地建设行政部门政策要求。地面以下或防潮层以下的砌体，潮湿房间的墙，采用 MU10 黏土多孔砖和 M7.5 水泥砂浆砌筑，其余按要求选用。

骨架结构中的填充砌体均不做承重使用，其材料按表 15-2 选用。

表 15-2 填充墙材料选用表

砌体部分	适用砌块名称	墙厚/mm	砌块强度等级	砂浆强度等级	备 注
外围护墙	黏土多孔砖	240	MU10	M5	砌块容重小于 16 kN/m³
卫生间墙	黏土多孔砖	120	MU10	M5	砌块容重小于 16 kN/m³
楼梯间墙	混凝土空心砌块	240	MU5	M5	砌块容重小于 10 kN/m³

所用混合砂浆均为石灰水泥混合砂浆。

外墙做法：烧结多孔砖墙面，40 mm 厚聚苯颗粒保温砂浆，5.0 mm 厚耐碱玻纤网布抗裂砂浆，外墙涂料见立面图。

3. 构造做法表

构造做法表是以表格的形式对建筑物各部位构造、做法、层次、选材、尺寸、施工要求等的详细说明。某住宅楼工程做法如表 15-3 所示。

表 15-3 构造做法表

名 称	构造做法	施工范围
水泥砂浆地面	素土夯实 30 mm 厚 C10 混凝土垫层随捣随抹 干铺一层塑料膜 20 mm 厚 1∶2 水泥砂浆面层	一层地面
卫生间楼地面	钢筋混凝土结构板上 15 mm 厚 1∶2 的水泥砂浆找平 刷基层处理剂一遍，上做 2 mm 厚一布四涂氯丁沥青防水涂料，四周沿墙上翻 150 mm 高	卫生间

续表

名　称	构造做法	施工范围
卫生间楼地面	15 mm 厚 1∶3 的水泥砂浆保护层	卫生间
	1∶6 的水泥炉渣填充层,最薄处为 20 mm 厚 C20 细石混凝土找坡 1%	
	15 mm 厚 1∶3 的水泥砂浆抹平	

4. 门窗表

门窗表反映门窗的类型、编号、数量、尺寸规格、所在标准图集等相应内容,以备工程施工、结算所需。表 15-4 所示为某住宅楼门窗表。

表 15-4　门窗表

类别	门窗编号	标准图号	图集编号	洞口尺寸/mm		数量	备　注
				宽	高		
门	M1	98ZJ681	GJM301	900	2100	78	木门
	M2	98ZJ681	GJM301	800	2100	52	铝合金推拉门
	MC1	见大样图	无	3000	2100	6	铝合金推拉门
	JM1	甲方自定	无	3000	2000	20	铝合金推拉门
窗	C1	见大样图	无	4260	1500	6	断桥铝合金中空玻璃窗
	C2	见大样图	无	1800	1500	24	断桥铝合金中空玻璃窗
	C3	98ZJ721	PLC70-44	1800	1500	7	断桥铝合金中空玻璃窗
	C4	98ZJ721	PLC70-44	1500	1500	10	断桥铝合金中空玻璃窗
	C5	98ZJ721	PLC70-44	1500	1500	20	断桥铝合金中空玻璃窗
	C6	98ZJ721	PLC70-44	1200	1500	24	断桥铝合金中空玻璃窗
	C7	98ZJ721	PLC70-44	900	1500	48	断桥铝合金中空玻璃窗

15.2　建筑总平面图

1. 总平面图的形成和用途

总平面图是将拟建工程附近一定范围内的建筑物、构筑物及其自然状况,用水平投影方法和相应的图例画出的图样。主要是表示新建房屋的位置、朝向,与原有建筑物的关系,周围道路、绿化布置及地形地貌等内容,是新建房屋施工定位、土方施工以及绘制水、暖、电等管线总平面图和施工总平面图的依据。

总平面的比例一般为 1∶500、1∶1000、1∶2000 等。

2. 总平面图的图示内容

(1) 拟建建筑的定位。

拟建建筑的定位有 3 种方式:一种是利用新建筑与原有建筑或道路中心线的距离确定新建筑的位置;另一种是利用施工坐标确定新建建筑的位置;还有一种是利用大地测量坐标确定新建建筑的位置。

(2) 拟建建筑物、原有建筑物位置、形状。

在总平面图上将建筑物分成 5 种情况，即新建建筑物、原有建筑物、计划扩建的预留地或建筑物、拆除的建筑物和新建的地下建筑物或构筑物，当阅读总平面图时，要区分哪些是新建建筑物、哪些是原有建筑物。在设计中，为了清楚地表示建筑物的总体情况，一般还在总平面图中建筑物的右上角以点数或数字表示楼房层数。

(3) 附近的地形情况。一般用等高线表示，由等高线可以分析出地形的高低起伏情况。

(4) 道路主要表示道路位置、走向以及与新建建筑的联系等。

(5) 风向频率玫瑰图。

风玫瑰用于反映建筑场地范围内常年主导风向和 6～8 这 3 个月的主导风向(用虚线表示)，共有 16 个方向，图中实线表示全年的风向频率，虚线表示夏季(6～8 这 3 个月)的风向频率。风由外面吹过建设区域中心的方向称为风向。风向频率是在一定的时间内某一方向出现风向的次数占总观察次数的百分比。

(6) 树木、花草等的布置情况。

(7) 喷泉、凉亭、雕塑等的布置情况。

3. 建筑总平面图图例符号

要能熟练识读建筑总平面图，必须熟悉常用的建筑总平面图图例符号，常用建筑总平面图图例符号如图 15-1 所示。

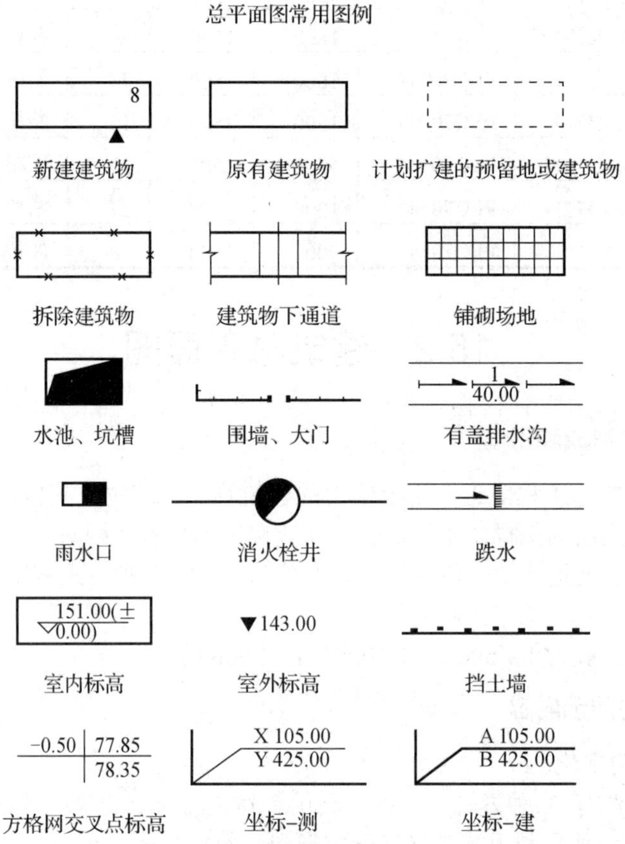

总平面图常用图例

图 15-1　建筑总平面图图例符号

4. 总平面图的识图示例

图 15-2 所示为某拟建科研综合楼，均坐东朝西，拟建于 1 号住宅楼南面，该综合楼室内地坪绝对标高为 23.05 m，相对标高为±0.000，该场地常年主导风向为西北风。

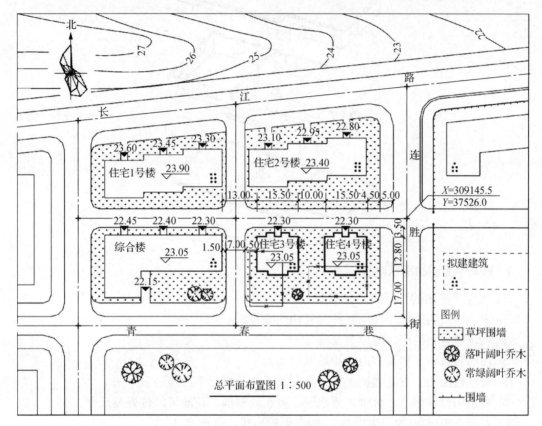

图 15-2　建筑总平面图

5. 建筑平面图的形成和用途

建筑平面图简称平面图，如图 15-3 所示，它是假想用一水平剖切平面将房屋沿窗台以上适当部位剖切开来，对剖切平面以下部分所作的水平投影图。平面图通常用 1∶50、1∶100、1∶200 的比例绘制，它反映出房屋的平面形状、大小和房间的布置、墙(或柱)的位置、厚度、材料、门窗的位置、大小、开启方向等情况，作为施工时放线、砌墙、安装门窗、室内外装修及编制预算等的重要依据。

6. 建筑平面图的图示方法

当建筑物各层的房间布置不同时，应分别画出各层平面图；若建筑物的各层布置相同，则可以用两个或 3 个平面图表达，即只画底层平面图和楼层平面图(或顶层平面图)。此时，楼层平面图代表了中间各层相同的平面，故称标准层平面图。

因建筑平面图是水平剖面图，故在绘制时，应按剖面图的方法绘制，被剖切到的墙、柱轮廓用粗实线(b)，门的开启方向线可用中粗实线($0.5\,b$)或细实线($0.25\,b$)，窗的轮廓线以及其他可见轮廓和尺寸线等用细实线($0.25\,b$)表示。

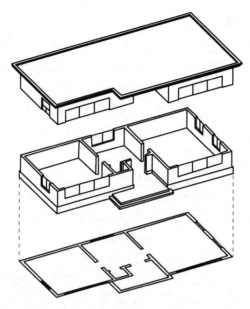

图 15-3　建筑平面图

7. 建筑平面图的图示内容

(1) 底层平面图的图示内容。

① 表示建筑物的墙、柱位置并对其轴线编号。

② 表示建筑物的门、窗位置及编号。

③ 注明各房间名称及室内外楼地面标高。

④ 表示楼梯的位置及楼梯上下行方向及级数、楼梯平台标高。

⑤ 表示阳台、雨篷、台阶、雨水管、散水、明沟、花池等的位置及尺寸。

⑥ 表示室内设备(如卫生器具、水池等)的形状、位置。

⑦ 画出剖面图的剖切符号及编号。

⑧ 标注墙厚、墙段、门、窗、房屋开间、进深等各项尺寸。

⑨ 标注详图索引符号。

⑩ 画出指北针。

(2) 标准层平面图的图示内容。

① 表示建筑物的门、窗位置及编号。

② 注明各房间名称、各项尺寸及楼地面标高。

③ 表示建筑物的墙、柱位置并对其轴线编号。

④ 表示楼梯的位置及楼梯上下行方向、级数及平台标高。

⑤ 表示阳台、雨篷、雨水管的位置及尺寸。

⑥ 表示室内设备(如卫生器具、水池等)的形状、位置。

⑦ 标注详图索引符号。

(3) 屋顶平面图的图示内容。

屋顶檐口、檐沟、屋顶坡度、分水线与落水口的投影，出屋顶水箱间、上人孔、消防梯及其他构筑物、索引符号等。

8. 建筑平面图的图例符号

阅读建筑平面图应熟悉常用图例符号，图 15-4 是从规范中摘录的部分图例符号，读者可参见《房屋建筑制图统一标准》(GB/T 5001—2001)。

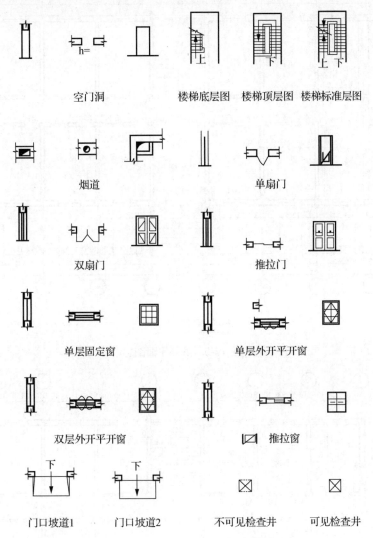

空门洞　　　　楼梯底层图　楼梯顶层图　楼梯标准层图

烟道　　　　　　　　　　　单扇门

双扇门　　　　　　　　　　推拉门

单层固定窗　　　　　　　　单层外开平开窗

双层外开平开窗　　　　　　推拉窗

门口坡道1　　门口坡道2　　不可见检查井　　可见检查井

图 15-4　建筑平面图常用图例符号

9. 建筑平面图的识读示例

本建筑平面图分底层平面图(见图 15-5)、标准层平面图(见图 15-6)及屋顶平面图(见图 15-7)。从图中可知比例均为 1：100，从图名可知是哪一层平面图。从底层平面图的指北针可知该建筑物朝向为坐北朝南；同时可以看出，该建筑为 "一" 字形对称布置，主要房间为卧室，内墙厚为 240 mm，外墙厚为 370 mm。本建筑设有一间门厅，一个楼梯间，中间有 1.8 m 宽的内走廊，每层有一间厕所、一间盥洗室。有两种门，3 种类型的窗。房屋开间为 3.6 m，进深为 5.1 m。从屋顶平面图可知，本建筑屋顶是坡度为 3%的平屋顶，两坡排水，南、北向设有宽为 600 mm 的外檐沟，分别布置有 3 根落水管，非上人屋面。剖面图的剖切位置在楼梯间处。

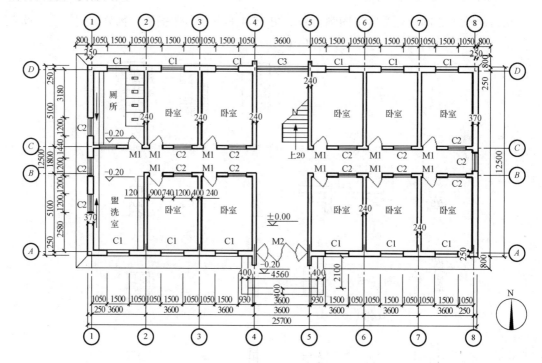

底层平面图 1：100

图 15-5　底层平面图

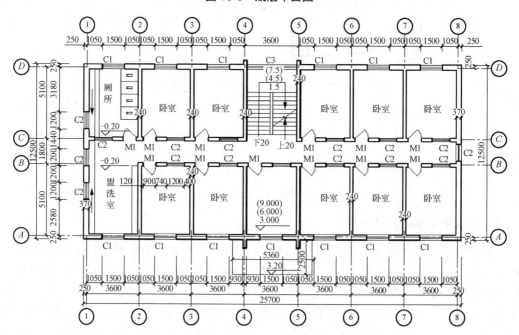

标准层平面图 1：100

图 15-6　标准层平面图

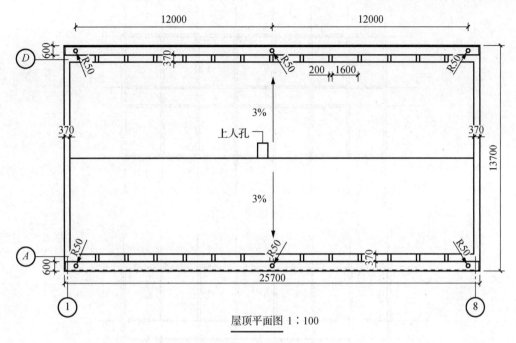

屋顶平面图 1：100

图 15-7　屋顶平面图

10. 建筑平面图的绘制方法和步骤

如图 15-8 所示，建筑平面图的绘制方法和步骤如下。

(1) 绘制墙身定位轴线及柱网，如图 15-8(a)所示。

(2) 绘制墙身轮廓线、柱子、门窗洞口等各种建筑构配件，如图 15-8(b)所示。

(3) 绘制楼梯、台阶、散水等细部，如图 15-8(c)所示。

(4) 检查全图无误后，擦去多余线条，按建筑平面图的要求加深加粗，并进行门窗编号，画出剖面图剖切位置线等，如图 15-8(d)所示。

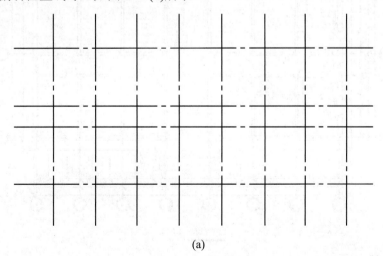

(a)

图 15-8　平面图绘制

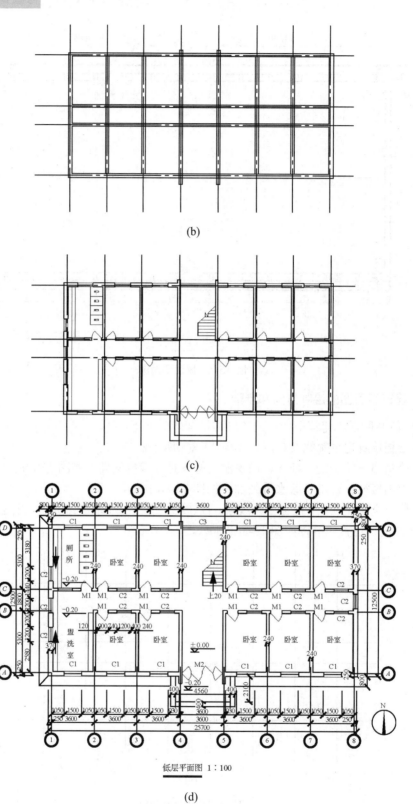

(b)

(c)

低层平面图 1:100

(d)

图 15-8 平面图绘制(续)

（5）尺寸标注。建筑平面图上的外部尺寸共有 3 道，由外至内。

① 第一道是表示建筑总长、总宽的外形尺寸，称为外包尺寸，用以表示建筑物的占地面积。

② 第二道为墙柱中心轴线间的尺寸，即定位轴线之间的尺寸，用以表示房间的"进深"和"开间"。

③ 第三道，主要用来表示外门、窗洞口的宽度及窗间墙的大小，并应注明与其最近的轴线间的尺寸。

（6）图名、比例及其他文字内容。汉字写长仿宋字：图名字高一般为 7～10 号字，图内说明文字一般为 5 号字。尺寸数字字高通常用 3.5 号。字形要工整、清晰、不潦草。

15.3　建筑立面图

1. 建筑立面图的形成与作用

建筑立面图简称立面图，如图 15-9 所示，它是在与房屋立面平行的投影面上所作的房屋正投影图。它主要反映房屋的长度、高度、层数等外貌和外墙装修构造。它的主要作用是确定门窗、檐口、雨篷、阳台等的形状和位置及指导房屋外部装修施工和计算有关预算工程量。

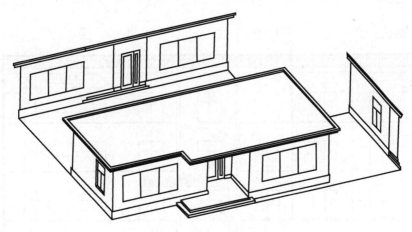

图 15-9　建筑立面图

2. 建筑立面图的图示方法及其命名

（1）建筑立面图的图示方法。

为使建筑立面图主次分明、图面美观，通常将建筑物不同部位采用粗细的线型来表示。最外轮廓线画粗实线(b)，室外地坪线用加粗实线($1.4b$)，所有突出部位如阳台、雨篷、勒脚、门窗洞等用中实线($0.5b$)，其余部分用细实线($0.35b$)表示。

（2）立面图的命名。

立面图的命名方式有 3 种。

① 用房屋的朝向命名，如南立面图、北立面图等。

② 根据主要出入口命名，如正立面图、背立面图、侧立面图。

③ 用立面图上首尾轴线命名，如①～⑧轴立面图和⑧～①轴立面图。

立面图的比例一般与平面图相同。

3. 建筑立面图的图示内容

(1) 室外地坪线及房屋的勒脚、台阶、花池、门窗、雨篷、阳台、室外楼梯、墙、柱、檐口、屋顶、雨水管等内容。

(2) 尺寸标注。用标高标注出各主要部位的相对高度，如室外地坪、窗台、阳台、雨篷、女儿墙顶、屋顶水箱间及楼梯间屋顶等的标高。同时用尺寸标注的方法标注立面图上的细部尺寸、层高及总高。

(3) 建筑物两端的定位轴线及其编号。

(4) 外墙面装修。有的用文字说明，有的用详图索引符号表示。

4. 建筑立面图的识读举例

如图 15-10 所示，本建筑立面图的图名为①～⑧立面图，比例为 1∶100，两端的定位轴线编号分别为①、⑧轴；室内外高差为 0.3 m，层高为 3 m，共有 4 层，窗台高为 0.9 m；在建筑的主要出入口处设有一悬挑雨篷，有一个二级台阶，该立面外形规则，立面造型简单，外墙采用 100 mm × 100 mm 的黄色釉面瓷砖饰面，窗台线条用 100 mm × 100 mm 的白色釉面瓷砖点缀，金黄色琉璃瓦檐口；中间用墙垛形成竖向线条划分，使建筑给人一种高耸感。

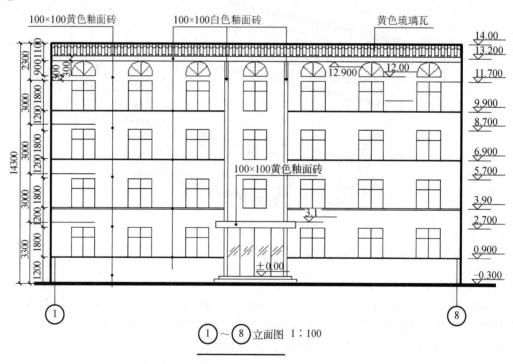

图 15-10　①～⑧立面图

5. 建筑立面图的绘图方法和步骤

(1) 建筑立面图的绘图方法。

① 比例：建筑立面图比例一般与建筑平面图相同。

② 定位轴线：一般立面图只画出两端的轴线及编号，以便与平面图对照。

③ 图线：最外轮廓线(外墙或外包络线)画粗实线(b)。

其他外墙线画中粗线($0.7b$)。

室外地坪线用加粗线($1.4b$)表示。

所有突出部位如阳台、雨篷、勒脚、门窗洞等画中实线($0.5b$)。

其他部分画细实线($0.25b$)。

④ 投影要求：建筑立面图中只画投影方向可见的部分，不可见部分一律不表示。

⑤ 图例：只画出主要轮廓线及分隔线，注意门窗框用双线画。

⑥ 尺寸标注：高度尺寸用标高的形式标注，主要包括建筑物室内外地坪，出入口地面、窗台、门窗洞顶部、檐口、阳台底部、女儿墙压顶及水箱顶部等处的标高。

⑦ 各标高注写在立面图的左侧或右侧且排列整齐。

⑧ 其他标注：房屋外墙面的各部分装饰材料、做法、色彩等用文字说明。

(2) 建筑立面图的绘图步骤如下(图 15-11)。

① 室外地坪线、定位轴线、各层楼面线、外墙边线和屋檐线，如图 15-11(a)所示。

② 画各种建筑物构配件的可见轮廓，如门窗洞、楼梯间，墙身及其暴露在外墙外的柱子，如图 15-11(b)所示。

③ 画门窗、雨水管、外墙分隔线等建筑物细部，如图 15-11(c)所示。

④ 画尺寸界线、标高数字、索引符号和相关注释文字。

⑤ 尺寸标注。

⑥ 检查无误后，按建筑立面图所要求的图线加深、加粗，并标注标高、首尾轴线号、墙面装修说明文字、图名和比例，说明文字用 5 号字，如图 15-11(d)所示。

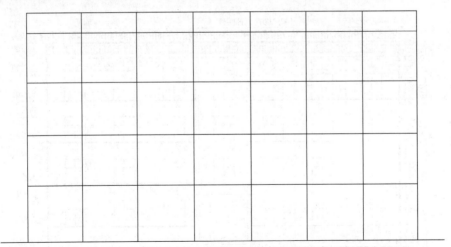

(a)

图 15-11　立面图的画法

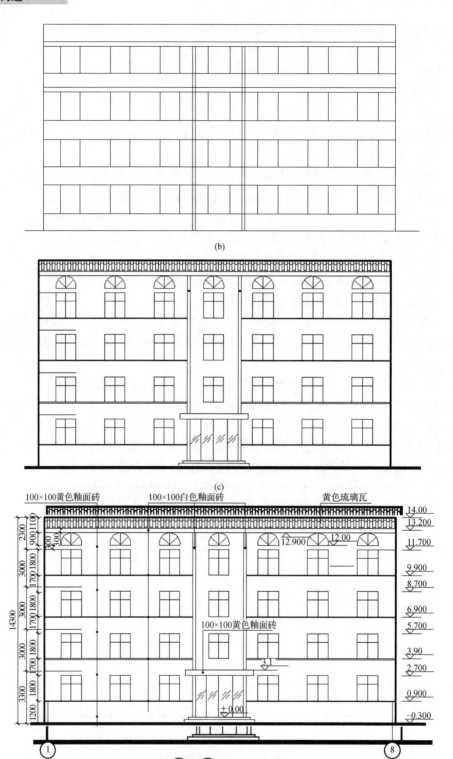

(b)

(c)

100×100黄色釉面砖　　　100×100白色釉面砖　　　黄色琉璃瓦

100×100黄色釉面砖

①～⑧立面图　1∶100

(d)

图 15-11　立面图的画法(续)

15.4　建筑剖面图

1. 建筑剖面图的形成与作用

建筑剖面图简称剖面图，如图 15-12 所示，它是假想用一铅垂剖切面将房屋剖切开后移去靠近观察者的部分，作出剩下部分的投影图。

剖面图用以表示房屋内部的结构或构造方式，如屋面(楼、地面)形式、分层情况、材料、做法、高度尺寸及各部位的联系等。它与平、立面图互相配合用于计算工程量，指导各层楼板和屋面施工、门窗安装和内部装修等。

剖面图的数量是根据房屋的复杂情况和施工实际需要决定的；剖切面的位置，要选择在房屋内部构造比较复杂，有代表性的部位，如门窗洞口和楼梯间等位置，并应通过门窗洞口。剖面图的图名符号应与底层平面图上剖切符号相对应。

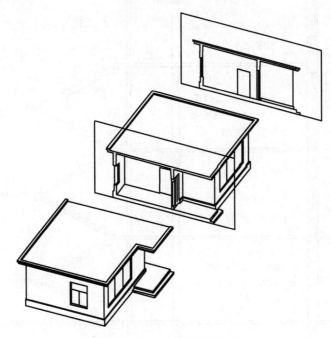

图 15-12　建筑剖面图

2. 建筑剖面图的图示内容

(1) 必要的定位轴线及轴线编号。

(2) 剖切到的屋面、楼面、墙体、梁等的轮廓及材料做法。

(3) 建筑物内部分层情况以及竖向、水平方向的分隔。

(4) 即使没被剖切到，但在剖视方向可以看到的建筑物构配件。

(5) 屋顶的形式及排水坡度。

(6) 标高及必须标注的局部尺寸。

(7) 必要的文字注释。

3. 建筑剖面图的识读方法

(1) 结合底层平面图阅读，对应剖面图与平面图的相互关系，建立起建筑内部的空间概念。

(2) 结合建筑设计说明或材料做法表，查阅地面、墙面、楼面、顶棚等的装修做法。

(3) 根据剖面图尺寸及标高，了解建筑层高、总高、层数及房屋室内外地面高差。如图 15-13 所示，本建筑层高为 3 m，总高为 14 m，4 层，房屋室内外地面高差 300 mm。

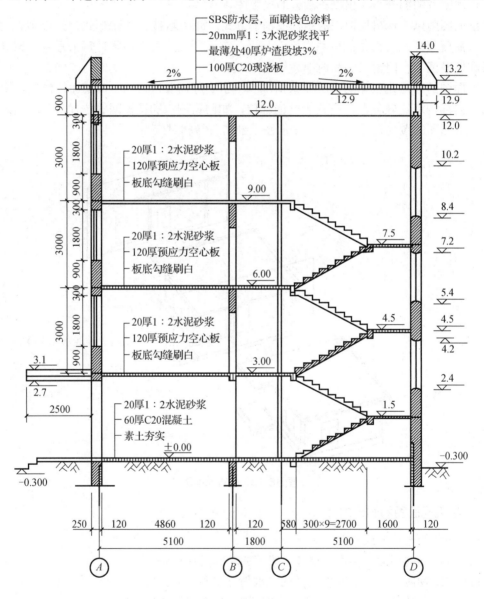

1—1剖面图 1：100

图 15-13 剖面图

(4) 了解建筑物构配件之间的搭接关系。

（5）了解建筑物屋面的构造及屋面坡度的形成。该建筑屋面为架空通风隔热、保温屋面，材料找坡，屋顶坡度 3%，设有外伸 600 mm 天沟，属有组织排水。

（6）了解墙体、梁等承重构件的竖向定位关系，如轴线是否偏心。该建筑外墙厚 370 mm，向内偏心 90 mm，内墙厚 240 mm，无偏心。

4. 建筑剖面图的绘制内容和步骤

1）建筑剖面图的绘制内容

（1）比例：一般与建筑平面图相同。

（2）定位轴线：画出剖面图两端的定位轴线及编号，以便与平面图对照。有时也可注写中间位置的轴线。

（3）图线。

① 一般被剖切到的墙、梁和楼板断面轮廓线用粗实线(b)绘制。

② 对于预制的楼层、屋顶层在 1∶100 的平面图中只画两条粗线(b)表示，而对于现浇板则涂黑表示。在 1∶50 的剖面图中宜在结构层上方画一条作为面层的中粗线($0.7b$)，下方底板的粉刷层不表示。

③ 剖切到的细小构配件断面轮廓线和未剖切到的可见轮廓线用中线($0.5b$)绘制；

④ 可见的细小构配件轮廓线用细线($0.25b$)绘制。

⑤ 室内外地坪线用加粗线($1.4b$)表示。

（4）投影。剖面图中除了要画出被剖切到的部分外，还应画出投影方向能看到的部分。室内地坪以下的基础部分，一般不在剖面图中表示，而在结构施工图中表达。

（5）图例。门、窗按规定图例绘制，砖墙、钢筋混凝土构件的材料图例与建筑平面图相同。

（6）尺寸标注：一般沿外墙注 3 道尺寸线：最外面一道是室外地面以上的总高尺寸；第二道为层高尺寸；第三道为勒脚高度、门窗洞高度、洞间墙高度、檐口厚度等细部尺寸。另外，还需要用标高符号标出各层楼面、楼梯休息平台等的标高。

（7）其他标注某些局部构造表达不清楚时可用索引符号引出，另绘详图。细部做法如地面、楼面的做法，可用多层构造引出标注。

2）建筑剖面图的绘制方法和步骤

（1）画地坪线、定位轴线、各层的楼面线、楼面，如图 15-14(a)所示。

（2）画剖面图门窗洞口位置、楼梯平台、女儿墙、檐口及其他可见轮廓线，如图 15-14(b)所示。

（3）画各种梁的轮廓线及断面。

（4）画楼梯、台阶及其他可见的细节构件，并且绘出楼梯的材质。

（5）画尺寸界线、标高数字和相关注释文字。

（6）画索引符号及尺寸标注，如图 15-14(c)所示。

5. 建筑详图

墙身详图也叫墙身大样图，实际上是建筑剖面图的有关部位的局部放大图。它主要表达墙身与地面、楼面、屋面的构造连接情况以及檐口、门窗顶、窗台、勒脚、防潮层、散水、明沟的尺寸、材料、做法等构造情况，是砌墙、室内外装修、门窗安装、编制施工预算以及材料估算等的重要依据。有时在外墙详图上引出分层构造，注明楼地面、屋顶等的构造情况，而在建筑剖面图中省略不标。

外墙剖面详图往往在门窗洞口断开，因此在门窗洞口处出现双折断线(该部位图形高度变小，但标注的窗洞竖向尺寸不变)，成为几个节点详图的组合。在多层房屋中，若各层的构造情况一样时，可只画墙脚、檐口和中间层(含门窗洞口)3个节点，按上下位置整体排列。有时墙身详图不以整体形式布置，而把各个节点详图分别单独绘制，也称为墙身节点详图。

(1) 墙身详图的图示内容。

如图15-15所示，墙身详图的图示内容如下。

① 墙身的定位轴线及编号，墙体的厚度、材料及其本身与轴线的关系。

② 勒脚、散水节点构造。主要反映墙身防潮做法、首层地面构造、室内外高差、散水做法、一层窗台标高等。

③ 标准层楼层节点构造。主要反映标准层梁、板等构件的位置及其与墙体的联系，构件表面抹灰、装饰等内容。

④ 檐口部位节点构造。主要反映檐口部位包括封檐构造(如女儿墙或挑檐)、圈梁、过梁、屋顶泛水构造、屋面保温、防水做法和屋面板等结构构件。

图中的详图索引符号等。

(2) 墙身详图的阅读举例。

① 如图15-15所示，该墙体为④轴外墙、厚度为370 mm。

② 室内外高差为0.3 m，墙身防潮采用20 mm防水砂浆，设置于首层地面垫层与面层交接处，一层窗台标高为0.9 m，首层地面做法从上至下依次为20 mm厚1∶2的水泥砂浆面层，20 mm厚防水砂浆一道，60 mm厚混凝土垫层，素土夯实。

③ 标准层楼层构造为20 mm厚1∶2水泥砂浆面层，120 mm厚预应力空心楼板，板底勾缝刷白；120 mm厚预应力空心楼板搁置于横墙上；标准层楼层标高分别为3 m、6 m、9 m。

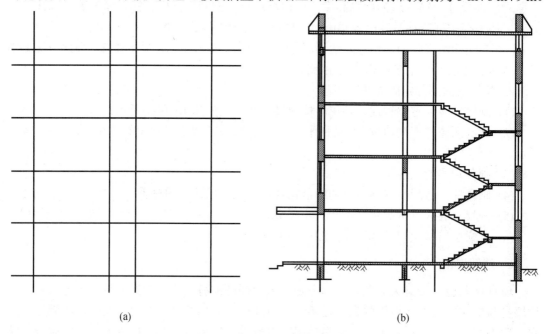

(a)   (b)

图 15-14　建筑剖面图的画法

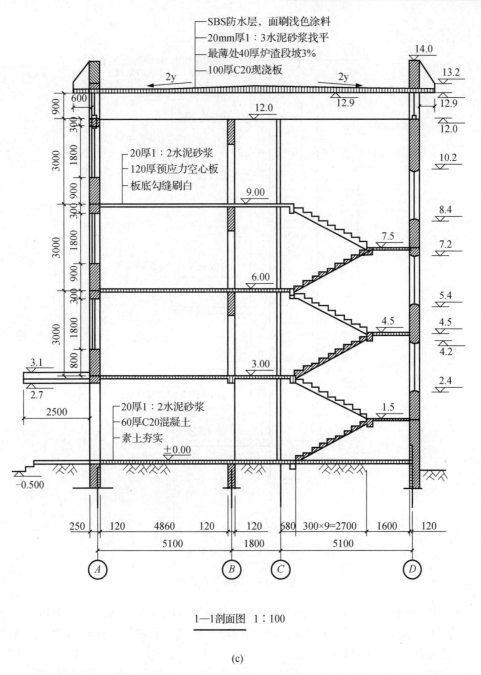

1—1剖面图 1∶100

(c)

图 15-14　建筑剖面图的画法(续)

④ 屋顶采用架空 900 mm 高的通风屋面，下层板为 120 mm 厚预应力空心楼板，上层板为 100 mm 厚 C20 现浇钢筋混凝土板；采用 SBS 柔性防水，刷浅色涂料保护层；檐口采用外天沟，挑出 600 mm，为了使立面美观，外天沟用斜向板封闭，并外贴金黄色琉璃瓦。

6. 楼梯详图

楼梯详图主要表示楼梯的类型和结构形式。楼梯是由楼梯段、休息平台、栏杆或栏板组成。楼梯详图主要表示楼梯的类型、结构形式、各部位的尺寸及装修做法等，是楼梯施工放样的主要依据。

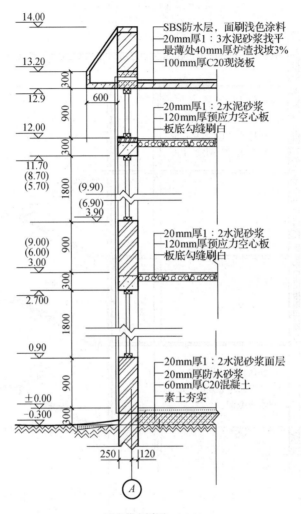

SBS防水层，面刷浅色涂料
20mm厚1:3水泥砂浆找平
最薄处40mm厚炉渣找坡3%
100mm厚C20现浇板

20mm厚1:2水泥砂浆
120mm厚预应力空心板
板底勾缝刷白

20mm厚1:2水泥砂浆
120mm厚预应力空心板
板底勾缝刷白

20mm厚1:2水泥砂浆面层
20mm厚防水砂浆
60mm厚C20混凝土
素土夯实

墙身节点详图 1:20

图 15-15 墙身节点详图

楼梯详图一般分为建筑详图与结构详图，应分别绘制并编入建筑施工图和结构施工图中。对于一些构造和装修较简单的现浇钢筋混凝土楼梯，其建筑详图与结构详图可合并绘制，编入建筑施工图或结构施工图。

楼梯的建筑详图一般有楼梯平面图、楼梯剖面图以及踏步和栏杆等节点详图。

1) 楼梯平面图

楼梯平面图实际上是在建筑平面图中楼梯间部分的局部放大图，如图 15-16 所示。

楼梯平面图通常要分别画出底层楼梯平面图、顶层楼梯平面图及中间各层的楼梯平面图。如果中间各层的楼梯位置、楼梯数量、踏步数、梯段长度都完全相同时，可以只画一个中间层楼梯平面图，这种相同的中间层楼梯平面图称为标准层楼梯平面图。在标准层楼梯平面图中的楼层地面和休息平台上应标注出各层楼面及平台面相应的标高，其次序应由下而上逐一注写。

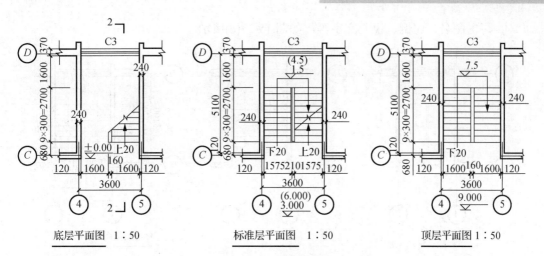

图 15-16　楼梯平面图

楼梯平面图主要表明梯段的长度和宽度、上行或下行的方向、踏步数和踏面宽度、楼梯休息平台的宽度、栏杆扶手的位置以及其他一些平面形状。

楼梯平面图中，楼梯段被水平剖切后，其剖切线是水平线，而各级踏步也是水平线，为了避免混淆，剖切处规定画 45° 折断符号，首层楼梯平面图中的 45° 折断符号应以楼梯平台板与梯段的分界处为起始点画出，使第一梯段的长度保持完整。

楼梯平面图中，梯段的上行或下行方向是以各层楼地面为基准标注的。向上者称为上行，向下者称为下行，并用长线箭头和文字在梯段上注明上行、下行的方向及踏步总数。

在楼梯平面图中，除注明楼梯间的开间和进深尺寸、楼地面和平台面的尺寸及标高外，还需注出各细部的详细尺寸。通常用踏步数与踏步宽度的乘积来表示梯段的长度。常将 3 个平面图画在同一张图纸内，并互相对齐，这样既便于阅读，又可省略标注一些重复的尺寸。

(1) 楼梯平面图的读图方法。

① 了解楼梯或楼梯间在房屋中的平面位置。如图 15-16 所示，楼梯间位于ⓒ～ⓓ轴×④～⑤轴。

② 熟悉楼梯段、楼梯井和休息平台的平面形式、位置、踏步的宽度和踏步的数量。本建筑楼梯为等分双跑楼梯，楼梯井宽 160 mm，梯段长 2700 mm、宽 1600 mm，平台宽 1600 mm，每层 20 级踏步。

③ 了解楼梯间处的墙、柱、门窗平面位置及尺寸。本建筑楼梯间处承重墙厚度为 240 mm，外墙厚度为 370 mm，外墙窗宽 324 mm。

④ 看清楼梯的走向以及楼梯段起步的位置。楼梯的走向用箭头表示。

⑤ 了解各层平台的标高。本建筑一、二、三层平台的标高分别为 1.5 m、4.5 m、7.5 m。

⑥ 在楼梯平面图中了解楼梯剖面图的剖切位置。

(2) 楼梯平面图的画法。

① 根据楼梯间的开间、进深尺寸，画楼梯间定位轴线、墙身以及楼梯段、楼梯平台的投影位置，如图 15-17(a)所示。

② 用平行线等分楼梯段，画出各踏面的投影，如图 15-17(b)所示。

③ 画出栏杆、楼梯折断线、门窗等细部内容，并画出定位轴线，标出尺寸、标高和楼梯剖切符号等。

④ 写出图名、比例、说明文字等，如图 15-17(c)所示。

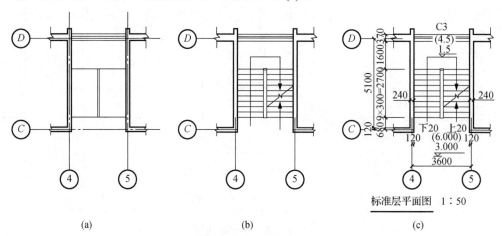

(a)　　　　　　　　　　(b)　　　　　　　　　　(c)

标准层平面图　1:50

图 15-17　楼梯平面图的画法

2) 楼梯剖面图

楼梯剖面图实际上是在建筑剖面图中楼梯间部分的局部放大图，如图 15-18 所示。

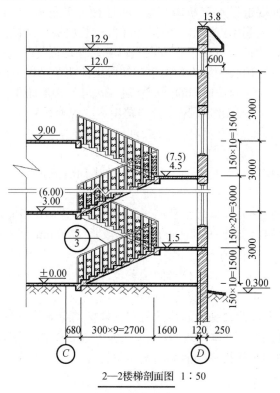

2—2楼梯剖面图　1:50

图 15-18　楼梯剖面图

楼梯剖面图能清楚地注明各层楼(地)面的标高，楼梯段的高度、踏步的宽度和高度、级数，以及楼地面、楼梯平台、墙身、栏杆、栏板等的构造做法及其相对位置。

表示楼梯剖面图的剖切位置的剖切符号应在底层楼梯平面图中画出。剖切平面一般应通过第一跑，并位于能剖到门窗洞口的位置上，剖切后向未剖到的梯段进行投影。

在多层建筑中，若中间层楼梯完全相同时，楼梯剖面图可只画出底层、中间层、顶层的楼梯剖面，在中间层处用折断线符号分开，并在中间层的楼面和楼梯平台面上注写适用于其他中间层楼面的标高。若楼梯间的屋面构造做法没有特殊之处，一般不再画出。

在楼梯剖面图中，应标注：楼梯间的进深尺寸及轴线编号，各梯段和栏杆、栏板的高度尺寸，楼地面的标高以及楼梯间外墙上门窗洞口的高度尺寸和标高。梯段的高度尺寸可用级数与踢面高度的乘积来表示，应注意的是级数与踏面数相差为1，即踏面数=级数-1。

(1) 楼梯剖面图的读图方法。

① 了解楼梯的构造形式。该楼梯为双跑楼梯，用现浇钢筋混凝土制作。

② 熟悉楼梯在竖向和进深方向的有关标高、尺寸和详图索引符号。该楼梯为等跑楼梯，楼梯平台标高分别为 1.5 m、4.5 m、7.5 m。

③ 了解楼梯段、平台、栏杆、扶手等相互间的连接构造。

④ 明确踏步的宽度、高度及栏杆的高度。该楼梯踏步宽 300 mm，踢面高 150 mm，栏杆的高度为 1100 mm。

(2) 楼梯剖面图的画法。

① 画定位轴线及各楼面、休息平台、墙身线，如图 15-19(a)所示。

② 确定楼梯踏步的起点，用平行线等分的方法，画出楼梯剖面图上各踏步的投影，如图 15-19(b)所示。

③ 擦去多余线条，画楼地面、楼梯休息平台、踏步板的厚度以及楼层梁、平台梁等其他细部内容，如图 15-19(c)所示。

④ 检查无误后加深、加粗并画详图索引符号，最后标注尺寸、图名等，如图 15-19(d)所示。

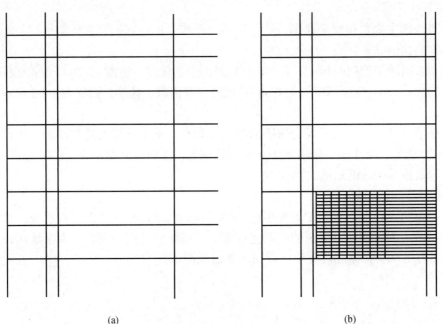

(a)　　　　　　　　　　　　　　(b)

图 15-19　楼梯剖面图的画法

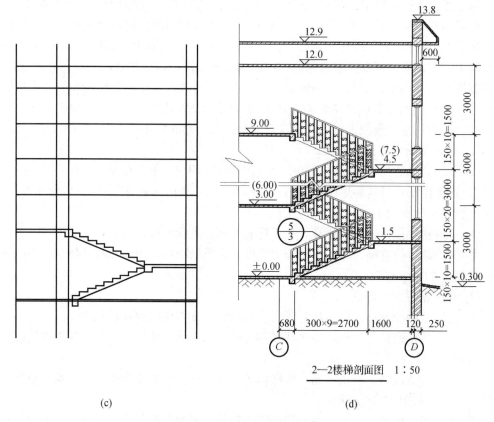

(c)   (d)

图 15-19   楼梯剖面图的画法(续)

3) 楼梯节点详图

楼梯节点详图主要是指栏杆详图、扶手详图及踏步详图，它们分别用索引符号与楼梯平面图或楼梯剖面图联系。

踏步详图表明踏步的截面尺寸、大小、材料及面层的做法。如图 15-20 所示，楼梯踏步的踏面宽度为 300 mm，踢面高度为 150 mm；现浇钢筋混凝土楼梯，面层为 1∶3 水泥砂浆找平。

栏板与扶手详图主要表明栏板及扶手的形式、大小、所用材料及其与踏步的连接等情况。如图 15-20 所示，楼梯扶手采用 $\phi 50$ mm 无缝钢管，面刷黑色调和漆；栏杆用 $\phi 18$ mm 圆钢制成，与踏步用预埋钢筋通过焊接连接。

4) 其他详图

在建筑、结构设计中，对大量重复出现的构配件如门窗、台阶、面层做法等，通常采用标准设计，即由国家或地方编制的一般建筑常用的构配件详图，供设计人员选用，以减少不必要的重复劳动。在读图时要学会查阅这些标准图集。

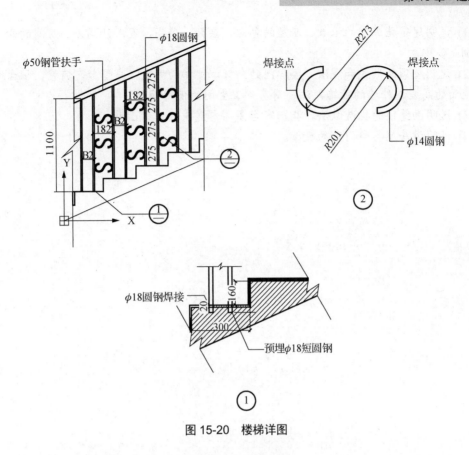

图 15-20　楼梯详图

思　考　题

15-1　建筑施工图由哪些部分组成？

15-2　图纸目录的作用是什么？

15-3　设计总说明的内容有哪些？

15-4　工程做法表的作用是什么？

15-5　建筑总平面图是如何形成的？有何作用？图示内容有哪些？

15-6　建筑平面图是如何形成的？有何作用？图示内容有哪些？

15-7　建筑立面图是如何形成的？有何作用？图示内容有哪些？

15-8　建筑剖面图是如何形成的？有何作用？图示内容有哪些？

15-9　外墙身详图通常由哪些节点详图组成？图示内容有哪些？

15-10　楼梯详图由哪些部分组成？楼梯平面图图示内容有哪些？楼梯剖面图图示内容有哪些？楼梯节点详图由哪些详图组成？

实　训　题

如图 15-1 至图 15-16 所示，识读整套建筑施工图，回答以下问题。

(1) 说明建筑施工图的张数、房屋的朝向、层数、层高、室内外高差，房间的开间、进深分别是多少。

(2) 说明屋顶的形式和做法，楼梯间的个数，楼梯的形式，户型数，墙厚，阳台地面与客厅地面的高差，外墙的装饰做法，厨房、卫生间的使用面积。

(3) 说明雨篷顶的构造做法，指出窗台高、本建筑的建筑面积。

(4) 说明该房屋各类门窗的数量。

第4篇 结构施工图的识读

本篇内容主要讲述了建筑结构施工图纸的识读方法与技巧，全篇共分为结构施工图基础知识、基础施工图的识读、柱平法施工图的识读、梁平法施工图的识读、板平法施工图的识读、剪力墙平法施工图的识读6章。每章的最后部分都用学习到的识图基本知识去具体指导某案例结构施工图纸的识读，真正地将理论知识用于实践，以达到巩固和检验前一步知识学习的效果。相信读者朋友经过循序渐进的学习，能够初步具备识读结构施工图的能力。

第16章 结构施工图的基础知识

【知识目标】

(1) 了解建筑物的结构组成。

(2) 掌握钢筋混凝土结构的基础知识和图示方法。

【能力目标】

(1) 能够通过结构施工图中钢筋的表示符号判断钢筋的种类和级别。

(2) 能够识别结构施工图中钢筋标注的含义。

16.1 概　　述

　　建筑物的结构是指由基础、墙、柱、梁、板等建筑物构件形成的具有一定空间功能，并能安全承受建筑物各种正常荷载作用的骨架结构。如果把一座建筑物比喻成人体的话，那么建筑物的结构就相当于人体的骨骼系统。

　　房屋的结构施工图就是用来表达房屋结构构件(如基础、柱、剪力墙、梁、板及其他承重构件)的布置、形状、大小、材料、构造及其相互关系的图样，同时它还要反映出其他专业(如建筑、给水排水、暖通、电气等)对结构的要求(如由于给水排水专业敷设管线需要在楼板上预留洞口)，主要用来作为施工放线、开挖基槽、支模板、绑扎钢筋、设置预埋件、浇捣混凝土和安装柱、梁、板等构件及编制预算和施工组织计划等的依据。

　　由于结构施工图表达的结构构件以及这些构件内的钢筋布置情况是在已经建成的建筑物中无法直接观察到的，所以在识读用来表达这些构件的结构施工图时就比识读建筑施工图要困难得多。为了更好地识读结构施工图，应该在每份结构施工图的识读前先带领读者认识结构构件，然后再学习结构施工图的识读。

　　按照主要承重结构材料的不同，建筑物主要分为木结构建筑、砌体结构建筑、混合结构建筑、钢筋混凝土结构建筑及钢结构建筑。目前我国的建筑结构形式主要以钢筋混凝土结构应用最为广泛，所以本章主要讲解钢筋混凝土结构体系结构施工图的识读。

16.2 钢筋混凝土结构的基本知识和图示方法

16.2.1 钢筋的牌号、符号、强度标准值

钢筋按其强度和品种分成不同的等级，所以其在结构施工图中用不同的符号表示。用于混凝土结构的钢筋应按表 16-1 选用。

表 16-1 普通钢筋强度标准值 (N/mm²)

牌 号	符 号	公称直径 d/mm	屈服强度标准值 f_{yk}/(N/mm²)	极限强度标准值 f_{stk}/(N/mm²)
HPB300	Φ	6~14	300	420
HRB335	Φ	6~14	335	455
HRB400	Φ			
HRBF400	ΦF	6~50	400	540
RRB400	ΦR			
HRB500	Φ	6~50	500	630
HRBF500	ΦF			

注：HPB300 表示强度级别为 300 MPa 的热轧光圆钢筋，H、P、B 分别为热轧(Hot Rolled)、光面(Plain)、钢筋(Bars)3 个词的首字母，300 表示钢筋的屈服强度标准值为 300 N/mm²。

HRB335 表示强度级别为 335 MPa 的普通热轧带肋钢筋，H、R、B 分别为热轧(Hot Rolled)、带肋(Ribbed)、钢筋(Bars)3 个词的首字母，335 表示钢筋的屈服强度标准值为 335 N/mm²。

HRBF400 表示强度级别为 400 MPa 的细晶粒热轧带肋钢筋，在普通热轧带肋钢筋 HRB 后增加字母 F 为细(Fine)的英文首字母。

RRB400 表示强度级别为 400 MPa 的余热处理带肋钢筋，R、R、B 分别为余热处理(Remained Heat Treatment)、带肋(Ribbed)、钢筋(Bars)3 个词的英文首字母，400 表示钢筋的屈服强度标准值为 400 N/mm²。

纵向受力普通钢筋可采用 HRB400、HRB500、HRBF400、HRBF500、HRB335、RRB400、HPB300 钢筋；梁、柱和斜撑构件的纵向受力普通钢筋宜采用 HRB400、HRB500、HRBF400、HRBF500 钢筋。

箍筋宜采用 HRB400、HRBF400、HRB335、HPB300、HRB500、HRBF500 钢筋。

16.2.2 钢筋的弯钩

如果混凝土构件中的受力筋采用光圆钢筋，为了增加钢筋和混凝土之间的黏结力，避免钢筋在受力时滑动，就应该在光圆钢筋两端做成半圆形或直形弯钩。带肋钢筋与混凝土间的黏结力较强，钢筋两端不需要做弯钩。钢筋的弯钩形式如图 16-1 所示。

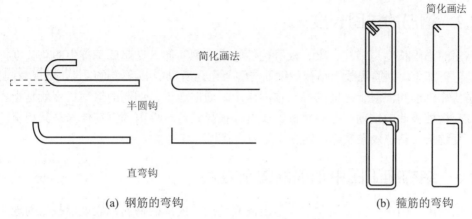

(a) 钢筋的弯钩 　　　　　　　　　(b) 箍筋的弯钩

图 16-1　钢筋的弯钩形式

16.2.3　钢筋的连接方式

由工厂生产出来的每根钢筋长度一般为 6~12 m 不等，而在实际使用过程中，因为构造的需要，有时要将钢筋接长使用，或者为了节约材料，需要将剪断的剩余钢筋连接起来使用，这时就需要将钢筋连接起来。钢筋的连接方式主要有绑扎搭接连接、焊接连接和机械连接 3 种。

钢筋的绑扎搭接连接是指将需要连接的两根钢筋相互重叠搭接一定长度，然后在重叠处用扎丝绑扎起来的连接方法。轴心受拉及小偏心受拉杆件的纵向受力钢筋不得采用绑扎搭接；其他构件中的钢筋采用绑扎搭接时，受拉钢筋直径不宜大于 25 mm，受压钢筋直径不宜大于 28 mm。

钢筋的焊接连接是指用电焊设备将钢筋沿轴向接长或交叉连接。常用的钢筋焊接方法有闪光对焊、电弧焊、电渣压力焊、电阻点焊、钢筋气压焊等方式。

钢筋的机械连接是指通过连接件的机械咬合作用或钢筋端面的承压作用，将一根钢筋中的力传递至另一根钢筋的连接方法。这种连接方式由于接头质量稳定可靠、传力方式明确等优点主要用于粗直径的钢筋连接。钢筋机械连接接头类型可分为直螺纹套筒、锥螺纹套筒和挤压套筒。其中应用最为广泛的是直螺纹套筒连接，如图 16-2 所示。

图 16-2　钢筋的直螺纹套筒连接

16.2.4 钢筋的锚固长度

钢筋的锚固长度是指柱、梁、板等构件的受力钢筋伸入支座或基础中的总长度，包括直线及弯折部分。钢筋混凝土结构中钢筋与混凝土之所以能够可靠地结合，实现共同工作，主要是依靠钢筋和混凝土之间的黏结锚固作用。通俗地讲，钢筋的锚固长度就是指各种构件相互交接处彼此的钢筋应互相锚固的长度。很显然，构件内的钢筋伸入与其相交的构件内的长度越长，黏结效果越好，钢筋在受力后就越不容易被拔出。

16.2.5 结构施工图中钢筋的图示方法

在结构施工图中，为了清楚地表示出混凝土构件内部的钢筋，假设混凝土为透明体，这样构件中的钢筋在施工图中便可看见。钢筋在结构施工图中其长度方向用单根粗实线表示，断面钢筋用圆黑点表示，构件的外形轮廓线用中实线绘制。

普通钢筋的一般表示方法应符合表 16-2 的规定。

表 16-2 钢筋在结构施工图中的表示方法

序 号	名 称	图 例	说 明
1	钢筋横断面		—
2	无弯钩的钢筋端部		下图表示长、短钢筋投影重叠时，短钢筋的端部用 45° 斜划线表示
3	带半圆形弯钩的钢筋端部		—
4	带直钩的钢筋端部		—
5	带丝扣的钢筋端部		—
6	无弯钩的钢筋搭接		—
7	带半圆弯钩的钢筋搭接		—
8	带直钩的钢筋搭接		—
9	花篮螺钉钢筋接头	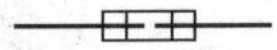	—
10	机械连接的钢筋接头		用文字说明机械连接的方式(如冷挤压或直螺纹等)

16.2.6 结构施工图中钢筋的标注方法

结构施工图中钢筋的标注方式通常分为两种：当标注梁、柱内的纵筋时，只需标注钢筋的根数、等级及直径，如 2Φ25 表示构件内配置 2 根直径为 25 mm 的 HRB400 级钢筋；当标注梁、柱的箍筋和板的分布筋时，一般应标注出相邻钢筋的中心距，不标注根数，如

Φ10@100 表示构件内配置直径为 10 mm 的 HPB300 级钢筋,钢筋间距为 100 mm,如图 16-3 所示。

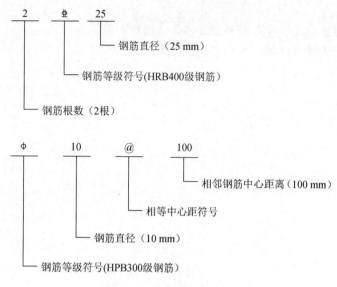

图 16-3　钢筋的标注方法

16.2.7　混凝土

普通混凝土指以水泥为主要胶凝材料,与水、砂、石子(必要时掺入化学外加剂和矿物掺合料)按适当比例配合,经过均匀搅拌、密实成型及养护硬化而成的人造石材。混凝土强度等级是以立方体抗压强度标准值划分,目前我国的普通混凝土强度等级划分为 14 级,即 C15、C20、C25、C30、C35、C40、C45、C50、C55、C60、C65、C70、C75 及 C80(C 表示混凝土 Concrete 的英文首字母,后面的数字表示混凝土立方体抗压强度值,数字越大表示混凝土的抗压能力越强)。

16.2.8　混凝土保护层厚度

混凝土保护层厚度是指结构构件中钢筋外边缘至混凝土表面的最小距离,如图 16-4 所示。混凝土保护层能使混凝土构件内的钢筋与外界隔离,不受外界空气或水及接触物直接影响,防止构件内的钢筋生锈,还可以增加钢筋与混凝土的结合力。

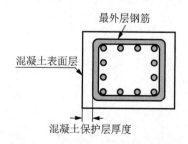

图 16-4　钢筋的保护层厚度示意图

思 考 题

16-1　钢筋的主要连接方式有哪些？其各自的适用范围如何？

16-2　什么是混凝土的保护层？它的功能是什么？

第 17 章 基础施工图的识读

【知识目标】

(1) 理解独立基础的形式和内部钢筋的种类。

(2) 掌握独立基础平法施工图的识读规则。

【能力目标】

能够识读简单的独立基础平法施工图。

17.1 认识独立基础的形式及其内部配筋

建筑物向地基传递荷载的下部结构叫基础，基础是建筑物的主要组成部分，作为建筑物最下部的承重构件埋于地下，承受建筑物的全部荷载，并将其传递给地基。

基础按照构造形式的不同，主要分为独立基础、条形基础、井格基础、筏板基础、箱形基础、桩基础等，现行平法图集《混凝土结构施工图平面整体表示方法制图规则和构造详图(独立基础、条形基础、筏板基础、桩基础)》(16G101-3)即为基础的平法制图规则及构造详图，本书主要讲解独立基础及筏板基础的平法施工图的识读方法。当建筑物上部结构采用框架结构或单层排架结构承重时，基础常采用方形或矩形的独立基础。现浇柱下常采用钢筋混凝土阶梯形或坡形独立基础；当柱采用预制钢筋混凝土构件时，则将基础做成杯口形式，然后将柱子插入，嵌固在杯口内，故称杯形基础。独立基础常见的 3 种形式如图 17-1 所示。

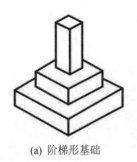
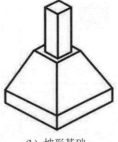
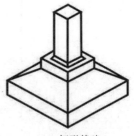

(a) 阶梯形基础　　　　　　　(b) 坡形基础　　　　　　　(c) 杯形基础

图 17-1　独立基础的 3 种形式

独立基础在地基净反力的作用下,基础底板在两个方向均发生向上的弯曲,其受力相当于固定在柱边的悬臂板,基础底板的下部受拉、上部受压,此时就需要在基础底板的下部(受拉边)增设双向钢筋网片,以承担基础内的拉力。独立基础底板内的钢筋网片形式如图 17-2 所示。

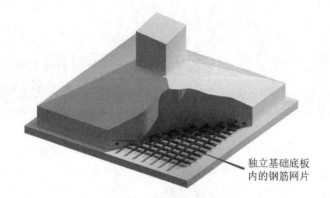

独立基础底板
内的钢筋网片

图 17-2 独立基础底板内的钢筋网片

17.2 独立基础平法施工图的识读规则

独立基础的平法施工图有平面注写和截面注写两种表达方式,目前独立基础施工图多采用平面注写方式绘制。

独立基础的平面注写方式是指在基础的平面布置图上,分别在不同编号的独立基础中各选取一个,在其上注写截面形式、尺寸和配筋具体数值来表达独立基础的平法施工图。图 17-3 所示为某柱下独立基础平法施工图的平面注写方式。独立基础的平面注写方式,分集中标注和原位标注两部分内容。

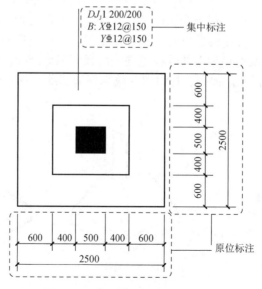

图 17-3 独立基础的平面注写方式

1．普通独立基础和杯口独立基础的集中标注

系在基础平面图上集中引注基础编号、截面竖向尺寸、配筋 3 项必注内容，以及基础底面标高(与基础底面基准标高不同时)和必要的文字注解两项选注内容。素混凝土普通独立基础的集中标注，除无基础配筋内容外，均与钢筋混凝土普通独立基础相同。

图 17-4 所示为独立基础集中标注的示例。

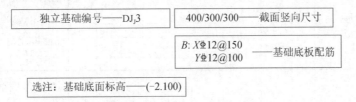

图 17-4　独立基础集中标注

独立基础集中标注的具体内容规定如下。

(1) 独立基础的类型和编号(必注内容)。

独立基础集中标注的第一项必注内容是基础编号，独立基础可分为普通独立基础和杯口独立基础两类，其截面形式又可分为阶形和坡形两种。通过对基础编号的识读，可以判别独立基础的类型。独立基础的类型和编号按表 17-1 规定。

表 17-1　独立基础的类型和编号

独立基础类型	独立基础截面形式	示 意 图	代 号	序 号
普通独立基础	阶形		DJ_J	××
	坡形		DJ_P	××
杯口独立基础	阶形		BJ_J	××
	坡形		BJ_P	××

阶形截面编号加下标"J"，如 DJ_J3 表示编号为 3 的独立基础，截面形式为阶形。坡形截面编号加下标"P"，如 BJ_P2 表示编号为 2 的杯形独立基础，截面形式为坡形。

(2) 独立基础的截面竖向尺寸(必注内容)。

独立基础的截面竖向尺寸按表 17-2 规定，识读时应注意各阶竖向尺寸均按照自下而上的顺序用"/"分隔来标注。

表 17-2　独立基础的截面竖向尺寸

独立基础类型	独立基础截面形式	竖向尺寸	示意图	识读
普通独立基础	阶形	$h_1/h_2/h_3$		当阶形截面普通独立基础 $DJ_J××$ 的竖向尺寸注写为 400/300/300 时，表示 $h_1=400$、$h_2=300$、$h_3=300$，基础底板总厚度为 1000
	坡形	h_1/h_2		当坡形截面普通独立基础 $DJ_p××$ 的竖向尺寸注写为 400/300 时，表示 $h_1=400$、$h_2=300$，基础底板总厚度为 700
杯口独立基础	阶形	a_0/a_1，$h_1/h_2/h_3$		阶形截面杯口独立基础的竖向尺寸分两组，一组表达杯口内，另一组表达杯口外，两组尺寸间用"，"隔开。当阶形截面杯口独立基础 $BJ_J××$ 的竖向尺寸注写为 600/500，500/300/300 时，表示 $a_0=600$、$a_1=500$，$h_1=500$、$h_2=300$、$h_3=300$
	坡形	a_0/a_1，$h_1/h_2/h_3$		坡形截面杯口独立基础的竖向尺寸分两组，一组表达杯口内，另一组表达杯口外，两组尺寸间用"，"隔开。当阶形截面普通独立基础 $BJ_p××$ 的竖向尺寸注写为 550/300，300/250/300 时，表示 $a_0=550$、$a_1=300$，$h_1=300$、$h_2=250$、$h_3=300$

（3）独立基础底板配筋(必注内容)。

普通独立基础和杯口独立基础的底部双向配筋注写规定如下。

① 以 B 代表各种独立基础底板的底部配筋。

② X 向(沿水平方向)配筋以 X 打头、Y 向(沿垂直方向)配筋以 Y 打头注写；当两个方向配筋相同时，则以 $X\&Y$ 打头注写。

当独立基础底板配筋标注为：B：$X\oplus16@150$　$Y\oplus16@200$，表示基础底板底部配置 HRB400 级钢筋，X 向钢筋直径为 16 mm，分布间距为 150 mm；Y 向钢筋直径为 16 mm，分布间距为 200 mm，如图 17-5 所示。

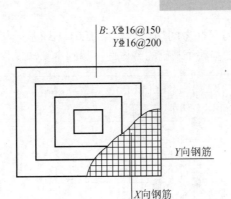

图 17-5　独立基础底板配筋

(4) 独立基础底面标高(选注内容)。

当独立基础的底面标高与基础底面基准标高不同时,应将独立基础底面标高直接注写在"( )"内。

当独立基础的集中标注第四行信息标注为(-2.100)时,表示该独立基础的底面标高为相对标高-2.100 m。

(5) 必要的文字注解(选注内容)。

当独立基础的设计有特殊要求时,宜增加必要的文字注解。例如,基础底板配筋长度是否采用减短方式等,可在该项内注明。

2. 普通独立基础的原位标注

独立基础的原位标注系在基础的平面布置图上标注基础的平面尺寸,图 17-6 所示为阶形独立基础和坡形独立基础的原位标注示意,其中 x、y 为普通独立基础两个方向边长;x_c、y_c 为柱的截面尺寸,x_i、y_i 为阶宽或坡形平面尺寸。

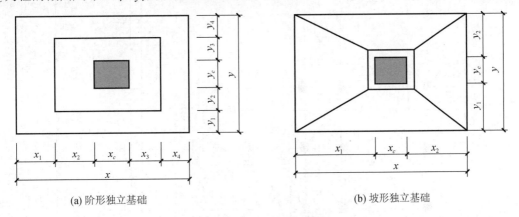

(a) 阶形独立基础　　　　　　　　　　　　　(b) 坡形独立基础

图 17-6　独立基础原位标注

17.3　独立基础施工图识读案例

如图 17-7 所示,可以知道这张图纸是用平法绘制的某综合楼的基础结构施工图,图中采用柱下独立基础,共有 4 种独立基础,其编号分别为 DJ_P01、DJ_P02、DJ_P03、DJ_J01;在双柱阶形独立基础 DJ$_J$01 的双柱之间增设基础梁 JL01(1B)(基础梁截面和配筋识读参考第 19 章梁平法施工图识读)，以加强整个基础的整体性。基础平法施工图的识读如下。

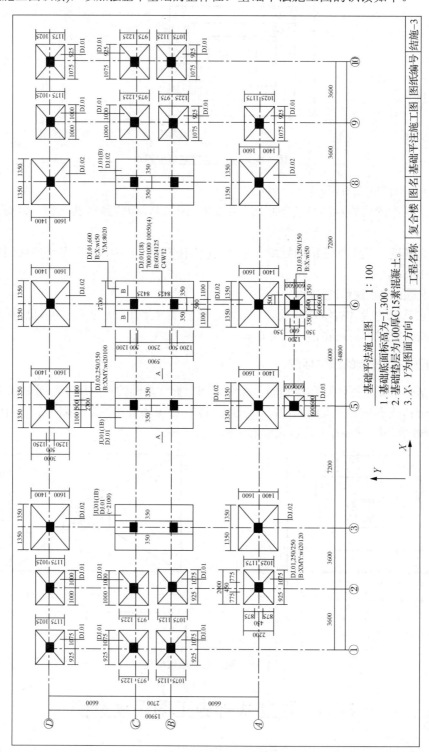

图 17-7　基础平法施工图

(1) 图纸表述，基础底面标高为-1.300。

识读说明：本条明确该工程所有柱下独立基础的底面标高，除非在平法标注中另有说明；否则均为相对标高-1.300。

(2) 图纸表述，基础垫层为 100 mm 厚 C15 素混凝土垫层。

识读说明：本条明确柱下独立基础的垫层采用强度等级为 C15 的素混凝土垫层，厚度为 100 mm。

(3) 图纸表述，X、Y 为图面方向，如图 17-8 所示。

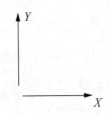

图 17-8　图面方向

识读说明：本条明确图中 X、Y 的方向，当表示独立基础底板的配筋时，X 为沿水平向的钢筋，Y 为沿垂直方向的钢筋。

(4) 图纸表述：②轴与Ⓓ轴相交处 DJ_P01 的平法标注如图 17-9 所示，相同的独立基础共有 14 个。

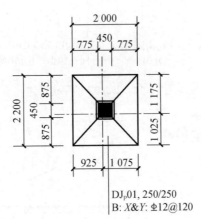

DJ_P01, 250/250
B: X&Y: ⊉12@120

图 17-9　DJ_P01 的平法标注

识读说明：通过对该独立基础平法标注的识读，可知该独立基础的类型为坡形独立基础，基底标高取设计说明所给的-1.300，其对应的剖面详图见图 17-10，基础底板配置 HRB335级钢筋，X 向、Y 向均为直径 12 mm，间距为 120 mm。

(5) 图纸表述，⑤轴与Ⓑ轴相交处 DJ_P02 的平法标注如图 17-11 所示，相同的独立基础共有 6 个。

识读说明：通过对该独立基础平法标注的识读，可知该独立基础的类型为坡形独立基础，基底标高取设计说明所给的-1.300，其对应的剖面详图如图 17-12 所示，基础底板配置 HRB335级钢筋，X 向、Y 向均为直径 12 mm，间距为 100 mm。

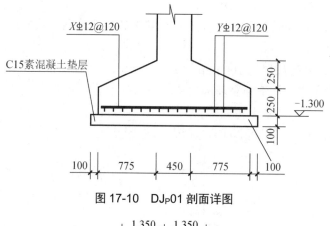

图 17-10 DJ_P01 剖面详图

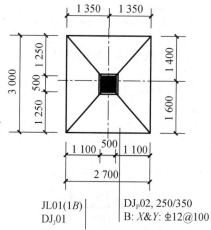

JL01(1B)
DJ_J01

DJ_P02, 250/350
B: X&Y: Φ12@100

图 17-11 DJ_P02 的平法标注

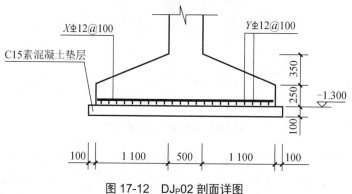

图 17-12 DJ_P02 剖面详图

(6) 图纸表述，⑥轴与Ⓓ轴相交处 DJ_P03 的平法标注如图 17-13 所示，相同的独立基础共有 2 个。

识读说明：通过对该独立基础平法标注的识读，可知该独立基础的类型为坡形独立基础，基底标高取设计说明所给的 -1.300，其对应的剖面详图如图 17-14 所示，基础底板配置 HRB335 级钢筋，X 向、Y 向均为直径 12 mm，间距为 150 mm。

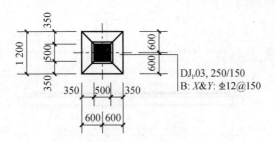

图 17-13 DJ$_P$03 的平法标注

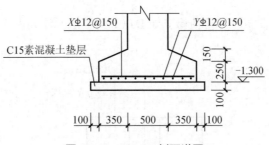

图 17-14 DJ$_P$03 剖面详图

(7) 图纸表述，⑥轴与Ⓑ、Ⓒ轴相交处 DJ$_J$01 的平法标注如图 17-15 所示，相同的独立基础共有 3 个。

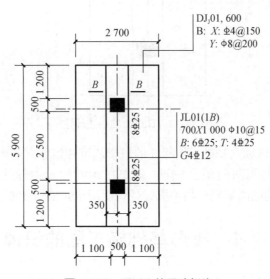

图 17-15 DJ$_J$01 的平法标注

识读说明：通过对该独立基础平法标注的识读，可知该独立基础的类型为阶形独立基础，基底标高取设计说明所给的−1.300，其对应的剖面详图如图 17-16 所示，基础底板 X 向配置 HRB335 级钢筋，直径为 14 mm，间距为 150 mm；Y 向配置 HPB300 级钢筋，直径为 8 mm，间距为 200 mm。

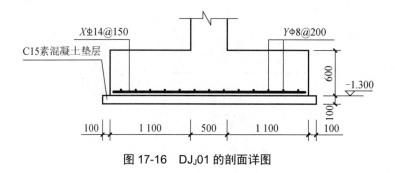

图 17-16 DJ₁01 的剖面详图

(8) 图纸表述，3 轴与 Ⓑ、Ⓒ轴相交处 DJ₁01 的平法标注如图 17-17 所示，相同的独立基础共有 1 个。

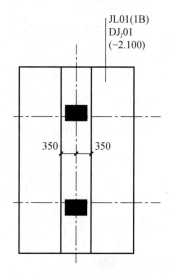

图 17-17 DJ₁01 的平法标注

识读说明：通过对该独立基础平法标注的识读，可知该独立基础的编号同样为 DJ₁01，所以其截面形状和配筋剖面同图 17-16，但是在该处的集中标注增加了一项选注内容 (-2.100)，所以该独立基础的基底标高不取设计说明所给定的-1.300，改为-2.100。

17.4　筏形基础施工图的识读

17.4.1　认识筏形基础的特点、选用原则及类型

筏形基础又叫筏板基础、满堂基础，是把柱下独立基础或者条形基础全部用联系梁联系起来，下面再整体浇筑底板。由底板、梁等整体组成。

(1) 特点。能够减少地基土的单位面积压力、提高地基承载力；增强基础的整体刚性。当建筑物上部荷载较大而地基承又比较弱时，用简单的独立基础或条形基础已不能适应地基变形的需要，这时常将墙或柱下基础连成一片，使整个建筑物的荷载承受在一块整板上，这种满堂式的板式基础称为筏形基础。筏形基础由于其底面积大，故可减小基底压力，同

时也可提高地基土的承载力，并能更有效地增强基础的整体性，调整不均匀沉降。

(2) 选用原则。在软土地基上，用柱下条形基础或柱下十字交梁条形基础不能满足上部结构对变形的要求和地基承载力的要求时，可采用筏形基础。当建筑物的柱距较小而柱的荷载又很大，或柱的荷载相差较大将会产生较大的沉降差需要增加基础的整体刚度以调整不均匀沉降时，可采用筏形基础。当建筑物有地下室或大型储液结构(如水池、油库等)，结合使用要求，可采用筏形基础。风荷载及地震荷载起主要作用的建筑物，要求基础要有足够的刚度和稳定性时，可采用筏形基础。

(3) 类型。分为梁板式和平板式。具体依据：地基土质、上部结构体系、柱距、荷载大小及施工条件等确定选择何种类型。

17.4.2　筏形基础平法施工图的识读规则

1. 梁板式筏形基础平板的平面注写方式

梁板式筏形基础平板 LPB 的平面注写分为集中标注与原位标注两部分内容。梁板式筏形基础平板 LPB 贯通纵筋的集中标注，应在所表达的板区双向均为第一跨(X 与 Y 双向首跨)的板上引出(图面从左至右为 X 向，从下至上为 Y 向)。板区划分条件为板厚相同、基础平板底部与顶部贯通纵筋配置相同的区域为同一板区。

(1) 集中标注的内容规定。

梁板式筏形基础构件编号如表 17-3 所示。

表 17-3　梁板式筏形基础构件编号

构建类型	代　号	序　号	跨数及有无外伸
基础主梁	JL	××	(××)或(××A)或(××B)
基础次梁	JCL	××	
梁板筏基础平板	LPB	××	

注写基础平板的截面尺寸。注写 h=×××表示板厚。

注写基础平板的底部与顶部贯通纵筋及其跨数和外伸情况。先注写 X 向底部(B 打头)贯通纵筋与顶部(T 打头)贯通纵筋及纵向长度范围；再注写 Y 向底部(B 打头)贯通纵筋与顶部(T 打头)贯通纵筋及其跨数和外伸情况(图面从左至右为 X 向、从下至上为 Y 向)。贯通纵筋的跨数和外伸情况注写在括号中，注写方式为"跨数及有无外伸"，其表达形式为：(××)(无外伸)、(××A)(一端有外伸)或(××B)(两端有外伸)。注：基础平板的跨数以构成柱网的主轴线为准；两主轴线之间无论有几道辅助轴线(如框筒结构中混凝土内筒中的多道墙体)，均可按一跨考虑。

(2) 原位注写位置及内容。

板底部原位标注的附加非贯通纵筋，应在配置相同的第一跨表达(当基础梁悬挑部位在基位单独配置时则在原位表达)。在配置相同跨的第一跨(或基础梁外伸部位)，垂直于基础梁绘制一段中粗虚线(当该筋通长设置在外伸部位或短跨板下部时，应画至对边或贯通跨数分成两跨，跨的短跨)，再续线上注写编号(如①②等)、配筋值、横向布置的跨数及是否布置到外伸部位。

板底部附加非贯通纵筋自支座中线向两边跨内的伸出长度值,注写在线段的下方位置。

当该筋向两侧对称伸出时,可仅在一侧标注,另一侧不注;当布置在边梁下时,向基础平板外伸部位一侧的伸出长度与方式按标准构造,设计不注。底部附加非贯通筋相同者,可仅注写一处,其他只注写编号。横向连续布置的跨数及是否布置到外伸部位不受集中标注贯通纵筋的板区限制。原位注写的底部附加非贯通纵筋与集中标注的底部贯通钢筋,宜采用"隔一布一"的方式布置,即基础平板(X 向或 Y 向)底部附加非贯通纵筋与贯通纵筋间隔布置,其标注(X 与 Y)时间距与底部贯通纵筋相同(两者实际组合后的间距为各自标注间距的 1/2)。

注写修正内容:

当集中标注的某些内容不适用于梁板式筏形基础平板某板区的某一板跨时,应由设计者在该板跨内注明,施工时应按注明内容取用。当若干基础梁下基础平板的底部附加非贯通纵筋配置相同时(其底部、顶部的贯通纵筋可以不同),可仅在一根基础梁下做原位注写,并在其他梁上注明"该梁下基础平板底部附加非贯通纵筋同××基础梁"。

应在图中注明的其他内容:

当在基础平板周边沿侧面设置纵向构造钢筋时应在图中注明;基础平板外伸部位的封边方式,当采用 U 形钢筋封边时应注明其规格、直径及间距;当基础平板外伸变截面高度时,应注明外伸部位的 h_1/h_2, h_1 为板根部截面高度,h_2 为板尽端截面高度;当基础平板厚度大于 2 m 时,应注明具体构造要求;当在基础平板外伸阳角部位设置放射筋时,应注明放射筋的强度等级、直径、根数以及设置方式等;板的上、下部纵筋之间设置拉筋时,应注明拉筋的强度等级、直径、双向间距等;应注明混凝土垫层厚度与强度等级;结合基础主梁交叉纵筋的上下关系,当基础平板同层面的纵筋相交叉时,应注明何向纵筋在下,何向纵筋在上,设计需注明的其他内容。

2. 平板式筏形基础平板 BPB 的平面注写方式

平板式筏形基础平板 BPB 的平面注写,分为集中标注与原位标注两部分内容。基础平板 BPB 的平面注写与柱下板带 ZXB、跨中板带 KZB 的平面注写虽是不同的表达方式,但可以表达同样的内容。当整片板式筏形基础配筋比较规律时,宜采用 BPB 表达方式。

(1) 集中标注的内容规定。

集中标注除平板式筏形基础构件编号外,其余所有规定均与梁板式筏形基础相同。

平板式筏形基础构件编号如表 17-4 所示。

表 17-4 平板式筏形基础构件编号

构建类型	代号	序号	跨数及有无外伸
柱下板带	ZXB	××	(××)或(××A)或(××B)
跨中板带	KZB	××	
平板式筏形基础平板	BPB	××	

当某向底部贯通纵筋或顶部贯通纵筋的配置,在跨内有两种不同间距时,先注写跨内

两端的第一种间距，并在前面加注纵筋根数(以表示其分布的范围)；再注写跨中部的第二种间距(不需加注根数)；两者用"/"分隔。

(2) 原位标注。

平板式筏形基础平板 BPB 的原位标注，主要表达横跨柱中心线下的底部附加非贯通纵筋。当柱中心线下的底部附加非贯通纵筋(与柱中心线正交)沿柱中心线连续若干跨配置相同时，则在该连续跨的第一跨下原位注写，且将同规格配筋连续布置的跨数注在括号内；当有些跨配置不同时，则应分别原位注写。外伸部位的底部附加非贯通纵筋应单独注写(当与跨内某筋相同时，仅注写钢筋编号)。

当底部附加非贯通纵筋横向布置在跨内有两种不同间距的底部贯通纵筋区域时，其间距应分别对应为两种，其注写形式应与贯通纵筋保持一致，即先注写跨内两端的第一种间距，并在前面加注纵筋根数；再注写跨中部的第二种间距(不需加注根数)；两者用"/"分隔。

当某些柱中心线下的基础平板底部附加非贯通纵筋横向配置相同时(其底部、顶部的贯通纵筋可以不同)，可仅在一条中心线下做原位注写，并在其他柱中心线上注明"该柱中心线下基础平板底部附加非贯通纵筋同×柱中心线"。

3. 其他内容

与平板式筏形基础相关的后浇带、上柱墩、下柱墩、基坑(沟)等构造的平法施工图设计，详见《混凝土结构施工图平面整体表示方法制图规则和构造详图》(16G101-3)的相关部分规定，注明板厚。当整片平板式筏形基础有不同板厚时，应分别注明各板厚值及其各自的分布范围。当在基础平板周边沿侧面设置纵向构造钢筋时，应在图注中注明。应注明基础平板外伸部位的封边方式，当采用 U 形钢筋封边时，应注明其规格、直径及间距。当基础平板厚度大于 2 m 时，应注明设置在基础平板中部的水平构造钢筋网。当在基础平板外伸阳角部位设置放射筋时，应注明放射筋的强度等级、直径、根数以及设置方式等。板的上、下部纵筋之间设置拉筋时，应注明拉筋的强度等级、直径、双向间距等；应注明混凝土垫层厚度与强度等级；当基础平板同一层面的纵筋相交叉时，应注明何向纵筋在下，何向纵筋在上。设计需注明的其他内容。

17.4.3　筏板基础标注图例

图 17-18 至图 17-21 所示为筏板形基础的标注图例。

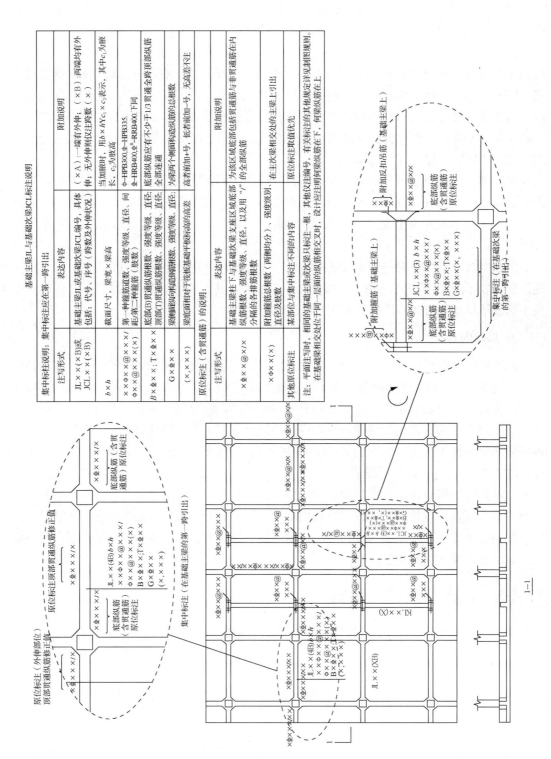

图 17-18　基础主梁基础次梁标注图示

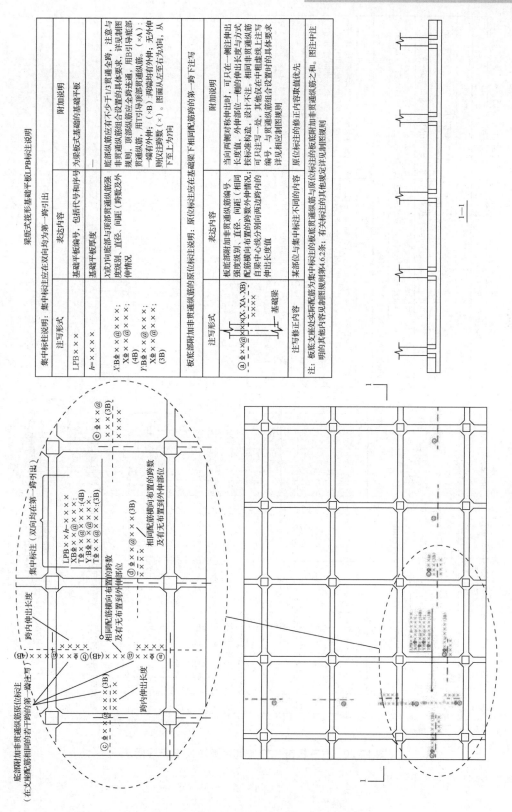

图 17-19　梁板式筏板形基础平板 LPB 标注识图

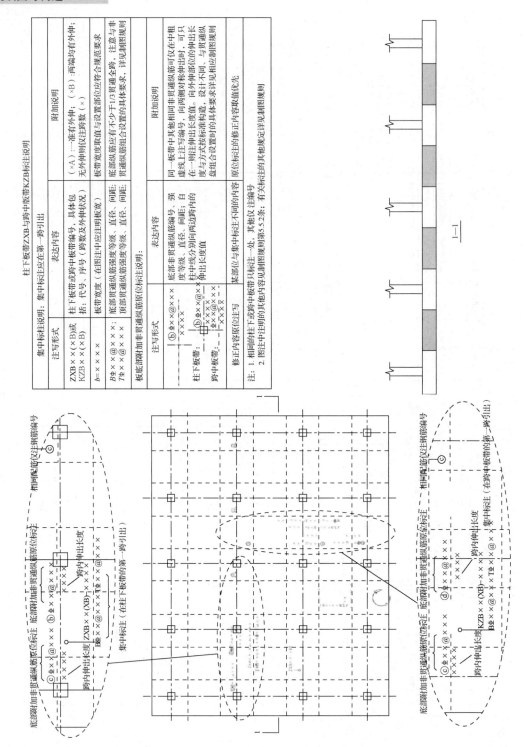

图 17-20 柱下板带 KZB 与跨中板带 KZB 标注图示

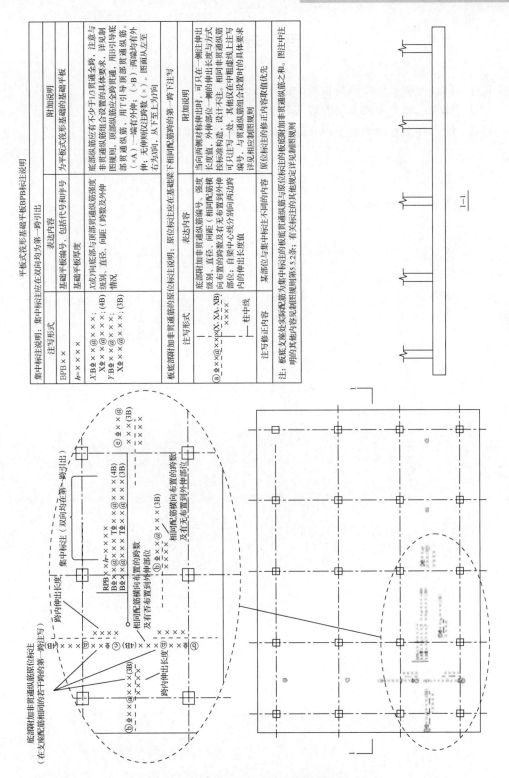

图 17-21 平板式筏形基础平板 BPB 标注图示

思 考 题

17-1 独立基础底板内钢筋常用的主要形式是什么？

17-2 独立基础平法施工图有哪几种表达方式？

17-3 阶形独立基础和坡形独立基础的字母代号是什么？

第18章 柱平法施工图的识读

【知识目标】

(1) 理解钢筋混凝土柱内部钢筋的种类。

(2) 掌握柱平法施工图的识读规则。

【能力目标】

能够识读钢筋混凝土柱的平法施工图。

18.1 认识钢筋混凝土柱及柱内的钢筋

用钢筋混凝土材料制成的柱，是房屋、桥梁、水工等各种工程结构中最基本的承重构件。框架结构体系中建筑物的全部荷载最终是通过框架柱传递给基础，进而传递给地基的。所以，钢筋混凝土柱是非常重要的竖向承重构件，如图18-1所示。

图18-1 钢筋混凝土柱

钢筋混凝土柱中的内部钢筋形式可以分为两种，即纵向受力钢筋和箍筋。

(1) 纵向受力钢筋。简称纵筋，指的是平行于钢筋混凝土柱高度方向配置的钢筋，矩形截面纵筋根数不得少于 4 根，它主要用来协助混凝土承受压力，以减少柱的截面尺寸，所以纵筋是钢筋混凝土柱的主要受力钢筋，从图 18-2 中可以看出，纵筋的直径明显比箍筋的直径大很多，这也能够证明纵筋是钢筋混凝土柱的主要受力钢筋。

(2) 箍筋。钢筋混凝土柱内的箍筋指的是沿着钢筋混凝土横截面方向配置的钢筋，它的作用首先是与纵筋形成骨架，保证主要受力筋——纵筋的正确位置，同时它还可以减少纵筋受压时的支承长度，以防止纵筋受压后向外突出破坏。

钢筋混凝土柱内的箍筋形式随着柱截面形式的不同而变化，我们以最为常见的矩形截面柱内的矩形箍筋为例讲解箍筋。如图 18-2 所示的箍筋是矩形箍中最简单的双肢箍，但是如上文所说，箍筋的主要作用是与纵筋形成骨架，防止纵筋在受压后压屈向外突出。随着钢筋混凝土柱所受竖向压力的增大，纵筋为了帮助钢筋混凝土柱承受压力其根数也会增加，那么仅仅采用双肢矩形箍就不能满足受力的要求了，所以钢筋混凝土矩形柱内配置的多为复合矩形箍筋，4×4 型的矩形复合箍筋如图 18-3 所示("4×4 型"是矩形复合箍筋的类型号，其讲解见 18.2 节"柱平法施工图识读规则")。

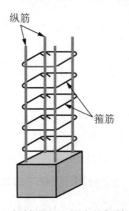

图 18-2　钢筋混凝土柱内的钢筋

图 18-3　4×4 型的矩形复合箍筋

18.2　柱平法施工图的识读规则

柱平法施工图有截面注写和平面注写两种表达方式，目前实际工程中以截面注写方式较为常见。

18.2.1　柱平法标注的截面注写方式

截面注写方式，是指在分标准层绘制的柱平面布置图上，对所有的柱子编号，分别在同一编号的柱中选择一个截面，并将此截面在原位放大，以直接注写截面尺寸、轴线定位和配筋具体数值的方式来表达柱平法施工图。

1. 结构层高表

结构层高表是以表格的方式注明包括地下和地上各层的结构层楼(地)面标高、结构层高及相应的结构层号的表格。使用该表能够保证基础、柱与墙、梁、板、楼梯等用同一标准竖向定位。为施工方便，平法制图规则规定应将统一的结构层高表分别放在柱、墙、梁等各类构件的平法施工图中。

表 18-1 是一张典型的结构层高表，为了更为清楚地解释该结构层高表，把该层高表表示为建筑物结构层的模型，如图 18-4 所示。

表 18-1 结构层高表

3	8.670	
2	4.470	4.20
1	−0.030	4.50
−1	−4.530	4.50
层号	标高/m	层高/m

结构层楼面标高

结构层高

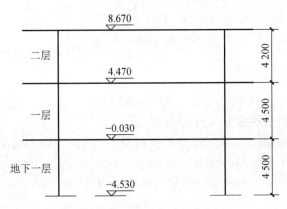

图 18-4 层高表对应的建筑模型

注意：表 18-1 中的结构层楼面标高是指将建筑图中的各层地面和楼面标高值扣除建筑面层及垫层做法厚度后的标高，结构层号应与建筑楼层号对应一致。

2. 截面注写方式表达的柱平法标注

图 18-5 是以截面注写方式表达的某根柱的平法标注示例。柱平法标注的截面注写方式的具体内容规定如下。

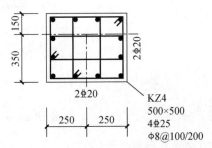

图 18-5 截面注写方式表达的柱平法标注

1) 柱编号

柱编号由类型代号和序号组成，常用柱的编号如表 18-2 所示，图 18-5 示例中的柱编号 KZ4 表示编号为 4 的框架柱。

表 18-2　柱编号

柱 类 型	代 号	序 号
框 架 柱	KZ	××
转 换 柱	ZHZ	××
芯 柱	XZ	××
梁 上 柱	LZ	××
剪力墙上柱	QZ	××

2) 柱截面几何尺寸

矩形柱截面尺寸用 $b×h$ 表示，通常截面的横向边为 b(与 X 向平行)，截面的竖向边为 h(与 Y 向平行)，矩形柱截面几何尺寸示意如图 18-6 所示。图 18-5 示例中的 500×500 表示该矩形柱截面尺寸 b 边为 500 mm，h 边为 500 mm。

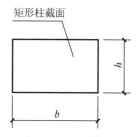

图 18-6　矩形柱截面几何尺寸

3) 柱纵向钢筋

为了更为清楚地表示柱中的纵筋，首先给矩形柱截面的纵筋命名。位于矩形柱截面 4 个角部的纵筋，统称为角筋，共有 4 根，如图 18-7 所示。矩形柱截面 b 边方向，除去角部的两根角筋外，其余纵筋统称为 b 边一侧中部纵筋，如图 18-8 所示。矩形柱截面 h 边方向，除去角部的两根角筋外，其余纵筋统称为 h 边一侧中部纵筋，如图 18-9 所示。

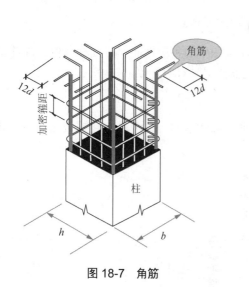

图 18-7　角筋

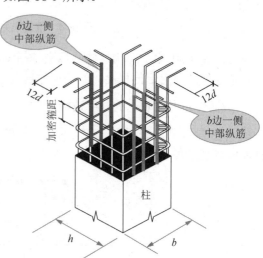

图 18-8　b 边一侧中部纵筋

柱的截面注写方式中纵向钢筋有两种表示方式。

　　当纵向钢筋直径均相同，各边根数也相同时，可将全部纵筋的根数、钢筋类型、直径等信息标注在第三行。图 18-10 中的 12⚫20 表示该矩形柱的纵向钢筋共配置 12 根直径为 20 mm 的 HRB400 级钢筋，全截面对称配置。

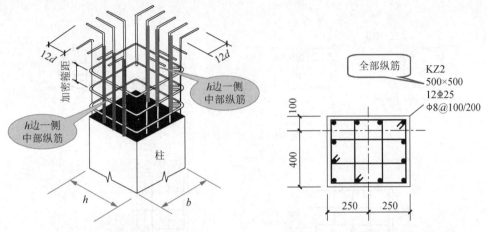

图 18-9　*h* 边一侧中部纵筋　　　　　　图 18-10　柱纵筋的截面注写法一

　　当矩形截面的角筋和中部钢筋配置不同时，则只在第三行中标注 4 根角筋的信息，而 *b* 边中部纵筋、*h* 边中部纵筋的信息标注在柱截面的相应位置。对于采用对称配筋的矩形截面柱，可仅注写 *b* 边和 *h* 边一侧中部配筋，对称边省略不注。图 18-11 中的 4⚫25 表示该矩形柱配置 4 根直径为 25 mm 的 HRB400 级角筋；图中水平方向的 2⚫20 表示 *b* 边一侧中部纵筋为 2 根直径 20 mm 的 HRB400 级钢筋，对边对称配置；图中垂直方向的 2⚫20 表示 *h* 边一侧中部纵筋为 2 根直径 20 mm 的 HRB400 级钢筋，对边对称配置。

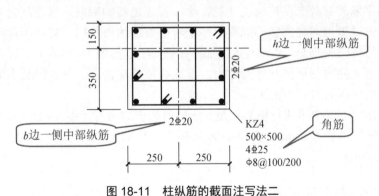

图 18-11　柱纵筋的截面注写法二

　　4) 柱箍筋

　　(1) 柱箍筋类型。

　　如图 18-12 所示，《混凝土结构施工图平面整体表示方法制图规则和构造详图(现浇混凝土框架、剪力墙、梁、板)》(16G101-1)图集内提供了 7 种柱内常用的箍筋类型，下面主要讲解箍筋类型 1 的箍筋肢数的确定方法。肢数 *m* 即沿着柱截面 *b* 边方向箍筋的根数有 *m* 根，肢数 *n* 即沿着柱截面 *h* 边方向箍筋的根数有 *n* 根。图 18-13 所示的箍筋可分别表示为箍筋类型 1(5×4) 和箍筋类型 1(4×5)。

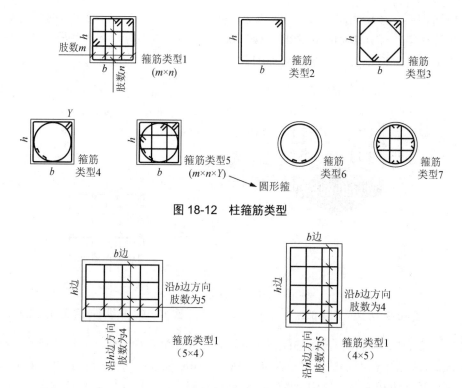

图 18-12　柱箍筋类型

图 18-13　柱箍筋示例

(2) 柱箍筋加密区。

钢筋混凝土柱内的箍筋应顺着柱高度方向全高配置。在抗震设防区，由于地震力的反复作用，柱端钢筋的混凝土保护层往往先碎落，若无足够的箍筋，纵筋就会向外膨曲，造成柱端破坏；同时箍筋对柱的核心混凝土还起着有效的约束作用，提高配箍率可以显著提高受压混凝土的极限压应变，从而有效增加柱延性，所以如图 18-14 所示，在框架结构中梁与柱相交的节点处柱内的箍筋往往要加密，形成柱箍筋加密区。其他区域内的柱箍筋则不需要加密，形成柱箍筋的非加密区。

柱的截面注写方式中第四行信息就是关于柱内箍筋的内容，图 18-15 中的 $\phi 8@100/200$ 表示柱内箍筋采用直径为 8 mm 的 HPB300 级钢筋，加密区箍筋间距为 100 mm，非加密区箍筋间距为 200 mm。

18.2.2　柱平法标注的列表注写方式

列表注写方式是指在柱平面布置图上分别在同一编号的柱中选择一个或多个截面标注几何参数代号，在柱表中注写柱号、柱段起止标高、几何尺寸与箍筋的具体数值，并配以各种柱截面形状及箍筋类型图的方式来表达柱平法施工图。图 18-16 所示为列表注写方式表达的柱平法施工图。

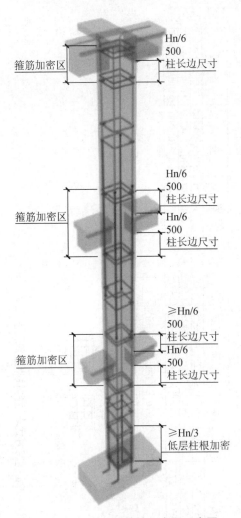

图 18-14　柱箍筋加密区示意图

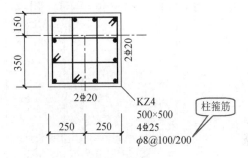

图 18-15　柱箍筋的截面注写方式

18.3　柱平法施工图识读案例

观察图 18-17，可以知道这张图纸是用截面注写方式表达的某综合楼的柱平法施工图，图中框架柱共有 5 种，其编号分别为 KZ1、KZ2、KZ3、KZ4、KZ5，柱平法施工图的识读如下。

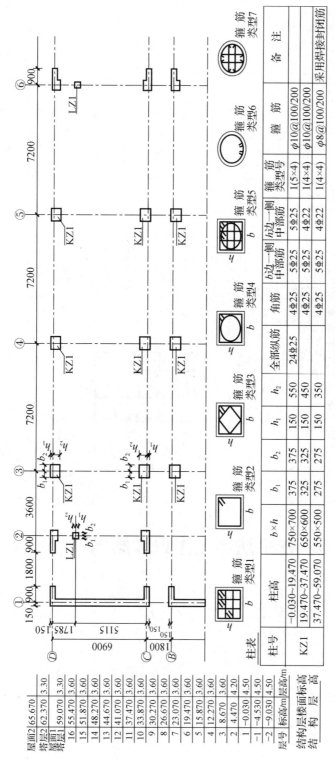

图 18-16 列表注写方式表达的柱平法施工图

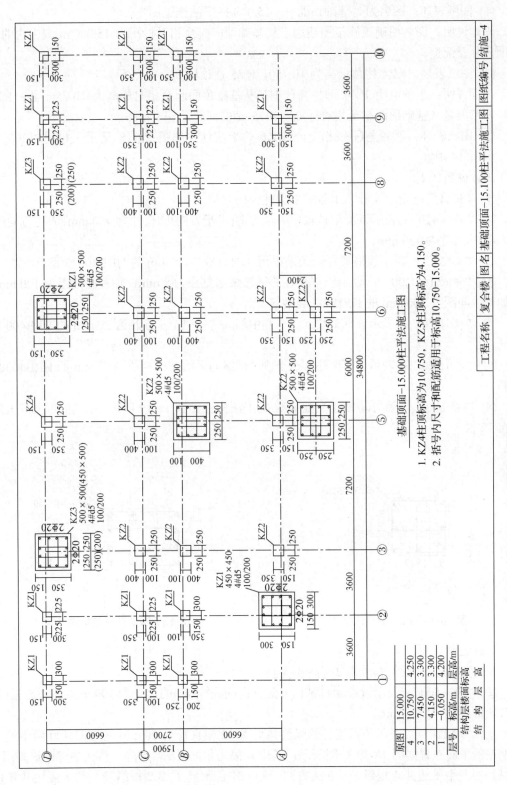

图 18-17 截面注写方式表达的柱平法施工图

基础顶面~15.000柱平法施工图

1. KZ4柱顶标高为10.750, KZ5柱顶标高为4.150。
2. 括号内尺寸和配筋适用于标高10.750~15.000。

工程名称	复合楼	图名	基础顶面~15.100柱平法施工图	图纸编号	结施-4

层号	标高/m	层高/m
4	15.000	4.250
3	10.750	3.300
2	7.450	3.300
1	4.150	4.200
	-0.050	
层号	结构楼面标高结构层高	层高/m

(1) 图纸表述：图名为"基础顶面——15.000 柱平法施工图"。

识读说明：图名明确该施工图适用于从基础顶面起至相对标高为 15.000 m 范围内的柱截面尺寸及配筋。

(2) 图纸表述：KZ4 柱顶标高为 10.750，KZ5 柱顶标高为 4.150。

识读说明：本条说明 KZ4 的柱高范围是从基础顶面起至相对标高为 10.75m 止；KZ5 的柱高范围是从基础顶面起至相对标高为 4.15 m 止。

(3) 图纸表述：②轴与④轴相交处 KZ1 的平法标注如图 18-18 所示，相同的框架柱 KZ1 共有 14 根。

识读说明如下。

① "KZ1"：表示编号为 1 号的框架柱。

② "450×450"：表示该框架柱截面 b 边方向(水平方向)的尺寸为 450 mm；h 边方向(垂直方向)的尺寸为 450 mm。

③ "4⊕25"：表示该框架柱的角筋采用 4 根直径为 25 mm 的 HRB400 级钢筋。

④ "ϕ8@100/200"：表示该框架柱的箍筋采用直径为 8 mm，加密区间距为 100 mm、非加密区间距为 200 mm 的 HRB400 级钢筋。

⑤ "①1⊕20"：表示该框架柱 b 边一侧中部纵筋采用 1 根直径为 20 mm 的 HRB400 级钢筋。

⑥ "②1⊕20"：表示该框架柱 h 边一侧中部纵筋采用 1 根直径为 20 mm 的 HRB400 级钢筋。

(4) 图纸表述：⑤轴与Ⓑ轴相交处 KZ2 的平法标注如图 18-19 所示，相同的框架柱 KZ2 共有 12 根。

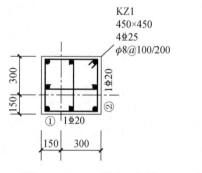

图 18-18　KZ1 的平法标注

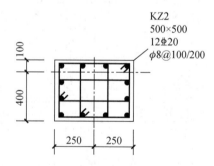

图 18-19　KZ2 的平法标注

识读说明如下。

① "KZ2"：表示编号为 2 号的框架柱。

② "500×500"：表示该框架柱截面 b 边方向(水平方向)的尺寸为 500 mm；h 边方向(垂直方向)的尺寸为 500 mm。

③ "12⊕20"：表示该框架柱的纵筋共采用 12 根直径为 20 mm 的 HRB400 级钢筋，其钢筋的平面布置如图 18-19 详图所示：其中 4 根为角筋，b 边方向一侧的中部配筋采用 2 根纵筋，两个侧边共 4 根纵筋；h 边方向一侧的中部配筋采用 2 根纵筋，两个侧边共 4 根纵筋。

④ "ϕ8@100/200"：表示该框架柱的箍筋采用直径为 8 mm，加密区间距为 100 mm、非加密区间距为 200 mm 的 HRB400 级钢筋。

(5) 图纸表述：③轴与⑦轴相交处 KZ3 的平法标注如图 18-20 所示，相同的框架柱 KZ3 共有 2 根。

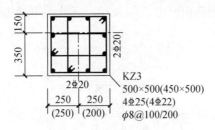

图 18-20 KZ3 的平法标注

识读说明如下。

如图 18-21 所示，图名下方的第 2 条说明 "2.括号内尺寸和配筋适用于标高 10.750～15.000" 可知，该 KZ3 的截面尺寸及配筋情况按照柱高分两种情况，其具体识读如下。

"KZ3"：表示编号为 3 号的框架柱。

"500×500(450×500)"：表示该框架柱从基础顶面至 10.750 标高范围内的截面 b 边方向(水平方向)的尺寸为 500 mm，h 边方向(垂直方向)的尺寸为 500 mm；从 10.750 至 15.000 的标高范围内截面 b 边方向(水平方向)的尺寸为 450 mm，h 边方向(垂直方向)的尺寸为 500 mm。

"4Φ25(4Φ22)"：表示该框架柱从基础顶面至 10.750 标高范围内的角筋采用 4 根直径为 25 mm 的 HRB400 级钢筋；从 10.750 至 15.000 的标高范围内的角筋采用 4 根直径为 22 mm 的 HRB400 级钢筋。

"ϕ8@100/200"：表示该框架柱的箍筋采用直径为 8 mm，加密区间距为 100 mm、非加密区间距为 200 mm 的 HRB400 级钢筋，该配筋适用于柱的全高范围内。

基础顶面-15.000柱平法施工图

1. KZ4柱顶标高为10.750，KZ5柱顶标高为4.150。
2. 括号内尺寸和配筋适用于标高10.750～15.000。

图 18-21 设计说明

(6) 图纸表述：⑥轴与⑦轴相交处 KZ4 的平法标注如图 18-22 所示，相同的框架柱 KZ4 共有 2 根。

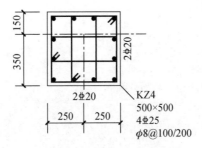

图 18-22 KZ4 的平法标注

识读说明如下。

该 KZ4 的配筋识读方法同 KZ1，在此不再赘述。

(7) 图纸表述：⑤轴与④轴前面的辅轴相交处 KZ5 的平法标注如图 18-23 所示，相同的框架柱 KZ5 共有 2 根。

识读说明：该 KZ5 的配筋识读方法同 KZ2，在此不再赘述。

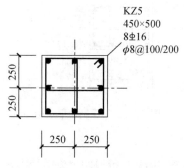

图 18-23　KZ5 的平法标注

思 考 题

18-1　钢筋混凝土柱中的内部钢筋形式分为哪几种？

18-2　结构层高表中楼层号处对应的标高是该层的层底标高还是层顶标高？

第 19 章 梁平法施工图的识读

【知识目标】

(1) 理解钢筋混凝土梁内部钢筋的种类。

(2) 掌握梁平法施工图的识读规则。

【能力目标】

能够识读钢筋混凝土梁的平法施工图。

19.1 认识钢筋混凝土梁及梁内钢筋的分类

19.1.1 钢筋混凝土梁的分类

用钢筋混凝土材料制成的梁。框架结构中梁的主要作用是承受板传来的各种竖向荷载和梁的自重，并把荷载传递给与其相连接的框架柱，同时将各个方向的柱连接成整体。

《混凝土结构施工图平面整体表示方法制图规则和构造详图(现浇混凝土框架、剪力墙、梁、板)》(16G101-1)图集将梁主要分成 6 类，包括楼层框架梁、屋面框架梁、非框架梁、框支梁、悬挑梁和井字梁。

(1) 框架梁：两端以柱为支座的梁叫作框架梁，根据框架梁所处的位置不同，分为楼层框架梁和屋面框架梁。框架梁如图 19-1 所示。

(2) 非框架梁：两端以框架梁为支座的梁叫作非框架梁。非框架梁如图 19-1 所示。

(3) 框支梁：当上部竖向构件不能直接连续贯通落地，而通过水平转换结构与下部竖向构件连接。当布置的转换梁支撑上部的剪力墙时，转换梁叫作框支梁，如图 19-2 所示。

(4) 悬挑梁：一端或两端伸出支撑物的梁叫作悬挑梁，如图 19-3 所示。

(5) 井字梁：不分主次，高度相当的梁，同位相交，呈井字形的梁叫作井字梁，如图 19-4 所示。

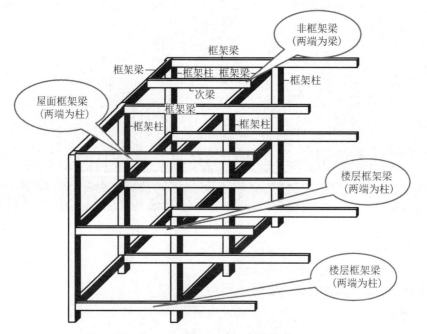

图 19-1　钢筋混凝土梁的主要类型 1

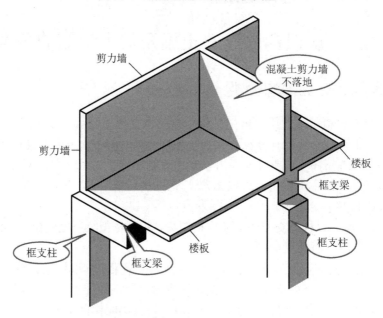

图 19-2　钢筋混凝土梁的主要类型 2

19.1.2　钢筋混凝土梁内钢筋的分类

钢筋混凝土梁内的钢筋按照其所处位置和作用的不同，主要分为纵向钢筋、箍筋、其他钢筋等三大类，如图 19-5 所示。

(1) 纵向钢筋：沿着梁的长边方向，即跨长方向配置的钢筋，如图 19-6 所示。

① 上部通长筋：指梁的上排贯穿于梁整个长度的纵筋，中间既不弯起也不中断，当钢

筋过长时可以搭接或焊接。

② 支座负筋：指只在梁的支座位置设置，用于抵抗梁端负弯矩的纵筋，因此称之为支座负筋。

③ 下部通长筋：指在梁的下排配置的纵筋，通常沿着梁跨的长度方向贯通布置。

④ 侧面纵筋：指在梁的两个侧面配置的纵筋，又叫腰筋，主要包括侧面纵向构造钢筋和受扭钢筋两类：当其作用是承受梁侧面温度变化及混凝土收缩所引起的应力，并抑制混凝土裂缝的开展时，称为侧面纵向构造钢筋；当其作用是承受由于框架梁两侧荷载不同而在框架梁内产生的扭矩时，称为受扭钢筋。

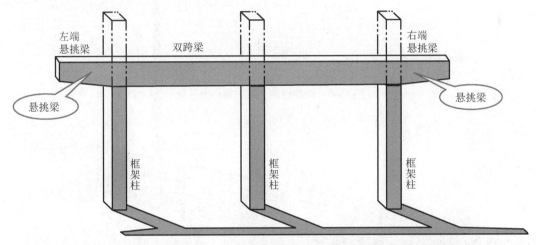

图 19-3　钢筋混凝土梁的主要类型 3

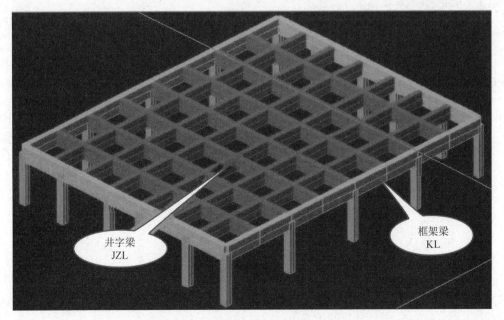

图 19-4　钢筋混凝土梁的主要类型 4

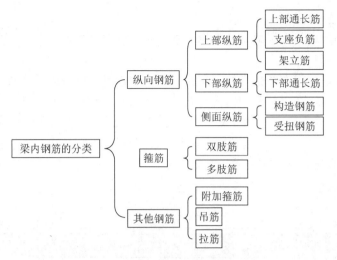

图 19-5　钢筋混凝土梁内钢筋的分类

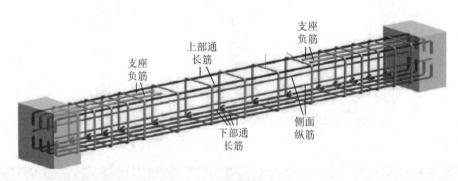

图 19-6　梁内的纵向钢筋

(2) 箍筋：指在梁内用来连接受力主筋和架立钢筋使之形成骨架，主要承受剪力和扭矩的钢筋称为箍筋，如图 19-7 所示。

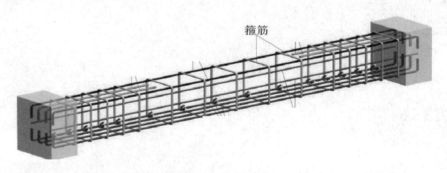

图 19-7　梁内的箍筋

根据梁同一截面内沿宽度方向箍筋根数的不同，梁内的箍筋主要分为双肢箍、三肢箍和四肢箍，如图 19-8 所示。

(3) 其他钢筋。

钢筋混凝土梁内的其他钢筋主要包括附加箍筋、吊筋和拉筋。

　　在主、次梁的交接处，为了承担次梁传来的集中荷载，需要在主梁上增设附加箍筋或吊筋。附加箍筋一般在主梁上的次梁截面两侧各设置 3 根，两侧共设置 6 根，附加箍筋间距一般为 50 mm，其直径和强度等级同主梁上其他正常箍筋，附加箍筋的示意如图 19-9 所示。

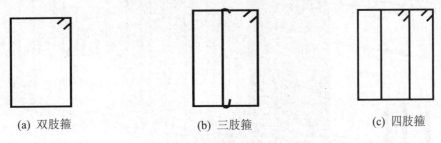

(a) 双肢箍　　　　　　　　(b) 三肢箍　　　　　　　　(c) 四肢箍

图 19-8　梁内箍筋的主要类型

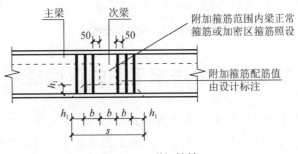

图 19-9　附加箍筋

　　吊筋是将作用于钢筋混凝土梁底部的集中力传递至顶部，是提高梁承受集中荷载抗剪能力的一种钢筋，形状如元宝，又称为元宝筋。其一般设置在主、次梁相交处主梁的前后两个侧面上，共设置两根，如图 19-10 所示。

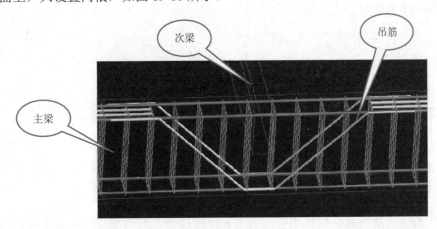

图 19-10　吊筋示意图

　　当钢筋混凝土梁内设置侧面纵向钢筋时就需要设置拉筋，通过拉筋将侧面纵向钢筋和箍筋拉结在一起，从而提高钢筋骨架的整体性，如图 19-11 所示。

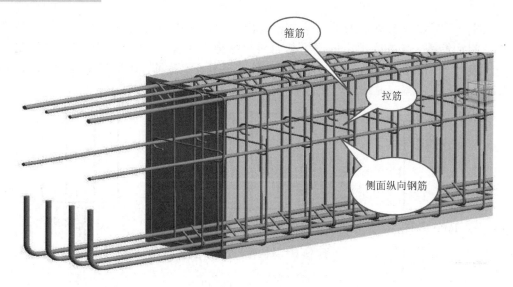

图 19-11 拉筋示意图

19.2 梁平法施工图的识读规则

梁平法施工图设计采用平面注写方式或截面注写方式，直接在梁平面布置图上表达梁的截面尺寸、配筋等相关设计信息。在梁平法施工图中通常包含结构层楼面标高、结构层高及相应的结构层号表，便于明确图纸所表达梁标准层所在的层数，并提供梁顶面相对标高高差的基准标高。梁平法施工图中标注的尺寸以 mm 为单位，标高以 m 为单位。

梁平面注写方式是指在梁平面布置图上分别在不同编号的梁中各选一根梁，在其上注写截面尺寸和配筋具体数值的方式来表达梁的平法施工图，如图 19-12 所示，该图为某楼层框架梁钢筋的平面注写方式示例。

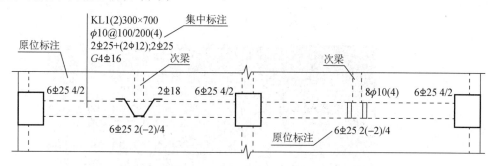

图 19-12 某楼层框架梁钢筋平面注写方式示例

平面注写方式的内容包括集中标注内容和原位标注内容两部分。下面分别介绍两种标注形式。

1. 集中标注的具体内容

集中标注内容主要表达通用于梁各跨的设计数值(如某根梁共有五跨)，通常有 5 项必注内容和 1 项选注内容。集中标注内容从梁中任一跨引出，将其需要集中标注的全部内容注明，图 19-13 所示为集中标注示例，下面对其逐项加以说明。

KL1(2)　300×700 —— ①梁编号 ②梁截面尺寸(必注)
φ10@100/200(4) —— ③梁箍筋(必注)
2Φ25+(2Φ12)；2Φ25 —— ④梁上部纵筋(必注)
G4 φ12 —— ⑤梁侧面纵筋(必注)
(−0.200) —— ⑥梁顶面相对标高高差(选注)

图 19-13　集中标注示例

① 梁编号。

梁编号由梁类型代号、序号、跨数及有无悬挑等几项组成，如表 19-1 所示。

表 19-1　梁编号

梁类型	代 号	序 号	跨数及有无悬挑端
楼层框架梁	KL	××	
屋面框架梁	WKL	××	(××)跨数
非框架梁	L	××	(××A)跨数及一端有悬挑
框支梁	KZL	××	(××B)跨数及两端有悬挑
悬挑梁	XL	××	
井字梁	JZL	××	

例如，KL1(2A)表示编号为 1 的楼层框架梁，两跨，一端有悬挑，如图 19-14 所示；KL1
(2B)表示编号为 1 的楼层框架梁，两跨，两端有悬挑，如图 19-15 所示；图 19-13 示例中的
梁编号 KL1(2)表示编号为 1 的楼层框架梁，两跨，没有悬挑。

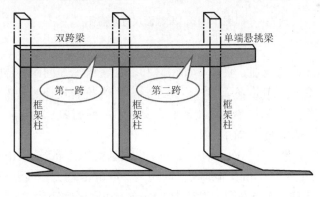

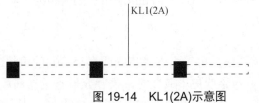

图 19-14　KL1(2A)示意图

② 梁截面尺寸。

注写梁截面尺寸 $b \times h$，其中，b 为梁宽，h 为梁高。

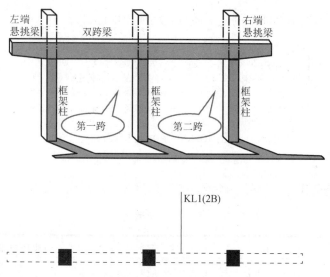

图 19-15　KL1(2B)示意图

例如，图 19-13 示例中的梁截面尺寸 300×700 表示该楼层框架梁截面宽度为 300 mm，高度为 700 mm，如图 19-16 所示。

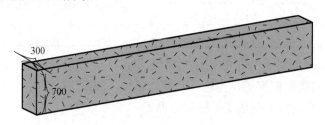

图 19-16　梁截面尺寸示意图

③ 梁箍筋。

梁箍筋注写包含箍筋级别、直径、加密区和非加密区箍筋间距、肢数。由于箍筋在抗震和非抗震设计时不同，因此表示方法略有差异。当为抗震设计时，箍筋根据抗震等级的要求对加密和非加密区的要求也不同，在平法表示中，箍筋加密区与非加密区间距用"/"区分，箍筋的肢数写在后面的"( )"内。

例如，图 19-13 示例中的" $\phi10@100/200(4)$ "表示梁的箍筋采用 HPB300 级钢筋，直径为 10 mm，加密区间距为 100 mm，非加密区间距为 200 mm，均为四肢箍； $\phi10@100(4)/150(2)$ 表示梁的箍筋采用 HPB300 级钢筋，直径为 10 mm，加密区间距为 100 mm，四肢箍；非加密区间距为 150 mm，双肢箍。

④ 梁上部纵筋。

梁上部通长钢筋一般仅需 2 根，可以由直径相同或直径不同的钢筋连接而成。

当抗震框架梁箍筋采用 4 肢箍或更多肢数时，需补充设置架立筋，即同排中既有通长钢筋又有架立钢筋时，应用"+"将通长筋和架立筋相连，采用"通长筋+(架立筋)"方式表达，角部纵筋写在加号的前面，架立筋写在加号后面的括号内。

当梁下部纵向受力钢筋配置沿全跨相同时，可在集中标注梁上部通长钢筋或架立筋后面连续注写梁下部通长钢筋，并用"；"将上部钢筋与下部钢筋隔开，少数跨不同者采用原位标注修正。

例如，图 19-13 示例中的 "2Φ25+(2Φ12)；2Φ25" 表示梁的上部配置 2Φ25 的通长筋，2Φ12 为梁上部的架立筋，用于梁各跨的跨中部分，梁的下部配置 2Φ25 的通长筋；"2 Φ 22；3 Φ 20" 表示梁的上部配置 2 Φ 22 的通长筋，梁的下部配置 3 Φ 20 的通长筋。

⑤ 梁侧面纵筋。

当梁的截面较高时，如果梁侧面不配置任何钢筋就容易开裂，所以图集规定，当梁侧面的净截面高度不小于 450 mm 时，须配置纵向构造钢筋。梁侧面构造钢筋以 G 打头，连续注写设置在梁两个侧面的总配筋值，且对称配置。

当梁侧面须配置受扭钢筋时，注写以大写字母 N 打头，连续注写设置在梁两个侧面的总配筋值，且对称配置。

例如，图 19-13 示例中的 "G4Φ12" 表示梁的两个侧面共配置 4Φ12 的纵向构造钢筋，每侧各配置 2Φ12；

"G6Φ16" 表示梁的两个侧面共配置 6Φ16 的纵向受扭钢筋，每侧各配置 3Φ16。

构造钢筋与受扭钢筋不需重复设置。需要注意的是，梁侧面构造钢筋的搭接长度按图集的构造要求处理，取值均为 $15d$；受扭钢筋的搭接长度和锚固长度需按受力钢筋处理，要按照计算结果确定。

⑥ 梁顶面相对标高高差。

该项为选注值，梁顶面相对标高高差为相对于结构层楼面标高的高差值，有高差时，将其注写在 "( )" 内，无高差时不注。当梁顶面高于结构层楼面标高时，该值为正值；当梁顶面低于结构层楼面标高时，该值为负值。标高以 m 为单位。

例如，图 19-13 示例中的 "(−0.200)"，假设此框架梁所在的结构层楼面标高为 3.680，那么(−0.200)就表示此框架梁的顶面标高为 3.680−0.200=3.480。

2. 原位标注的具体内容

梁原位标注内容主要是表达梁某一跨内的设计数值以及修正集中标注内容中不适用于本跨的内容。当集中标注与原位标注不一致时，原位标注取值优先。如图 19-17 所示，凡不属于集中标注信息的数值均为原位标注的内容。

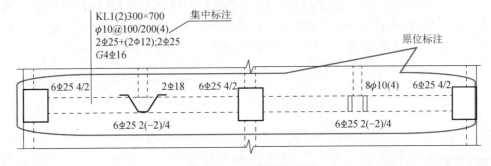

图 19-17　原位标注示例

梁原位标注的内容有梁支座上部纵筋、梁下部纵筋、附加箍筋或吊筋、修正集中标注内容中不适用于本跨的内容等。

(1) 梁支座上部纵筋。

框架柱是框架梁的支座，因为框架梁支座处上部负弯矩值较大，所以框架梁支座处通常配置较多纵筋,该部位标注的是包含上部通长筋在内的所有纵筋,如图 19-18 所示。

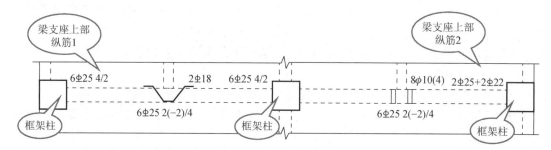

图 19-18　梁支座上部纵筋

通常梁支座上部纵筋由上部通长筋和支座负筋两部分组成,表达方式如下。

① 多排钢筋。当梁支座上部纵筋多于一排时,用"/"将各排纵筋自上而下分开,如图 19-18 所示,"梁支座上部纵筋 1——6Φ25 4/2"表示该框架梁第一跨左支座上部共配置 6Φ25 的纵筋,上排布置 4 根(其中两根为上部通长筋,两根为第一排支座负筋),下排布置 2 根支座负筋,其断面如图 19-19 所示。

② 两种直径。当同排纵筋有两种直径时,用"+"将两种直径的纵筋相连,并将角筋注写在前面。如图 19-18 所示,"梁支座上部纵筋 2——2Φ25+2Φ22"表示该框架梁第二跨右支座上部共配置 4 根钢筋,在角部配置 2Φ25 的上部通长筋,在中间配置 2Φ22 的支座负筋,其断面如图 19-20 所示。

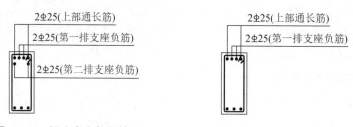

图 19-19　梁支座上部纵筋 1　　　　图 19-20　梁支座上部纵筋 2

③ 对称或不对称标注。当梁支座两边上部的纵筋不同时,须在支座两边分别标注各自的纵筋配筋,如图 19-21 所示,"梁支座上部纵筋 3——2Φ25"表示该框架梁第一跨右支座上部配置 2Φ25 的上部通长筋;"梁支座上部纵筋 4——2Φ22"表示该框架梁第二跨左支座上部配置 2Φ22 的上部通长筋。

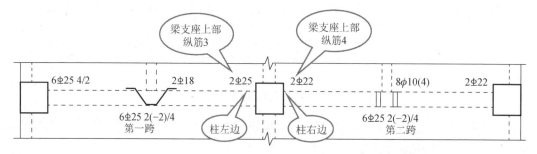

图 19-21　梁支座上部纵筋 3、4

当梁支座两边上部的纵筋相同时，可仅在支座一边标注配筋值，另一边省去不注。如图 19-22 所示，"梁支座上部纵筋 5——2Φ25"表示该框架梁第一跨右支座上部配置 2Φ25 的上部通长筋，同时由于该框架梁第二跨左支座上部未标注配筋，所以根据本条规定可知，该框架梁第二跨左支座上部的配筋同第一跨右支座上部的配筋为 2Φ25 的上部通长筋。

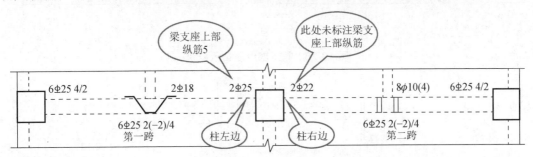

图 19-22　梁支座上部纵筋 5

(2) 梁下部纵筋。

框架梁的下部纵筋用以承受由于弯矩产生的拉应力，跨中部分为最大弯矩值，是控制截面所在部位。因此，框架梁下部纵筋在跨中部位不应连接。框架梁下部纵筋如需连接，则宜设置在弯矩值较小的支座附近。梁下部钢筋的表达方式如下。

① 多排钢筋。当梁下部纵筋多于一排时，用"/"将各排纵筋自上而下分开。如图 19-23 所示，"梁下部纵筋 1——6Φ25 2/4"表示该框架梁第一跨下部共配置 6Φ25 的下部通长筋，上排布置 2Φ25，下排布置 4Φ25，其断面如图 19-24 所示。

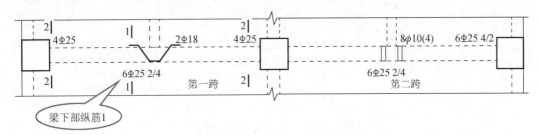

图 19-23　梁下部纵筋 1 示意图

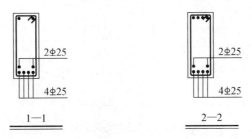

图 19-24　配筋断面图(1)

② 多排钢筋。当同排纵筋有两种直径时，用"+"将两种直径的纵筋相连，并将角筋注写在前面。如图 19-25 所示，"梁下部纵筋 2——2 Φ25 +2 Φ22"表示该框架梁第一跨下部共配置 4 根下部通长筋，其钢筋位置如图 19-26 所示。

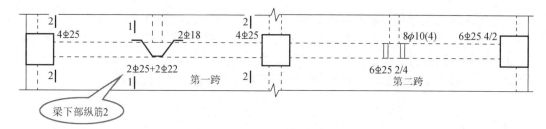

图 19-25　梁下部纵筋 2 示意图

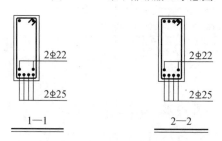

图 19-26　配筋断面图(2)

③ 不伸入支座的钢筋。当梁下部纵筋不全部伸入支座时，将不伸入支座纵筋的数量写在括号内。如图 19-27 所示，"梁下部纵筋 3——6Φ25　2(-2)/4"表示该框架梁第一跨下部共配置 6Φ25 的纵筋，其中上排布置 2Φ25，不伸入支座，下排布置 4Φ25 的下部通长筋，其断面如图 19-28 所示。

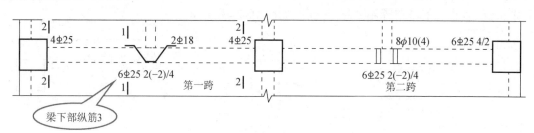

图 19-27　梁下部纵筋 3 示意图

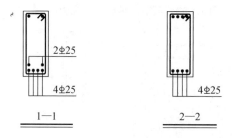

图 19-28　配筋断面图(3)

(3) 附加箍筋或吊筋。

在主、次梁相交处，由于次梁直接将荷载集中作用于主梁上，为防止主梁发生破坏，需要在主梁上次梁作用位置的两侧设置附加箍筋或吊筋。附加箍筋或吊筋直接绘制在梁平面布置图上，用线引注总配筋值。如图 19-29 所示，"吊筋——2Φ18"表示该框架梁第一跨与"次梁1"相交位置的前后两个侧面上共设置 2 根直径为 18 mm 的 HRB335 级吊筋；

"附加箍筋——8Φ10(4)"表示该框架梁第二跨上共设置 8 根直径为 10 mm 的 HRB335 级附加箍筋，四肢箍，框架梁第二跨与"次梁 2"相交位置的两侧各设置 4 根。

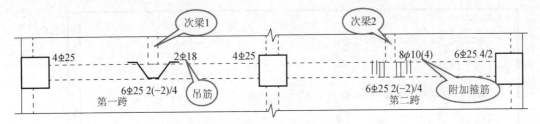

图 19-29   附加箍筋和吊筋

当多数附加箍筋或吊筋相同时，可在梁平法施工图中统一注明，少数与统一注明不同的内容在原位直接引注。

(4) 修正内容。

当在梁上集中标注的梁截面尺寸、箍筋、上部通长钢筋、架立筋、梁侧面纵向构造钢筋或受扭钢筋、梁顶面标高高差等内容中的一项或几项内容不适用于某跨或某悬挑端时，则将其不同数值信息内容原位标注在该跨或该悬挑部位，施工时按原位标注优先选用。如图 19-30 所示，通过集中标注可知，该 KL5 共有四跨，如果没有原位标注的修正，则该框架梁每一跨的截面尺寸均为宽 300 mm、高 500 mm，梁上每一跨的箍筋均为 $\phi 8@100(2)$；通过原位标注可知，该框架梁的第四跨截面尺寸修正为 300 mm、高 450 mm，第四跨梁上的箍筋修正为 $\phi 6@100(2)$。

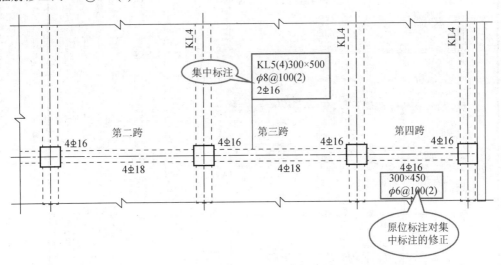

图 19-30   原位标注对集中标注的修正

19.3   梁平法施工图识读案例

观察图 19-31，可以知道这张图纸是用平面注写方式表达的某综合楼的梁平法施工图，图中框架梁共有 11 种，其编号为 KL1～KL11，非框架梁共有 4 种，其编号为 L1～L4。梁平法施工图的识读如下。

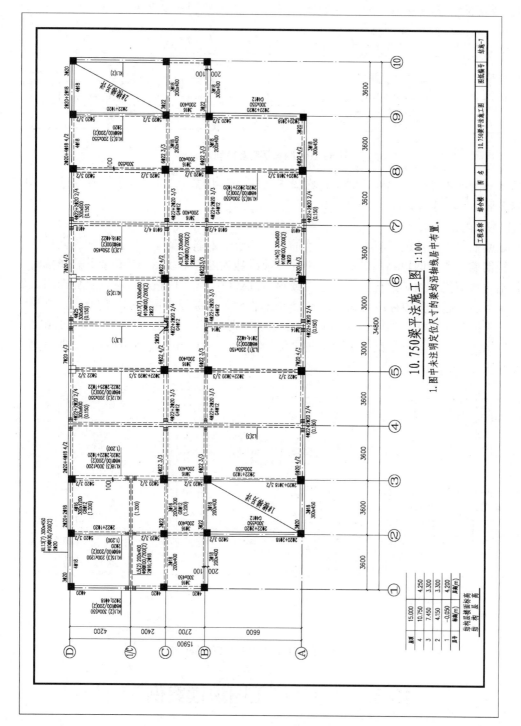

10.750梁平法施工图 1:100

1. 图中未注明定位尺寸的梁均沿轴线居中布置。

图 19-31 4.150梁平法施工图

(1) 图纸表述: 图名为 "4.150 梁平法施工图"。

识读说明: 从图名可知, 如果梁的集中标注和原位标注都没有其他特别的标注, 那么本施工图所示的全部框架梁和非框架梁的梁顶标高均为 4.150m。

(2) 图纸表述: ①轴上的 KL1 见图 19-32, 相同的框架梁共有两根, ⑩轴上的 KL1 截面尺寸和配筋与①轴上的 KL1 完全相同。

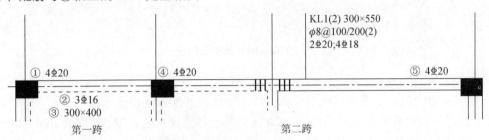

图 19-32 KL1 的平法标注

识读说明如下。

① 集中标注。

"KL1(2)": 表示 1 号楼层框架梁, 两跨。

"300×500": 表示该框架梁的截面宽度为 300 mm, 高度为 550 mm。

"φ8@100/200(2)": 表示该框架梁 2 跨的箍筋均采用 HPB300 级钢筋, 直径为 8 mm, 加密区间距为 100 mm, 非加密区间距为 200 mm, 均为双肢箍。

"2Φ20;4Φ18": 表示该框架梁 2 跨的上部通长筋均为 2 根直径 20 mm 的 HRB400 钢筋; 下部通长筋均为 4 根直径 18 mm 的 HRB400 钢筋。

② 原位标注。

"①4Φ20": 表示该框架梁第一跨左支座处共配置 4Φ20 的梁上部纵向钢筋, 其中 2Φ20 为梁上部通长筋, 2Φ20 为第一排支座负筋。

"②3Φ16": 表示该框架梁第一跨下部通长筋按原位标注修正为 3Φ18。

"③300×400" 表示该框架梁第一跨的截面尺寸按原位标注修正为宽度 300 mm、高度 400 mm。

"④4Φ20": 表示该框架梁第一跨右支座处和第二跨左支座处上部纵向钢筋均为 4Φ20, 其中 2Φ20 为梁上部通长筋, 2Φ20 为第一排支座负筋。

"⑤4Φ20": 表示该框架梁第二跨右支座处上部纵向钢筋为 4Φ20, 其中 2Φ20 为梁上部通长筋, 2Φ20 为第一排支座负筋。

(3) 图纸表述: ②轴上的 KL2 见图 19-33。

识读说明如下。

① 集中标注。

"KL2(3)": 表示 2 号楼层框架梁, 三跨。

"200×550": 表示该框架梁的截面宽度为 200 mm、高度为 550 mm。

"φ8@100/200(2)": 表示该框架梁 3 跨的箍筋均采用 HPB300 级钢筋, 直径为 8 mm, 加密区间距为 100 mm, 非加密区间距为 200 mm, 均为双肢箍。

"2Φ20": 表示该框架梁 3 跨的上部通长筋均为 2 根直径 20 mm 的 HRB400 钢筋。

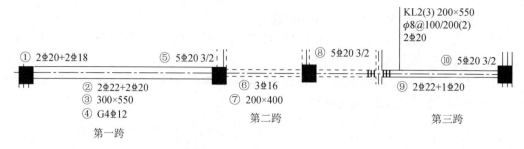

图 19-33 KL2 的平法标注

② 原位标注。

"①2Φ20+2Φ18"：表示该框架梁第一跨左支座处共配置 4 根上部纵向钢筋，其中 2Φ20 为梁上部通长筋，放置在截面的角部；2Φ18 为第一排支座负筋，放置在截面的中间。

"②2Φ22+2Φ20"：表示该框架梁第一跨共配置 4 根下部通长筋，其中 2Φ22 放置在截面的角部，2Φ20 放置在截面的中间。

"③300×550"：表示该框架梁第一跨的截面尺寸按原位标注修正为宽度 300 mm、高度 550 mm。

"④G4Φ12"：表示该框架梁第一跨共设置 4Φ12 的侧向构造钢筋，梁的每个侧面设置两根。

"⑤5Φ20 3/2"：表示该框架梁第一跨右支座处和第二跨左支座处上部纵向钢筋均为 5Φ20 3/2，其中上排设置 3 根，有 2 根为梁上部通长筋，1 根为第一排支座负筋；下排设置 2 根，为第二排支座负筋。

"⑥3Φ16"：该框架梁第二跨共配置 3Φ16 的下部通长筋。

"⑦200×400"：表示该框架梁第二跨的截面尺寸按原位标注修正为宽度 200 mm、高度 400 mm。

"⑧5Φ20 3/2"：表示该框架梁第二跨右支座处和第三跨左支座处上部纵向钢筋均为 5Φ20 3/2，其中上排设置 3 根，有 2 根为梁上部通长筋，1 根为第一排支座负筋；下排设置 2 根，为第二排支座负筋。

"⑨2Φ22+1Φ20"：表示该框架梁第三跨共配置 3 根下部通长筋，其中 2Φ22 放置在截面的角部，1Φ20 放置在截面的中间。

"⑩5Φ20 3/2"：表示该框架梁第三跨右支座处上部纵向钢筋均为 5Φ20 3/2，其中上排设置 3 根，有 2 根为梁上部通长筋，1 根为第一排支座负筋；下排设置 2 根，为第二排支座负筋。

(4) 该份图纸其他框架梁和非框架梁的识读方法参照前面所述，此处不再赘述。

思 考 题

19-1 钢筋混凝土梁内的钢筋按照其所处位置和作用的不同分为哪几种？

19-2 当梁平法标注中的集中标注和原位标注发生矛盾时哪种标注应该优先？

第 20 章　板平法施工图的识读

【知识目标】

(1) 理解钢筋混凝土板内部钢筋的种类。

(2) 掌握板平法施工图的识读规则。

【能力目标】

能够识读钢筋混凝土板的平法施工图。

20.1　认识钢筋混凝土板及板内的钢筋

钢筋混凝土板是指用钢筋混凝土材料制成的板，它是房屋建筑和各种工程结构中的重要水平承重构件，常用作屋盖、楼盖、平台等，应用范围极广。框架结构中板的主要作用是承受作用在板上的各种荷载及板的自重，并把它传递给与其相连接的梁。图 20-1 所示为框架结构中的钢筋混凝土板。该块钢筋混凝土板由四周的钢筋混凝土梁支撑，这些梁就称为板的支座。

图 20-1　钢筋混凝土板

钢筋混凝土板内的钢筋按照其所处位置和作用的不同主要分为四大类，即板下部纵筋、板上部贯通纵筋、板支座上部非贯通纵筋、板上部分布钢筋。

(1) 板下部纵筋：配置在钢筋混凝土板底部的钢筋，通常沿着板的跨度方向双向通长布置，如图 20-2 所示。

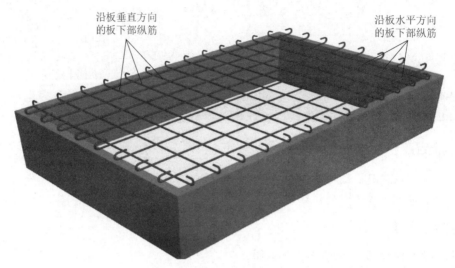

沿板垂直方向
的板下部纵筋

沿板水平方向
的板下部纵筋

图 20-2　板下部纵筋

(2) 板上部贯通纵筋：配置在钢筋混凝土板顶部的钢筋，通常沿着板的跨度方向双向通长布置，如图 20-3 所示。

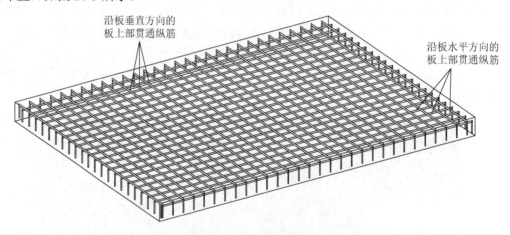

沿板垂直方向的
板上部贯通纵筋

沿板水平方向的
板上部贯通纵筋

图 20-3　板上部贯通纵筋

(3) 板支座上部非贯通纵筋：配置在板的上部用于承受荷载在板的支座(梁或墙的位置)处产生的负弯矩值的钢筋(通常又称为板负筋)，其长度通常从板的支座处算起，伸入板跨内部的长为板短边方向跨度的 1/4。注意：由于板上部贯通纵筋和板支座上部非贯通纵筋都是配置在板顶部的钢筋，所以结构设计人员会根据板的受力情况设置这两种钢筋中的一种。图 20-4 所示的标注钢筋均为板支座上部非贯通纵筋。

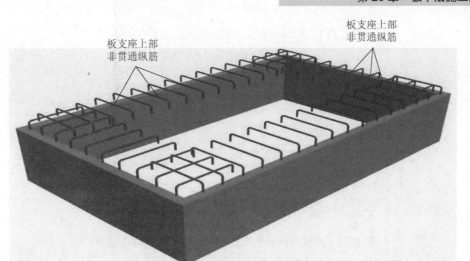

图 20-4　板支座上部非贯通纵筋

(4) 板上部分布钢筋：配置在"板支座上部非贯通纵筋"下部并与其垂直的钢筋。它起着固定受力钢筋位置，并将板上的荷载均匀分散到受力钢筋上的作用，同时也能防止因混凝土的收缩和温度变化等原因，在垂直于受力钢筋方向产生裂缝。注意，板上部分布钢筋通常不在结构施工图中画出，只在设计说明中用文字交代配筋情况。图 20-5 所示的标注钢筋均为板上部分布钢筋。

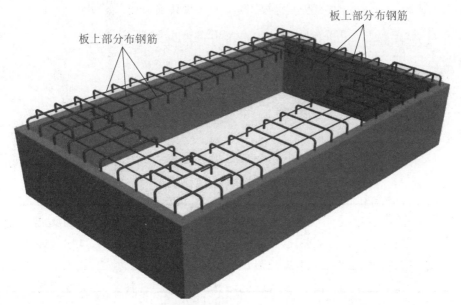

图 20-5　板上部分布钢筋

20.2　板平法施工图的识读规则

板平法施工图是在楼面板和屋面板布置图上，采用平面注写的方式来表达板配筋情况的施工图。如图 20-6 所示，该图为某楼层钢筋混凝土楼板施工图的平面注写方式示例。

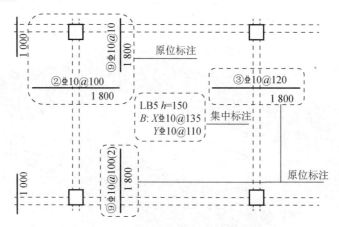

图 20-6 某楼层钢筋混凝土楼板钢筋平面注写方式示例

板平面注写主要包括板块集中标注和板支座原位标注两部分内容。下面分别介绍两种标注内容。

1. 板块集中标注的具体内容

板块集中标注的内容包括板块编号、板厚、上部贯通纵筋、下部纵筋以及当板面标高不同时的标高高差。以梁作为板的分界将整个楼层的所有板块逐一编号，相同编号的板块可选择其一做集中标注，其他板块仅注写置于圆圈内的板编号，以及当板面标高不同时的标高高差。图 20-7 所示为板块集中标注示例，下面对其逐项加以说明。

LB3 h=100   ——①板块编号 ②板厚度
B: X&Y⏀8@150   ——③板下部纵筋
T: X&Y⏀8@150   ——④板上部贯通纵筋
(−0.015)   ——⑤板面标高高差

图 20-7 板块集中标注示例

① 板块编号(必注内容)。

板块编号由板类型代号、序号组成，如表 20-1 所示。

表 20-1 板块编号

板类型	代 号	序 号
楼面板	LB	××
屋面板	WB	××
悬挑板	XB	××

例如，LB3 表示编号为 3 的楼面板。

② 板厚度(选注内容)。

板厚注写为 h=×××(为垂直于板面的厚度)；当悬挑板的端部改变截面厚度时，用斜线分隔根部与端部的高度值，注写为 h=×××/×××；当设计已在图注中统一注明板厚时，此项可不注。

例如，h=100 表示该板的厚度为 100 mm；h=150/100 表示悬挑板根部的厚度为 150 mm，端部的厚度为 100 mm。

③ 板下部纵筋(必注内容)。

为方便设计表达和施工识图,规定结构平面的坐标方向为:当两向轴网正交布置时,图面从左至右为 X 向、从下至上为 Y 向。

以 B 代表板下部纵筋,X 向纵筋以 X 打头,Y 向纵筋以 Y 打头,两向纵筋配置相同时则以 X&Y 打头。

例如,"B:X⊈10@150,Y⊈12@150"表示该板底部配置 HRB400 级通长钢筋,X 向钢筋直径为 10 mm,分布间距为 150 mm;Y 向钢筋直径为 12 mm,分布间距为 150 mm;"B:X&Y ⊈8@150"表示该板底部配置 HRB400 级双向通长钢筋,双向钢筋直径均为 8 mm,分布间距均为 150 mm。

④ 板上部贯通纵筋(选注内容)。

以 T 代表板上部贯通纵筋,X 向纵筋以 X 打头,Y 向纵筋以 Y 打头,两向纵筋配置相同时则以 X&Y 打头。当板块上部不设置贯通纵筋时该项值不注。

例如,"T:X⊈10@150,Y⊈12@150"表示该板顶部配置 HRB400 级通长钢筋,X 向钢筋直径为 10 mm,分布间距为 150 mm;Y 向钢筋直径为 12 mm,分布间距为 150 mm;"T:X&Y ⊈8@150"表示该板顶部配置HRB400级双向通长钢筋,双向钢筋直径均为8 mm,分布间距均为 150 mm。

⑤ 板面标高高差(选注内容)。

该项指某块楼板相对于该结构层楼面标高的高差,应将其注写在括号内,向上为正,向下为负,且有高差时注,无高差不注。

例如,(-0.015)表示该块板顶面的结构标高比结构层楼面标高低 0.015 m,设该结构层楼面标高为 3.780,则该块板顶面的结构标高为 3.765。

2. 板支座原位标注的具体内容

板支座原位标注的内容包括板支座上部非贯通纵筋和悬挑板上部受力钢筋。

板支座原位标注的钢筋,应在配置相同跨的第一跨表达(当在梁悬挑部位单独配置时则在原位表达)。在配置相同跨的第一跨(或梁悬挑部位),垂直于板支座(梁或墙)绘制一段适宜长度的中粗实线(当该筋通长设置在悬挑板或短跨板上部时,实线段应画至对边或贯通短跨),以该线段代表支座上部非贯通纵筋,并在线段上方注写钢筋编号(如①②等)、配筋值、横向连续布置的跨数(注写在括号内且当为一跨时可不注),以及是否横向布置到梁的悬挑端。

板支座上部非贯通筋自支座中线向跨内的伸出长度,注写在线段的下方位置。

当中间支座上部非贯通纵筋向支座两侧对称伸出时,可仅在支座一侧线段下方标注伸出长度,另一侧不注,默认取相同值,如图 20-8 所示。

当中间支座上部非贯通纵筋向支座两侧非对称伸出时,应分别在支座两侧线段下方注写伸出长度,如图 20-9 所示。

对线段画至对边贯通全跨或贯通全悬挑长度的上部通长纵筋,贯通全跨或伸出至全悬挑一侧的长度值不注,只注明非贯通筋另一侧的伸出长度值,如图 20-10 所示。

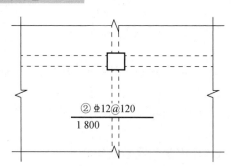

图 20-8　板支座上部非贯通筋对称伸出　　　图 20-9　板支座上部非贯通筋非对称伸出

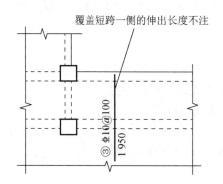
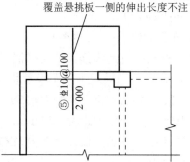

图 20-10　板支座非贯通筋贯通全跨或伸出至悬挑端

20.3　板平法施工图识读案例

观察图 20-11 可知，这张图纸是用平面注写方式表达的某综合楼的板平法施工图，图中楼面板共有 5 种，其编号为 LB1～LB5。板平法施工图的识读如下。

(1) 图纸表述：图名为"15.870～26.670 板平法施工图"。

识读说明：从图纸左侧的"结构层高表"可知，该综合楼五～八层的楼面板的配筋情况均如本张图纸所示。

(2) 图纸表述：图名下方括号内"未注明分布筋为 $\phi 8@250$"。

识读说明：从该项说明可知，配置在"板支座上部非贯通纵筋"下部并与其垂直的"板上部分布钢筋"并不在图中一一画出，而只以文字说明表述在这里。

(3) 图纸表述：① ②轴与④ ⑧轴之间的 LB1 如图 20-12 所示，相同厚度和配筋的 LB1 共有 8 块，其在施工图中均标注为 LB1。

识读说明如下。

① "LB1"：表示编号为 1 的楼面板。

② "$h=120$"：表示该楼面板的厚度为 120 mm。

③ "B：$X\&Y$　$\Phi 8@150$"：表示该楼面板底部配置 HRB400 级双向通长钢筋，双向钢筋直径均为 8 mm，分布间距均为 150 mm。

④ "T：$X\&Y$　$\Phi 8@150$"：表示该板顶部配置 HRB400 级双向通长钢筋，双向钢筋直径均为 8 mm，分布间距均为 150 mm。

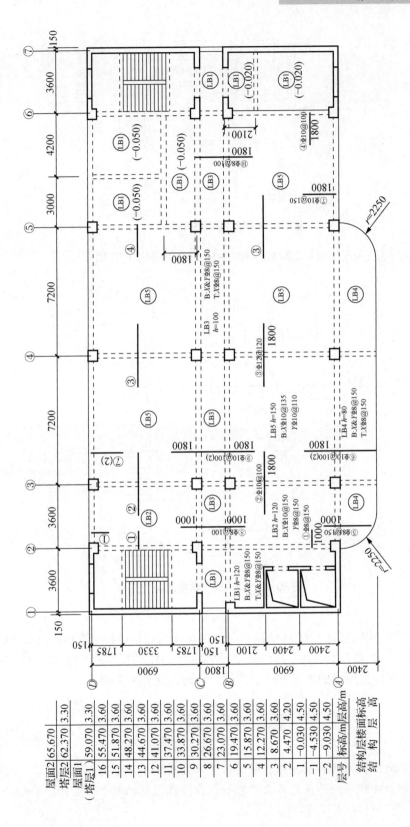

15.870～26.670板平法施工图
（未注明分布筋为φ8@250）

图 20-11　某综合楼的板平法施工图

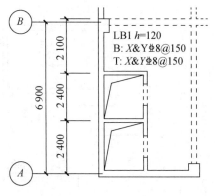

图 20-12　LB1 的平法标注

(4) 图纸表述：⑤ ⑥轴与Ⓒ Ⓓ轴之间的 3 块 LB1 如图 20-13 所示。

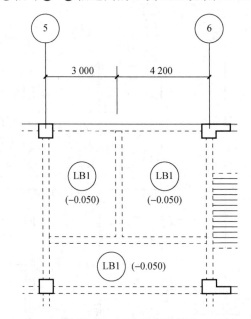

图 20-13　LB1 的平法标注

识读说明如下。

"−0.050"：表示此位置处 LB1 楼面板板顶的结构标高比该结构层楼面标高低 0.050 m，假设该结构层的楼面标高为 15.870，则该处显示的 3 块 LB1 的板顶结构标高为 15.820。

(5) 该份图纸其他楼面板的识读方法参照前面所述，此处不再赘述。

思 考 题

20-1　钢筋混凝土板内的钢筋按照其所处位置和作用的不同分为哪几类？

20-2　板上部分布钢筋的作用是什么？它一般标注在图纸的哪个位置？

第21章 剪力墙平法施工图的识读

【知识目标】

(1) 理解剪力墙的基本注写方式。

(2) 掌握剪力墙平法施工图的识读规则。

【能力目标】

能够识读简单的剪力墙基本平法施工图。

21.1 剪力墙平法施工图的识读规则

剪力墙的组成,剪力墙结构包含"一墙、二柱、三梁",即一种墙身、两种墙柱、三种墙梁。

(1) 一种墙身。剪力墙的墙身(Q)就是一道混凝土墙,常见的墙厚度在 200 mm 以上,一般配置两排钢筋网。当然,更厚的墙也可能配置 3 排以上的钢筋网。剪力墙身的钢筋网设置水平分布筋和垂直分布筋(即竖向分布筋)。布置钢筋时,把水平分布筋放在外侧,垂直分布筋放在水平分布筋的内侧。所以,剪力墙的保护层是针对水平分布筋来说的。剪力墙身采用拉筋把外侧钢筋网和内侧钢筋网连接起来。若剪力墙身设置 3 排或更多排的钢筋网,拉筋还要把中间排的钢筋网固定。剪力墙的各排钢筋网的钢筋直径和间距是一致的,这为拉筋的连接创造了条件。

(2) 两种墙柱。传统意义上的剪力墙柱分成两大类,即暗柱和端柱。暗柱的宽度等于墙的厚度,因此暗柱是隐藏在墙内看不见的,这就是"暗柱"名称的来由。端柱的宽度比墙厚度要大,约束边缘端柱的长宽尺寸要不小于 2 倍墙厚。《混凝土结构施工图平面整体表示方法制图规则和构造详图(现浇混凝土框架、剪力墙、梁、板)》(16G101-1)图集中之所以把暗柱和端柱统称为"边缘构件",是因为这些构件被设置在墙肢的边缘部位(墙肢可以理解为一个直墙段)。这些边缘构件又划分为两大类,即构造边缘构件和约束边缘构件。

(3) 三种墙梁。《混凝土结构施工图平面整体表示方法制图规则和构造详图(现浇混凝土框架、剪力墙、梁、板)》(16G101-1)图集里的 3 种剪力墙梁是连梁(LL)、暗梁(AL)和边框梁(BKL)。图集给出了连梁的钢筋构造详图,可对于暗梁和边框梁就只给出一个断面图。

① 连梁(LL)。连梁(LL)本身是一种特殊的墙身,它是上下楼层窗(门)洞口之间的那部分水平的窗间墙而同一楼层相邻两个窗口之间的垂直窗间墙,一般是暗柱。连梁的截面高

度一般都在 2000 mm 以上，这表明这些连梁是从本楼层窗洞口的上边沿直到上一楼层的窗台处。

然而，有的工程设计的连梁截面高度只有几百毫米，也就是从本楼层窗洞口的上边沿直到上一楼层的楼面标高为止，而从楼面标高到窗台这个高度范围之内，是用砌砖来补齐，这为施工提供了某些方便，因为施工到上一楼面时不必留下"半个连梁"的槎口，但由于砖砌体不如整体现浇混凝土结实，因此后一种设计形式对于高层建筑来说是十分危险的。

② 暗梁(AL)。暗梁(AL)与暗柱都是墙身的一个组成部分，有一定的相似性，它们都是隐藏在墙身内部看不见的构件。事实上，剪力墙的暗梁和砖混结构的圈梁的共同之处在于它们都是墙身的一个水平线性"加强带"。若梁的定义是一种受弯构件，那么圈梁不是梁，暗梁也不是梁。认清暗梁的这种属性对研究暗梁的构造十分有利。《混凝土结构施工图平面整体表示方法制图规则和构造详图(现浇混凝土框架、剪力墙、梁、板)》(16G101-1)图集里，并没有对暗梁的构造做出详细的介绍，只是在第 78 页给出一个暗梁的断面图。那么，可以这样来理解：暗梁的配筋就是按照这个断面图所标注的钢筋截面全长贯通布置的，这与框架梁有上部非贯通纵筋和箍筋加密区，存在极大的差别。

剪力墙中存在大量的暗梁。如前文所述，剪力墙的暗梁和砖混结构的圈梁有些共同之处：圈梁一般设置在楼板之下，现浇圈梁的梁顶标高一般与板顶标高相齐；暗梁也一般是设置在楼板之下，暗梁的梁顶标高一般与板顶标高相齐。认识这一点很重要，有的人一提到"暗梁"就联想到门窗洞口的上方，其实，墙身洞口上方的暗梁是"洞口补强暗梁"。

③ 边框梁(BKL)。边框梁(BKL)与暗梁有很多共同之处：边框梁也一般是设置在楼板以下的部位；边框梁也不是一个受弯构件，那么边框梁也不是梁；因此《混凝土结构施工图平面整体表示方法制图规则和构造详图(现浇混凝土框架、剪力墙、梁、板)》(16G101-1)图集里对边框梁也与暗梁一视同仁。所以，边框梁的配筋就是按照断面图所标注的钢筋截面全长贯通布置的，这与框架梁有上部非贯通纵筋和箍筋加密区存在极大的差异。

当然，边框梁毕竟和暗梁不一样，它的截面宽度比暗梁宽。也就是说，边框梁的截面宽度大于墙身厚度，因此形成了凸出剪力墙墙面的一个"边框"。因为边框梁与暗梁都置于楼板以下的部位，所以有了边框梁就可以不设暗梁。

21.2 剪力墙的表示方法

剪力墙平法施工图系在剪力墙平面布置图上，采用列表注写方式或截面注写方式表达。

剪力墙平面布置图可采用适当比例单独绘制，也可与柱或梁平面布置图合并绘制。当剪力墙较复杂或采用截面注写方式时，应按标准层分别绘制剪力墙平面布置图。

在剪力墙平法施工图中，应当用表格或其他方式注明各结构层的楼面标高、结构层高及相应的结构层号，尚应注明上部结构嵌固部位位置。对于轴线未居中的剪力墙(包括端柱)，应标注其偏心定位尺寸。

1. 剪力墙的列表注写方式

为表达清楚、简便，剪力墙可视为由剪力墙柱、剪力墙身和剪力墙梁 3 类构件构成。列表注写方式，系分别在剪力墙柱表、剪力墙身表和剪力墙梁表中，对应剪力墙平面布置图上的编号,用绘制截面配筋图并注写几何尺寸与配筋具体数值的方式,来表达剪力墙平法施工图。

编号规定:将剪力墙按剪力墙柱、剪力墙身、剪力墙梁(简称为墙柱、墙身、墙梁)3 类构件分别编号。墙柱编号由墙柱类型代号和序号组成,表达形式如表 21-1 所示。

表 21-1　墙柱编号

墙柱类型	编　号	序　号
约束边缘构件	YBZ	××
构造边缘构件	GBZ	××
非边缘暗柱	AZ	××
扶壁柱	FBZ	××

墙身编号由墙身代号、序号以及墙身所配置的水平与竖向分布钢筋的排数组成,其中,排数注写在括号内。表达形式为:"Q××(×排)。"在编号中,如若干墙柱的截面尺寸与配筋均相同,仅截面与轴线的关系不同时,可将其编为同一墙柱号;又如若干墙身的厚度尺寸和配筋均相同,仅墙厚与轴线的关系不同或墙身长度不同时,也可将其编为同一墙身号,但应在图中注明与轴线的几何关系。当墙身所设置的水平与竖向分布钢筋的排数为 2 时,可不注。对于分布钢筋网的排数规定:当剪力墙厚度不大于 400 mm 时,应配置双排;当剪力墙厚度大于 400 mm 但不大于 700 mm 时,宜配置 3 排;当剪力墙厚度大于 700 mm 时,宜配置 4 排。约束边缘构件一般比结构边缘构件要强些,约束边缘构件和构造边缘构件具体如图 21-1 和图 21-2 所示。

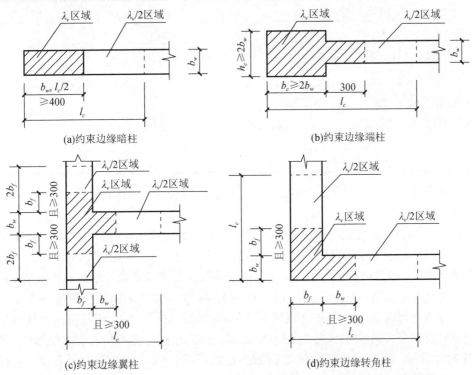

(a)约束边缘暗柱　　　　　　　(b)约束边缘端柱

(c)约束边缘翼柱　　　　　　　(d)约束边缘转角柱

图 21-1　约束边缘构件

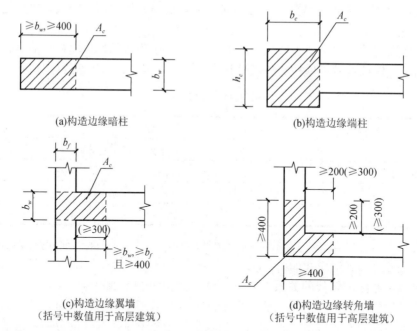

图21-2 构造边缘构件

墙梁编号，由墙梁类型代号和序号组成，墙梁编号如表21-2所示。

表21-2 墙梁编号

墙梁类型	代 号	序 号
连梁	LL	
连梁(对角暗撑配筋)	LL (JC)	
连梁(交叉斜筋配筋)	LL (JX)	
连梁(集中对角斜筋配筋)	LL (DX)	
连梁(跨高比不小于5)	LLk	
暗梁	AL	
边框梁	BKL	

拉结筋布置有矩形、梅花形两种，图21-3(a)所示为竖向分布钢筋间距，图21-3(b)所示为水平分布钢筋间距。

在剪力墙梁表中表达的内容由注写墙梁编号、注写墙梁所在楼层号、注写墙梁顶面标高高差，系指相对于墙梁所在结构层楼面标高的高差值(高于者为正值，低于者为负值，当无高差时不注)、注写墙梁截面尺寸($b \times h$)、上部纵筋、下部纵筋和箍筋的具体数值。

当连梁设有对角暗撑时[代号为LL(JC)××]，注写暗撑的截面尺寸(箍筋外皮尺寸)；注写一根暗撑的全部纵筋，并标注×2表明有两根暗撑相互交叉；注写暗撑箍筋的具体数值。

当连梁设有交叉斜筋时[代号为LL(JX)××]，注写连梁一侧对角斜筋的配筋值，并标注×2表明对称设置；注写对角斜筋在连梁端部设置的拉筋根数、强度级别及直径，并标注×4表示4个角都设置；注写连梁一侧折线筋配筋值，并标注×2表明对称设置。

当连梁设有集中对角斜筋时[代号为 LL(DX)×]，注写一条对角线上的对角斜筋，并标注×2 表明对称设置。

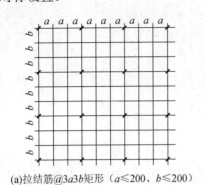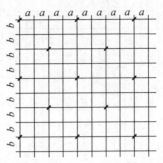

(a)拉结筋@3a3b矩形（$a \leqslant 200$、$b \leqslant 200$）　　(b)拉结筋@4a4b矩形（$a \leqslant 150$、$b \leqslant 150$）

图 21-3　拉结筋布置方式

跨高比不小于 5 的连梁，按框架梁设计时(代号为 LLk××)，采用平面注写方式，注写规则同框架梁，可采用适当比例单独绘制，也可与剪力墙平法施工图合并绘制。

墙梁侧面纵筋的配置，当墙身水平分布钢筋满足连梁、暗梁及边框梁的梁侧面纵向构造钢筋的要求时，该筋配置同墙身水平分布钢筋，表中不注，施工按标准构造详图的要求即可。当墙身水平分布钢筋不满足连梁、暗梁及边框梁的梁侧面纵向构造钢筋的要求时，应在表中补充注明梁侧面纵筋的具体数值；当为 Lk 时，平面注写方式以大写字母"N"打头。梁侧面纵向钢筋在支座内锚固要求同连梁中受力钢筋。

采用列表注写方式分别表达剪力墙墙梁、墙身和墙柱的平法施工图示例如图 21-4 所示。

2. 剪力墙截面注写方式

截面注写方式系在分标准层绘制的剪力墙平面布置图上，以直接在墙柱、墙身、墙梁上注写截面尺寸和配筋具体数值的方式来表达剪力墙平法施工图。选用适当比例原位放大绘制剪力墙平面布置图，其中对墙柱绘制配筋截面图；对所有墙柱、墙身、墙梁进行编号，并分别在相同编号的墙柱、墙身、墙梁中选择一根墙柱、一道墙身、一根墙梁进行注写，其注写方式按以下规定进行。

从相同编号的墙柱中选择一个截面，注明几何尺寸，标注全部纵筋及箍筋的具体数值。

从相同编号的墙身中选择一道墙身，按顺序引注的内容为：墙身编号(应包括注写在括号内墙身所配置的水平与竖向分布钢筋的排数)、墙厚尺寸，水平分布钢筋、竖向分布钢筋和拉筋的具体数值。

从相同编号的墙梁中选择一根墙梁，按顺序引注的内容为：注写墙梁编号、墙梁截面尺寸($b \times h$)、墙梁箍筋、上部纵筋、下部纵筋和墙梁顶面标高高差的具体数值。当连梁设有对角暗撑时[代号为 LL(JC)××]，注写暗撑的截面尺寸(箍筋外皮尺寸)；注写一根暗撑的全部纵筋，并标注×2 表明有两根暗撑相互交叉；注写暗撑箍筋的具体数值。当连梁设有交叉斜筋时[代号为 LL(JX)××]，注写连梁一侧对角斜筋的配筋值，并标注×2 表明对称设置；跨高比不小于 5 的连梁，按框架梁设计时(代号为 LLk×)，采用平面注写方式，注写规则同框架梁，可采用适当比例单独绘制，也可与剪力墙平法施工图合并绘制。

剪力墙梁表

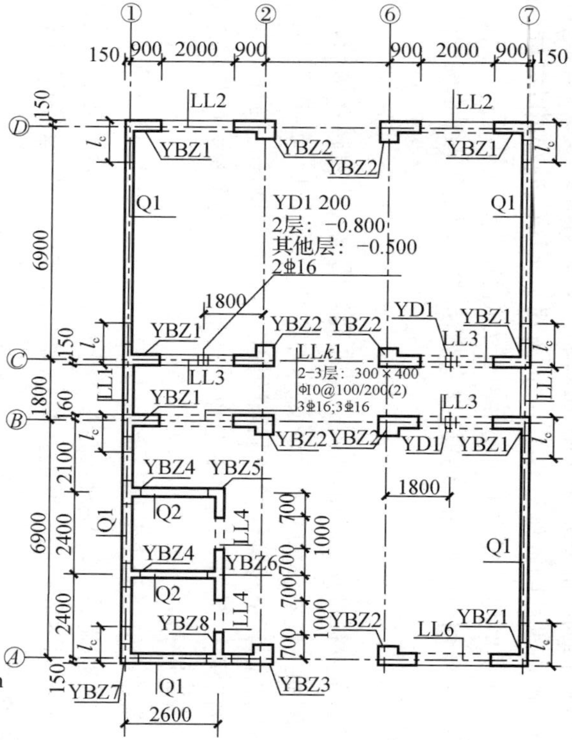

编号	所在楼层号	梁顶相对标高高差	梁截面 b×h	上部纵筋	下部纵筋	箍筋
LL1	2~9	0.800	300×2000	4⌀25	4⌀25	φ10@100(2)
	10~16	0.800	250×2000	4⌀25	4⌀22	φ10@100(2)
	屋面1		250×1200	4⌀20	4⌀20	φ10@100(2)
LL2	3	-1.200	300×2520	4⌀25	4⌀25	φ10@150(2)
	4	-0.900	300×2070	4⌀25	4⌀25	φ10@150(2)
	5~9	-0.900	300×1770	4⌀25	4⌀25	φ10@150(2)
	10~屋面1	-0.900	250×1770	4⌀22	4⌀22	φ10@150(2)
LL3	2		300×2070	4⌀25	4⌀25	φ10@100(2)
	3		300×1770	4⌀25	4⌀25	φ10@100(2)
	4~9		300×1170	4⌀25	4⌀25	φ10@100(2)
	10~屋面1		250×1170	4⌀22	4⌀22	φ10@100(2)
LL4	2		250×2070	4⌀20	4⌀20	φ10@120(2)
	3		250×1770	4⌀20	4⌀20	φ10@120(2)
	4~屋面1		250×1170	4⌀20	4⌀20	φ10@120(2)
AL1	2~9		300×600	3⌀20	3⌀20	φ8@150(2)
	10~16		250×500	3⌀18	3⌀18	φ8@150(2)
BKL1	屋面1		500×750	4⌀22	4⌀22	φ8@150(2)

剪力墙身表

编号	标高	墙厚	水平分布筋	垂直分布筋	拉筋(矩形)
Q1	-0.030~30.270	300	⌀12@200	⌀12@200	φ6@600@600
	30.270~59.070	250	⌀10@200	⌀10@200	φ6@600@600
Q2	-0.030~30.270	250	⌀10@200	⌀10@200	φ6@600@600
	30.270~59.070	200	⌀10@200	⌀10@200	φ6@600@600

层号	结构层楼面标高/m	结构层高/m
屋面2	65.670	3.30
塔层2	62.370	3.30
(塔层1)屋面1 16	59.070	3.30
15	55.470	3.60
14	51.870	3.60
13	48.270	3.60
12	44.670	3.60
11	41.070	3.60
10	37.470	3.60
9	33.870	3.60
8	30.270	3.60
7	26.670	3.60
6	23.070	3.60
5	19.470	3.60
4	15.870	3.60
3	12.270	3.60
2	8.670	4.20
1	4.470	4.50
-1	-0.030	4.50
-2	-4.530	4.50
	-9.030	

上部结构嵌固部位：-0.030

图 21-4　剪力墙平法施工图列表注写方式

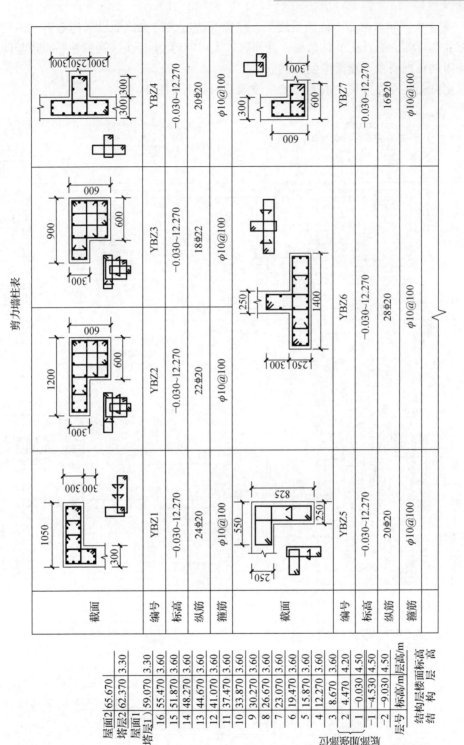

图 21-4　剪力墙平法施工图列表注写方式(续)

当墙身水平分布钢筋不能满足连梁、暗梁及边框梁的梁侧面纵向构造钢筋的要求时，应补充注明梁侧面纵筋的具体数值；注写时以大写字母 N 打头，接续注写直径与间距。其在支座内的锚固要求同连梁中受力钢筋。

采用截面注写方式表达的剪力墙平法施工图示例见图 21-5。

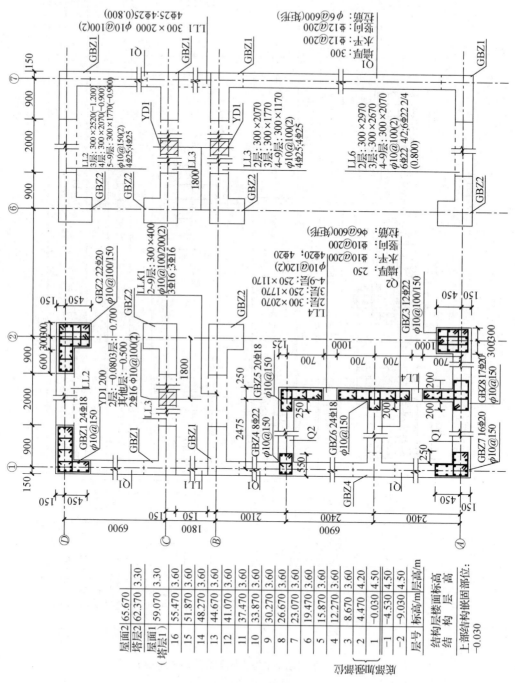

图 21-5　剪力墙平法施工图截面注写方式示例

3. 剪力墙平法施工图图片

剪力墙平法施工钢筋绑扎完成后的一些现场施工图片如图 21-6 所示。

图 21-6　绑扎成型的剪力墙钢筋

思 考 题

21-1　剪力墙包含哪些结构?

21-2　剪力墙平法施工图系在剪力墙平面布置图上有哪两种表示方式?

21-3　截面注写标注有哪些内容?

21-4　列表注写有哪些内容?

参 考 文 献

[1] 崔丽萍，杨青山. 建筑识图与构造[M]. 北京：中国电力出版社，2010.

[2] 林秋怡，王先恕. 建筑识图与构造[M]. 北京：北京大学出版社，2017.

[3] 谭晓燕. 房屋建筑构造与识图[M]. 北京：化学工业出版社，2017.

[4] 杨国富. 房屋建筑构造[M]. 北京：机械工业出版社，2014.

[5] GB 50352—2023 民用建筑设计统一标准[S]. 北京：中国建筑出版社，2019.

[6] 魏松，林淑芸. 建筑识图与构造[M]. 北京：机械工业出版社，2011.

[7] 高远，张艳芳. 建筑构造与识图[M]. 第 3 版. 北京：中国建筑工业出版社，2015.

[8] 李建武. 混凝土结构平法施工图实例图集[M]. 北京：中国建筑工业出版社，2016.

[9] 16G101-1 混凝土结构施工图平面整体表示方法制图规则和构造详图(现浇混凝土框架、剪力墙、梁、板)

[10] 16G101-2 混凝土结构施工图平面整体表示方法制图规则和构造详图(现浇混凝土板式楼梯)

[11] 16G101-3 混凝土结构施工图平面整体表示方法制图规则和构造详图(独立基础、条形基础、筏形基础、桩基础)

[12] GB 50096—2011 住宅设计规范[S]. 北京：中国建筑工业出版社，2012.

[13] GB 50016—2014 建筑设计防火规范[S]. 北京：中国计划出版社，2015.